深入浅出系列规划教材

新编 C程序设计教程

王金鹏 编著

清华大学出版社
北京

内容简介

本书从计算机基础知识讲起，继而介绍标准C语言的内容。除此之外，书中还包含其他教材没有而C编程又必需的若干重要内容。

本书深入浅出，文字简练，将复杂的问题简单化，内容全面而篇幅不大；对各章节的重点、难点把握准确，处理得当；注重培养编程思维能力，对编程时易犯的错误，点评到位。书中对C语言中最重要的内容——函数、指针、数组、文件四部分的编写，比主流教材上升了一个层次。尤其是指针部分，全面纠正了多年以来主流教材中的若干错误，给出了明晰、准确的说法和定义。

本书作者讲授C语言二十多年，有丰富的编程和教学经验，对学生的思维方式和学习状况非常了解，对C语言的知识体系烂熟于心。在书中，作者奉献了自己对许多问题的独到见解。书中大量的编程经验和注意事项，蕴含着作者长期的积累，凝聚着C语言的精华。

本书非常适合作为高等学校各专业程序设计基础、C语言程序设计等课程的正式教材，也可作为自学教材或学习参考书。

图书在版编目(CIP)数据

深入浅出新编C程序设计教程/王金鹏编著. —北京：清华大学出版社，2015（2016.8重印）
深入浅出系列规划教材
ISBN 978-7-302-40058-5

Ⅰ. ①深…　Ⅱ. ①王…　Ⅲ. ①C语言—程序设计—教材　Ⅳ. ①TP312

中国版本图书馆CIP数据核字(2015)第089394号

责任编辑：白立军
封面设计：傅瑞学
责任校对：梁　毅
责任印制：李红英

出版发行：清华大学出版社
　　网　　址：http://www.tup.com.cn，http://www.wqbook.com
　　地　　址：北京清华大学学研大厦A座　　**邮　　编**：100084
　　社 总 机：010-62770175　　**邮　　购**：010-62786544
　　投稿与读者服务：010-62776969，c-service@tup.tsinghua.edu.cn
　　质量反馈：010-62772015，zhiliang@tup.tsinghua.edu.cn
　　课件下载：http://www.tup.com.cn，010-62795954
印 装 者：北京鑫海金澳胶印有限公司
经　　销：全国新华书店
开　　本：185mm×260mm　　**印　　张**：22.25　　**字　　数**：553千字
版　　次：2015年6月第1版　　**印　　次**：2016年8月第2次印刷
印　　数：2001～3000
定　　价：39.00元

产品编号：063862-01

丛书序

为什么开发深入浅出系列丛书？

目的是从读者角度写书，开发出高质量的、适合阅读的图书。

“不积跬步，无以至千里；不积小流，无以成江海。”知识的学习是一个逐渐积累的过程，只有坚持系统地学习知识，深入浅出，坚持不懈，持之以恒，才能把一类技术学习好。坚持的动力源于所学内容的趣味性和讲法的新颖性。

计算机课程的学习也有一条隐含的主线，那就是“提出问题→分析问题→建立数学模型→建立计算模型→通过各种平台和工具得到最终正确的结果”，培养计算机专业学生的核心能力是“面向问题求解的能力”。由于目前大学计算机本科生培养计划的特点，以及受教学计划和课程设置的原因，计算机科学与技术专业的本科生很难精通掌握一门程序设计语言或者相关课程。各门课程设置比较孤立，培养的学生综合运用各方面的知识能力方面有欠缺。传统的教学模式以传授知识为主要目的，能力培养没有得到充分的重视。很多教材受教学模式的影响，在编写过程中，偏重概念讲解比较多，而忽略了能力培养。为了突出内容的案例性、解惑性、可读性、自学性，本套书努力在以下方面做好工作。

1. 案例性

所举案例突出与本课程的关系，并且能恰当反映当前知识点。例如，在计算机专业中，很多高校都开设了高等数学、线性代数、概率论，不言而喻，这些课程对于计算机专业的学生来说是非常重要的，但就目前对不少高校而言，这些课程都是由数学系的老师讲授，教材也是由数学系的老师编写，由于学科背景不同和看待问题的角度不同，在这些教材中基本都是纯数学方面的案例，作为计算机系的学生来说，学习这样的教材缺少源动力并且比较乏味，究其原因，很多学生不清楚这些课程与计算机专业的关系是什么。基于此，在编写这方面的教材时，可以把计算机上的案例加入其中，例如，可以把计算机图形学中的三维空间物体图像在屏幕上的伸缩变换、平移变换和旋转变换在矩阵运算中进行举例；可以把双机热备份的案例融入到马尔科夫链的讲解；把密码学的案例融入到大数分解中等。

2. 解惑性

很多教材中的知识讲解注重定义的介绍，而忽略因果性、解释性介绍，往往造成知其然而不知其所以然。下面列举两个例子。

(1) 读者可能对 OSI 参考模型与 TCP/IP 参考模型的概念产生混淆，因为两种模型之间有很多相似之处。其实,OSI参考模型是在其协议开发之前设计出来的,也就是说,它不是针对某个协议族设计的,因而更具有通用性。而TCP/IP模型是在TCP/IP协议栈出现后出现的,也就是说,TCP/IP模型是针对TCP/IP协议栈的,并且与TCP/IP协议栈非常吻合。但是必须注意,TCP/IP模型描述其他协议栈并不合适,因为它具有很强的针对性。说到这里读者可能更迷惑了,既然OSI参考模型没有在数据通信中占有主导地位,那为什么还花费这么大的篇幅来描述它呢?其实,虽然OSI参考模型在协议实现方面存在很多不足,但是,OSI参考模型在计算机网络的发展过程中起到了非常重要的作用,并且,它对未来计算机网络的标准化、规范化的发展有很重要的指导意义。

(2) 再例如,在介绍原码、反码和补码时,往往只给出其定义和举例表示,而对最后为什么在计算机中采取补码表示数值?浮点数在计算机中是如何表示的?字节类型、短整型、整型、长整型、浮点数的范围是如何确定的?下面我们来回答这些问题(以8位数为例),原码不能直接运算,并且0的原码有+0和−0两种形式,即00000000和10000000,这样肯定是不行的,如果根据原码计算设计相应的门电路,由于要判断符号位,设计的复杂度会大大增加,不合算;为了解决原码不能直接运算的缺点,人们提出了反码的概念,但是0的反码还是有+0和−0两种形式,即00000000和11111111,这样是不行的,因为计算机在计算过程中,不能判断遇到0是+0还是−0;而补码解决了0表示的唯一性问题,即不会存在+0和−0,因为+0是00000000,它的补码是00000000,−0是10000000,它的反码是11111111,再加1就得到其补码是100000000,舍去溢出量就是00000000。知道了计算机中数用补码表示和0的唯一性问题后,就可以确定数据类型表示的取值范围了,仍以字节类型为例,一个字节共8位,有00000000~11111111共256种结果,由于1位表示符号位,7位表示数据位,正数的补码好说,其范围从00000000~011111111,即0~127;负数的补码为10000000~11111111,其中,11111111为−1的补码,10000001为−127的补码,那么到底10000000表示什么最合适呢?8位二进制数中,最小数的补码形式为10000000;它的数值绝对值应该是各位取反再加1,即为01111111+1=10000000=128,又因为是负数,所以是−128,即其取值范围是−128~127。

3. 可读性

图书的内容要深入浅出,使人爱看、易懂。一本书要做到可读性好,必须做到"善用比喻,实例为王"。什么是深入浅出?就是把复杂的事物简单地描述明白。把简单事情复杂化的是哲学家,而把复杂的问题简单化的是科学家。编写教材时要以科学家的眼光去编写,把难懂的定义,要通过图形或者举例进行解释,这样能达到事半功倍的效果。例如,在数据库中,第一范式、第二范式、第三范式、BC范式的概念非常抽象,很难理解,但是,如果以一个教务系统中的学生表、课程表、教师表之间的关系为例进行讲解,从而引出范式的概念,学生会比较容易接受。再例如,在生物学中,如果纯粹地讲解各个器官的功能会比较乏味,但是如果提出一个问题,如人的体温为什么是37℃?以此为引子引出各个器官的功能效果要好得多。再例如,在讲解数据结构课程时,由于定义多,表示抽象,这样达不到很好的教学效果,可以考虑在讲解数据结构及其操作时用程序给予实现,让学生看到直接的操作结果,如压栈和出栈操作,可以把PUSH()和POP()操作实现,这样效果会好

很多，并且会激发学生的学习兴趣。

4. 自学性

一本书如果适合自学学习，对其语言要求比较高。写作风格不能枯燥无味，让人看一眼就拒人千里之外，而应该是风趣、幽默，重要知识点多举实际应用的案例，说明它们在实际生活中的应用，应该有画龙点睛的说明和知识背景介绍，对其应用需要注意哪些问题等都要有提示等。

一书在手，从第一页开始的起点到最后一页的终点，如何使读者能快乐地阅读下去并获得知识？这是非常重要的问题。在数学上，两点之间的最短距离是直线。但在知识的传播中，使读者感到"阻力最小"的书才是好书。如同自然界中没有直流的河流一样，河水在重力的作用下一定沿着阻力最小的路径向前进。知识的传播与此相同，最有效的传播方式是传播起来损耗最小，阅读起来没有阻力。

欢迎联系清华大学出版社白立军老师投稿：bailj@tup.tsinghua.edu.cn。

2014年12月15日

前　言

C语言是高等学校计算机及相关专业必修的专业基础课，是培养学生算法思维能力和动手能力的主要课程，也是面向对象程序设计、数据结构等后续课程的先导课。学生对C语言的掌握情况很大程度上决定着大学四年的学习情况。

鉴于C语言的重要地位，近些年来出现了无数的C语言教材，但几乎所有教材在内容和顺序上都千篇一律，存在许多问题。有些问题是致命的，导致长期以来国内众多教师和学子对一些知识的理解出现严重偏差，使C语言的教与学走入误区。虽然有些教材在形式上做了不少改进，如案例教学法、启发式教学法等，但都是表面文章，核心内容并无变化，教材中的问题依然存在。

作者讲授C语言多年，对目前国内教材在诸多方面的缺陷和错误给广大学子造成的危害深感忧虑。曾几次动笔，都因懒惰而搁置。未能成书的另一个原因，是多年来一直觉得能等到一本较高质量、没有重大错误的教材，然而终无所见，于是，编写了本书。

编写本书的指导思想

(1) 针对刚入大学的新生，将C编程所需的一些必要的计算机知识纳入本书。

(2) 按符合学生认知规律的自然顺序安排章节，而不是为了所谓的“系统”、“全面”不顾及知识点的自然顺序把前后相关的所有内容都堆放在一起。那样做很容易把初学者的思维搞乱，因为对于一个初学者来说，理顺众多知识点之间的关系很难。

(3) 化繁为简、化整为零。重要的知识点单独写成一章，每章内容相对独立，与其他知识点关联少，条理清楚，易于初学者掌握。

(4) 对目前绝大多数教材都出现严重错误的“指针”一章的内容和绝大多数教材都语焉不详的“文件”一章的内容重点着墨。纠正主流教材中的诸多错误说法和错误代码，澄清若干似是而非的问题。

(5) 将作者多年积累的教学经验、对若干问题的独到见解、编程注意事项、典型例题和习题写到书中，奉献给广大师生和读者。

与其他教材相比，本书在以下几方面做了较大改进。

1. 对教材内容的改进

1) 增加了以下几部分的内容

要学好C语言，下面的知识是必要的，但几乎所有教材对以下内容都未涉及。

(1) 计算机基础知识。绝大多数学校都把C语言放在大一的第一学期开设，对于没有任何计算机基础知识的新生来说，C语言的知识仿佛“天书”。因此，本书从计算机基础知识讲起。这些基础知识包括内存和内存地址的概念，二进制，不同数制之间的转换，原码、反码和补码的求法，计算机语言及语言处理过程等。

(2) 有关路径和输入输出重定向的概念。C语言中，很多地方需要用到路径和输入输出重定向的概念，故也把这两部分内容编入本书。其中路径部分放在第1章，作为选讲或自学的内容；输入输出重定向放在附录中，供需要的读者自行学习。

(3) 缓冲区及键盘缓冲区的概念。学习C语言的输入输出，缓冲区是个绕不开的话题。如果不知道数据从键盘到缓冲区的处理过程，就很难掌握输入输出，就很难解释为什么程序会出现那些意想不到的运行结果。

(4) 函数的作用和函数设计的原则。函数是被调用的，因此函数的适用性和灵活性是衡量一个函数优劣的重要指标。多数教材只注重讲解函数定义和函数调用的格式、函数参数传递的特点，对于函数的作用和设计原则(追求通用性、可利用率等)极少谈及。本书从函数返回值的设定以及参数设定两方面详细讲述函数设计的原则。

(5) 文件操作原理及相关细节问题。文件一章的内容非常重要，但又特别难懂。难懂的原因有三：一是几乎所有教材都未给出文件操作的原理，学生知其然，不知其所以然；二是有几个概念特别容易混淆，如写数据有文本和二进制两种方式，文件分文本和二进制两类文件，文件的打开方式也分文本方式和二进制方式。所有教材都未明确指出它们之间有无关联，区别是什么，导致学生概念混乱；三是几乎所有的教材在介绍文件操作时都语焉不详，对一些重要内容不予讲解，导致学生一编程就出错，望文件而生畏。本书对上面所说问题均做了详细讲述并予以例证。

2) 纠正了主流教材中的若干错误

(1) 纠正了几乎所有教材都存在的关于指针的一些错误说法。例如，“指针就是地址”、“若有定义 int a[10], * p=a;，则 p 指向数组 a”、“若有定义 int a[3][5], * p=a;，则 p 是指向二维数组的指针”、“指向字符串的指针变量”、“数组名就是数组的首地址”、“&是取地址运算符”等错误说法。

(2) 对文件操作中的一些问题进行了纠正或澄清。例如，函数 feof()何时返回非零值问题(多数教材所讲都是错的)、用二进制方式能否打开文本文件、用文本方式打开文件后能否以二进制方式向其中写数据等问题。

(3) 澄清了共用体变量能否初始化、共用体变量能否作为参数等问题。

2. 对各章节的内容分配及前后顺序都做了较大调整和优化

1) 对指针内容的分解

指针是C语言的精华，但指针又非常难学。因为C语言中指针的类型很多。如此多的类型本就容易混淆，一般教材又把它们全部放在一章中讲解，显得很全面、很系统。但学生要在一章中(两周的时间)弄懂如此多抽象难懂的内容，实在是勉为其难。实际效果表明，这样安排很不合理。也正是因为这样安排才使得指针如此难学。

本书将指针最重要的两个应用——用指针变量访问变量、用指针变量访问下标变量两部分抽出来作为单独的两章来讲解。其中,“用指针变量访问变量”一章放在函数之后、数组之前讲解;“用指针变量访问下标变量”一章放在数组之后讲解,其余内容放在“指针综述”一章中介绍。如此分解可化繁为简,具有重点突出,针对性强,易于接受等优点,也彰显了指针的这两个重要用途。另外,这样的设计也可把对指针的学习从短短一两周的时间扩展到前后约一个月的时间。较长时间的消化,有利于学生更好地理解指针、掌握指针。

2) 各章节顺序的调整

多数教材在以下章节的安排顺序上存在问题。

(1) 数组和指针的顺序问题。一般教材都是先讲数组,再讲指针。带来的问题就是,无法对数组名进行解释,于是产生了“数组名是个地址”的错误说法。实际上数组名在多数情况下都是一个指针。在不介绍指针的情况下,很难把数组一章的内容讲清、讲透。

先讲数组再讲指针,也无法讲明在数组名作为参数的情况下被调函数形参 int x[]中的 x 是个指针变量,只好把它说成是“与实参数组具有相同地址的数组”,不仅难以令人信服,而且对很多现象(比如为什么 x 可以进行自增运算)也无法解释。

(2) 数组和函数的顺序问题。一般教材都是把函数放在数组之后讲解,原因是便于把“数组名作参数”放在函数一章中。看起来似乎归类得当,岂不知这样一来就掩盖了函数一章的重点。函数一章,最应该教给学生的是如何把函数设计得当、便于其他函数调用,只应突出这一重点。如果把数组问题也放在函数一章中,就会喧宾夺主,因为数组名作参数本身也是非常重要的一个知识点。

综上所述,最合适的顺序安排是函数、指针(1)、数组、指针(2)、指针综述。

本书的使用建议

建议理论授课学时数:48～56。建议实验学时数:24～32。

第 1 章计算机基础知识,若授课对象不是大一第一学期新生,已有基础,可以不讲,或只讲需要的部分。其中带星号的内容(路径及其表示)为选讲内容。

第 16 章编译预处理,未必到最后才讲,可根据情况放在适当时候讲解,如放在第 8 章之后。

本书适用对象:高等院校本、专科所有开设程序设计基础或 C 语言程序设计课的学生,或自学 C 语言的读者。

其他说明

1. 本书所用编译器

本书讲解时兼顾 Visual C++(简称 VC)6.0 和 Turbo C 2.0,但程序主要是针对 VC 编写的,所有源程序都在 VC 中调试、运行过,例题中的运行结果都是在 VC 中得到的。

2. 例题和源代码

本书配套资料(可从 www.tup.com.cn 下载)中含有全部 103 个例题源代码,例题编号与源程序的编号一一对应。例如，例2.1的源代码对应资料中的源文件s2_1.c，若该例题有3种解法，则对应的源文件分别是s2_1_1.c、s2_1_2.c和s2_1_3.c。

本书的编写获2014年山东省普通高校应用型人才培养专业发展支持计划项目和2012年山东省高等学校教学改革项目的资助。我校专业共建合作伙伴——浪潮优派科技教育有限公司总裁邵长臣先生审阅了全书，并提出很多宝贵的意见，在此致以诚挚的谢意。原达教授、谢青松教授也对本书的编写给予热情帮助和大力支持，在此向以上两位深表谢意。此外，本书的编写参考了大量的书籍和文献资料，谨向这些书籍和文献资料的作者表示感谢。本书在编写出版过程中也得到了清华大学出版社的大力支持和帮助，在此一并表示感谢。

由于时间仓促和作者水平所限，书中难免疏漏和欠妥之处，请各位专家、读者不吝指正。

作　者

2015年2月

目录

第1章 计算机基础知识

本章内容提要

(1) 计算机的硬件组成。

(2) 数制及相互转换。

(3) 原码、反码及补码。

(4) 路径及其表示。

(5) 计算机语言及语言处理过程。

学习C语言,需要先掌握一些计算机的基础知识。本章介绍的内容就是C编程将要用到的一些基础知识和基本概念。本章的重点是内存及其特性、不同进制之间的转换、补码的求法。

1.1 计算机的硬件组成

计算机的硬件由CPU(Central Processing Unit)、存储器、输入设备和输出设备组成。

CPU是计算机的大脑,负责从内存获取指令并执行之。CPU通常由控制单元(控制器)和算术逻辑单元(运算器)组成。

1.1.1 运算器

负责进行算术运算和逻辑运算。组成运算器的部件有寄存器、控制电路和执行部件等。

1.1.2 控制器

负责从内存中取回指令、分析指令并控制其他部件共同完成指令的执行。控制器相当于人的大脑或乐队的指挥。

1.1.3 存储器

存储器用来存储程序(程序由若干指令组成)和数据。

1. 存储器的分类

存储器又可分为内存和外存。

1) 内存

内存是由一个个基本电路组成的(可把每个基本电路都理解为小电容),每一个基本电路都可以存储一位二进制数,故将一个基本电路称为一个"**位**"(bit)。

一个位只有两种状态,能存两种信息。为了存储更多信息,通常都是把8个位合并成一组来使用,每一组称为一个**字节**(byte),也称为一个存储单元。

就如同每个房间都有一个编号一样,内存中的每个字节也都有一个唯一的编号,该编号称为**内存地址**,如图1-1所示。

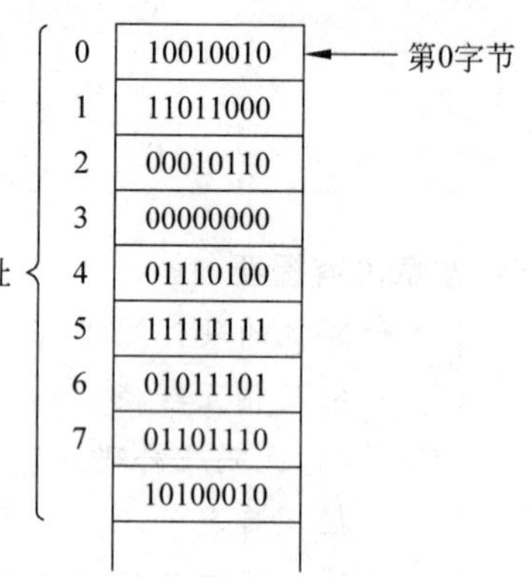

图1-1 内存及内存地址

内存有如下几个特点。

(1) 一个内存单元永远不可能为空,总是有内容的(总是代表8个二进制数),但其内容未必有意义。

(2) 内存的存取速度比外存快很多。

(3) 内存中存储的信息需要靠电来维持,一旦掉电则信息丢失(电容自动放电)。内存需要额外的电路每隔一段时间间隔进行一次刷新操作。所谓刷新,就是对电量超过1/2容量的电容进行充电,对电量少于1/2容量的电容进行放电。

(4) 内存可以和CPU直接交换信息,即CPU可以直接读写内存。

虽然内、外存都是用来存储程序和各种数据的,但外存上的程序和数据必须先装入内存才能被CPU处理。

2) 外存

外存包括硬盘、U盘、光盘和软盘等,外存的特点有以下3个。

(1) 外存靠机械部件驱动,故存取速度慢。

(2) 外存上的信息不容易丢失,不需要一直通电维持。

(3) 外存上的信息不能直接被CPU处理,必须先装入内存,然后才能由CPU处理。反之,CPU若要向外存写数据,也必须经过内存。

2. 存储器的特性

不论是内存还是外存,都有如下两个特性。

(1) 存储器中存的信息,不管读多少次,该信息都不会消失,可反复读取。

(2) 如果某存储单元已经存了一个数据,又向其中存了一个新数据,则新数据将把旧数据覆盖。

1.1.4 输入设备

输入设备是指用来输入程序或输入数据的设备,键盘、鼠标、扫描仪、照相机和摄像机等都可作为输入设备。多数情况下,键盘是默认的输入设备。

1.1.5 输出设备

输出设备用来输出程序的运行结果。显示器、打印机、绘图仪和照相机等都可作为输出设备。多数情况下,显示器是默认的输出设备。

综上所述,计算机硬件由五部分组成,五部分之间的关系如图 1-2 所示。

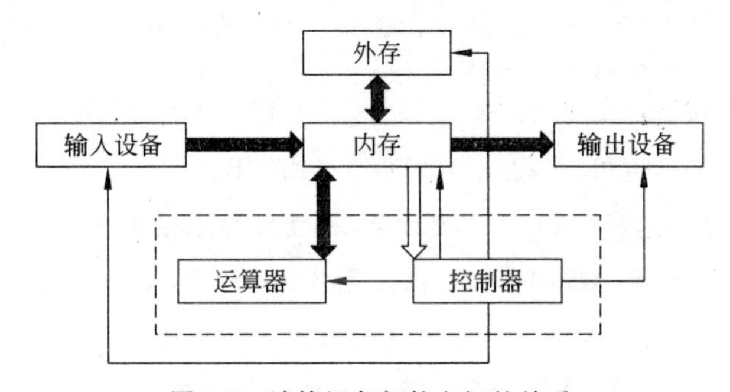

图 1-2 计算机各部件之间的关系

说明:图 1-2 中黑色箭头是数据流,带边框箭头是指令流,细线箭头是控制流,虚线内是 CPU。

1.2 数制及数制间的转换

人们在生活中所用的数制主要是十进制,有时也用二进制、十二进制、十六进制和六十进制等。然而对于计算机来说,由于组成计算机的主要部件大都只有两种稳定的状态,故计算机内部只能采用二进制。

但是,二进制表示(写)起来很麻烦,为了方便书写,在程序中表示一个整数时,通常都是用八进制或十进制或十六进制。

本节将介绍上面提到的 4 种进制以及它们之间如何相互转换。

注意:虽然书写程序时允许用 3 种进制表示整数,但计算机内存储整数时都是用二进制。

1.2.1 二进制

1. 二进制的特点

(1) 只有两个数字:0 和 1。

(2) 逢二进一:1+1=10(读作一零)。

2. 二进制与十进制之间的转换

1）十进制转换为二进制

方法：将十进制数不断除以2直到商为0为止，每次除以2时都把余数记下来，最后将所有余数倒着排列便是所求的二进制数。

例如，将十进制的100化为二进制数。

100/2 = 50………………… 0
50/2 = 25………………… 0
25/2 = 12………………… 1
12/2 = 6………………… 0　逆序排列
6/2 = 3………………… 0
3/2 = 1………………… 1
1/2 = 0………………… 1

故$(100)_{10}=(1100100)_2$，也可以写成：100D=1100100B。

注意：在计算机书籍中，为了描述方便，一般用D表示十进制，用B表示二进制，用O表示八进制，用H表示十六进制。但这仅仅是书中的约定，在C程序中不允许这样表示。

提示：十进制数可以转化为任意进制的数。其方法是：若要转为N进制，则应不断地除以N直至商为0，将每次相除所得的余数倒排即可。

2）二进制转化为十进制

设有二进制数1100100，其中有3个位置上的数字都是1，但这3个1所代表的数值却不相同，即1在不同的位置有不同的权重。

下面以十进制数为例说明权重的概念。一个十进制数523，共有3位数字，每一位数字所代表的含义是不同的：个位数的数字是3，代表的就是3，而十位上的数字2代表的是20，百位上的数字5代表的是500。每一位数字的权重是：个位上的数字权重是10^0（即1），十位上的数字权重是10^1，百位上的数字权重是10^2……

实际上，523是这样得到的：$3*10^0+2*10^1+5*10^2=523$。

说明：C语言中，*代表乘号。

对于一个N进制的整数，从它的最右边一位开始向左，每一位数字的权重依次是N^0、N^1、N^2、N^3……

对于二进制数，自右至左的权重分别是2^0、2^1、2^2、2^3、2^4……

所以，要将二进制数转化为十进制数，只需要将它每一位上的数字乘以其权重，然后各部分相加即可。例如：

二进制数：　1　1　0　0　1　0　0
各位的权重：2^6　2^5　2^4　2^3　2^2　2^1　2^0

故$(1100100)_2=0\times2^0+0\times2^1+1\times2^2+0\times2^3+0\times2^4+1\times2^5+1\times2^6=(100)_{10}$。

说明：对于十进制数和二进制数之间的转换，这里只介绍了纯整数的转换，对于纯小数的转换以及既有整数部分又有小数部分的数据的转换，请参阅本教材配套资料中的课件或相关书籍。

1.2.2　八进制

1. 二进制转换为八进制

一个二进制数写起来一般都很长，且容易弄错。为了缩短长度，通常都是对二进制数进行分组，自右至左每 3 位分成一组，然后计算出每一组的数据，例如：

$(11111010)_2 = (11\quad 111\quad 010)_2$

$= (3\quad 7\quad 2)_8$　(分组后每一组所代表的十进制数)

由于 3 位一组的数据最大就是 $(111)_2$，换算成十进制是 7，再加 1 就要进位(逢八进一)，因此所得的 372 被称为八进制数。

一个数用八进制表示比用二进制表示简单多了。

注意：虽然计算机内部存储数据采用的是二进制，但是在程序中表示整数的时候，却不允许用二进制(因为太长了，且容易出错)，而是用十进制、八进制或十六进制。这便是我们学习八进制和十六进制的原因。

2. 八进制转换为二进制

八进制转化为二进制的过程与二进制转换为八进制的过程正好相反：将每一位八进制数都化为 3 位二进制数，按顺序排列起来，将不必要的 0 去掉即可。

例如，八进制数：　3　7　2

每个数字都化为 3 个二进制数：0**11 111 010**(最高位的 0 没有意义)。

故 372O=11111010B。

1.2.3　十六进制

1. 二进制转换为十六进制

如果八进制数写起来还嫌长，可以对二进制数重新分组，自右至左每 4 位分成一组，然后计算出每一组的数据，例如：

$(1100110101111)_2 = (1\quad 1001\quad 1010\quad 1111)_2$

$= (1\quad 9\quad A\quad F)_{16}$

由于一组二进制数只能得出一位十六进制数(不能得出两位)，因此规定：1010 用 A 表示，1011 用 B 表示……1111 用 F 表示。十六进制数中，最大的数字就是 F(相当于十进制的 15)。

想一想：为什么一组二进制数只能得出 1 位十六进制数？对于上面的分组，为什么不可以将 1010 写成 10，将 1111 写成 15？

提示：从逆过程(十六进制转换为二进制)方面来考虑。

2. 十六进制转换为二进制

十六进制转化为二进制的过程与二进制转换为十六进制的过程正好相反：将每一位

十六进制数都化为4位二进制数，按顺序排列起来，将不必要的0去掉即可。

例如，十六进制数：　　　　　2　　C　　5

每个数字都化为4位二进制数：0010　1100　0101

故2C5H=1011000101B。

1.3 原码、反码和补码

计算机存储整数时，总是先把整数化为补码以后再存储（补码存储有很多好处），而补码源于原码或反码，故本节介绍原码、反码和补码的求法。

1.3.1 原码

原码就是对一个数的二进制表示，其中最前面一位二进制数（最高位）用来表示符号（正或负）。

例如，设整数是用两个字节存储的，则+5的原码是00000000 00000101，其中最前面的0表示正号+。

说明：5化成二进制后是101，不足两个字节，前面需要用0填满。

又如：-5的原码是10000000 00000101，其中最高位的1表示负号-。

1.3.2 反码

正数的反码与原码相同。

负数的反码是在原码的基础上取反而来。所谓取反，就是除最高位外，其余数字中所有的0都变成1，所有的1都变成0。例如，-5的反码是11111111 11111010。

1.3.3 补码

正数的补码与原码相同。

负数的补码是在反码的基础上补上一个1而来，即反码加1就是补码。

例如，-5的补码是11111111 11111011。

1.4 路径及其表示*

1.4.1 路径的概念

用计算机操作一个文件或程序时，必须要指明该文件（程序）所在的位置以及文件（程序）的名字，这就要用到文件标识符的概念。生活中我们常这样告诉别人：你要的文件在C盘根目录下的program子目录中，文件名是abc.txt。与此类似，在计算机中，通常都是用**文件标识符**（由盘符、路径和文件名组成）来唯一确定一个文件，这就是C:\program\abc.txt。

说明：目录在 Windows 中被称为文件夹。

说明：文件标识符中的字符不区分大小写。

上面的文件标识符中，“C:”表示 C 盘，第一个\表示根目录（即整个盘），program 是子目录名，第二个\是分隔符，用来把目录名和文件名隔开，abc. txt 是要操作的文件名。

上述表示中，除盘符和文件名之外的部分（不含文件名之前的分隔符），即\program，便是路径。

又如：若文件标识符是 D:\VC\sample\aaa. c，则路径是\VC\sample。

路径是查找一个文件所必须经过的目录名的有序排列。

说明：路径若由多级目录组成，目录和目录之间也要用\隔开，如\VC\sample。

1.4.2　当前盘和当前目录

1. 当前盘

如果系统目前正工作在 C 盘上，则**当前盘**便是 C 盘。

提示：当前盘是哪个盘一般都会在提示符中显示，例如，若命令提示符是 C:\TC>，则当前盘是 C 盘。

注意：提示符是通过 DOS 命令（prompt）人为设置的，一般都用这样的命令设置：prompt pg，若系统不是这样设置的，就可能看不到盘符，或者看到的并非当前盘的盘符。

写文件标识符时，如果盘符正好是当前盘，则盘符可以省略。例如，若 C 盘是当前盘，则 C:\program\abc. txt 可以写为\program\abc. txt。

2. 当前目录

每个磁盘都有一个工作目录，称为该盘的**当前目录**。例如，假设 C 盘的工作目录是\program 目录，则称 C 盘的当前目录是\ program。

当前目录可以通过 DOS 命令（CD）来改变。

在表示文件的标识符时，如果文件标识符中的一部分路径正好是当前目录，则该部分路径可以省略。例如，若 C 盘当前目录是\program，则 C:\program\abc. txt 可以省略为 C:abc. txt。又如：若 D 盘当前目录是\VC，则 D:\VC\sample\aaa. c 可以省略为 D:sample\aaa. c。

提示：当前目录和当前盘符可以同时都省略。

注意：省略当前目录之后，其后的分隔符\也要省略。如 D:\VC\sample\aaa. c 写成 D:sample\aaa. c。

1.4.3　绝对路径和相对路径

路径有绝对路径和相对路径两种表示方法。

设计算机硬盘目录结构如图 1-3 所示，已知目录 a 中有文件 sample. c 存在，且当前盘是 C 盘、当前目录是 C:\VC\xy，则可用下面两种方法表示 sample. c 的路径：

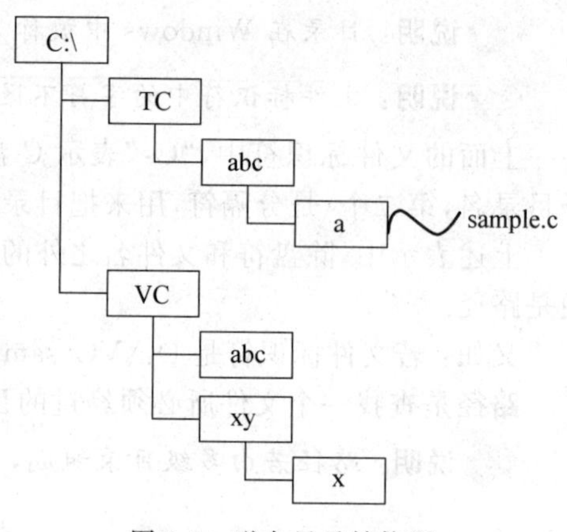

图 1-3　磁盘目录结构图

1. \TC\abc\a

含义：从根目录开始，首先查找到 TC 目录，再向下查找到 abc 目录，再向下查找到 a 目录。

这种从根目录开始表示的路径，称为**绝对路径**。

2. ..\..\TC\abc\a

说明：在表示路径时，".."表示上一级目录。

含义：从当前目录开始，首先进入上一级目录(即 VC)，再进入上一级目录(即根目录)，再向下进入 TC 目录，再向下进入 abc 目录，继续向下进入 a 目录。

这种由当前目录开始表示的路径，称为**相对路径**。

若将当前目录改为 VC 目录，并且将 sample.c 文件放在 x 目录中，则该文件两种路径的表示分别如下。

(1) \VC\xy\x。

(2) xy\x。

限于篇幅，本节只对 C 语言中经常用到的一些 DOS 概念做了最简单的介绍，若要深入了解有关绝对路径、相对路径、默认盘、默认目录等内容，请参阅相关的 DOS 书籍。

1.5　计算机语言

自从有了计算机，就有了计算机语言。计算机语言又称为程序设计语言，它是人和计算机进行交流的工具，人们利用它写出能被计算机识别并执行的符号代码，指挥计算机工作。

迄今为止，计算机语言经历了机器语言、汇编语言和高级语言 3 个阶段。

1.5.1　机器语言

1. 计算机指令和机器语言

计算机指令是指挥计算机进行工作的命令。由于计算机内部采用二进制，只能识别 0 和 1 两个数字，因此，计算机指令也必须是二进制的，以便被计算机识别并执行。

早期的计算机字长是 16 位，即一条指令的长度是 16 位。所以人们用 16 位二进制数作为一条指令来告诉(命令)计算机进行某种操作。例如，用 01000001 00001101 来命令它进行加法操作，用 01000001 00001110 来命令它进行减法操作……这些能被计算机直接识别并执行的二进制序列，就是计算机指令。很显然，对计算机所能做的每一种操作，都必须用唯一的一个二进制序列来表示，即需要对计算机能进行的所有操作都一一进行指令编码。

有了指令，人们便可以直接用计算机指令来编写程序了，即用机器语言编写程序。

2. 机器语言的优缺点

（1）机器语言可以被计算机直接识别、执行，所以用机器语言写的程序效率最高。

（2）机器语言是用指令编程，而成千上万条指令很难记住，且一旦出错很难找出错误。图 1-4(a)是一页用机器语言编写的程序，可以想象，在若干页的 0 和 1 中找出其中一个错误是多么不易。

机器语言编写的程序：
```
0101000101001001010010l
10110111010101010101101
01010101011110100101010
01010011100011001101010
11010010101011001001010
10010000101010011010010 0
11110001100000100100100
01001010010100010100010
10100101010001010010010
10010111011011101010101 0
10110101010101011110100
10101001010011100011001
10101011010010101011001
00101010010001010100110
```
(a)

汇编语言编写的程序：
```
MOV BX,2362
MOV AH,31H
MOV AL,23H
ADD AX,CX
SUB AX,BX
…
JMP…
…
```
(b)

C语言编写的程序：
```
int main()
{
	int a,b,max;
	scanf("%d%d",&a,&b);
	if(a>b)
	  max=a;
	else
	  max=b;
	printf("%d\n",max);
	return 0;
}
```
(c)

图 1-4　用 3 种语言编写的程序

（3）不同型号的计算机，指令编码并不相同，因此，针对某一型计算机写的程序移植到另外一种计算机上后，运行结果未必正确，甚至有可能根本不能运行。

1.5.2　汇编语言

1. 汇编语言及其处理过程

为了解决机器语言难记、难改的问题，人们发明了汇编语言，也称为符号语言。汇编语言是用一些助记符来代替指令进行编程，比如，用 ADD 表示加法，用 SUB 表示减法，用 MOV 表示移动等。图 1-4(b)中的程序就是用汇编语言写成的。

汇编语言虽然避免了机器语言难记、难改的缺点，但是却带来了新的问题，这就是：计算机只能识别 0 和 1，识别不了助记符，怎么办？

人们想出的办法是：编一个程序，负责把用汇编语言编写的源程序翻译成二进制的计算机指令，然后再让计算机去执行。这个负责翻译的程序称为汇编程序，翻译的过程称为"汇编"，即用汇编程序把汇编语言编写的源程序汇编成机器代码。

说明：汇编程序是厂商提供的、事先编好的程序。

2. 汇编语言的优缺点

(1) 汇编语言解决了机器语言难记、难改的问题。

(2) 汇编语言可移植性仍然很差。

(3) 汇编语言的执行效率比机器语言低。

说明：并非每一条汇编语言的语句都有一条机器指令与之对应。一条汇编语言的语句翻译成机器语言可能会产生好几条指令。一个程序，如果直接用机器语言编写，也许只需要100条指令，但如果用汇编语言编写，然后再翻译成机器语言，可能会多出十几或几十条指令。

1.5.3 高级语言

1. 高级语言及其执行方式

由于机器语言和汇编语言的可移植性差，人们发明了高级语言。1957年推出的FORTRAN语言是世界上第一门高级语言。其后，陆续出现了成百上千种高级语言。FORTRAN、BASIC、PASCAL、COBOL、C/C++等都是深受程序员喜爱的高级语言。

之所以称为高级语言，一是因为它们的可移植性好，即在一种计算机上所编的程序移植到另一种计算机上，不用修改或略作修改即可运行；二是因为这些编程语言都接近于人类的自然语言，易懂易学。图1-4(c)是用C语言编写的程序，很容易看懂。

同汇编语言一样，用高级语言编写的源程序也不能被计算机直接识别，也需要经过翻译，由此产生了高级语言的两种执行方式。

1) 解释方式

所谓解释方式，就是从源程序的第一条语句开始，对每条语句都先解释(即翻译，由解释程序翻译成计算机指令)，然后马上去执行刚解释出的这些指令，再对下一条语句做同样的处理，直到所有语句都处理完。

说明：解释程序是厂商提供的、事先编好的程序。

解释方式有一个特点，就是翻译出来的计算机指令并不存盘(不生成目标代码)，执行完后这些二进制指令就丢失了。因此，若程序还想执行第二次，只能从头开始重新翻译并执行，故程序的执行效率较低。

2) 编译方式

所谓编译方式，就是首先把整个源程序中的所有语句都翻译成机器指令，并用.obj文件(目标文件)存盘，.obj文件经与库函数连接后形成.exe文件(可执行文件)，.exe文件是可以直接运行的文件，并且可反复运行若干次。

C语言就是这种编译方式的高级语言。

如图1-5所示，假设有C语言源程序abc.c，经过编译后形成磁盘文件abc.obj，再经过连接后形成磁盘文件abc.exe。以后，要运行程序，只需要abc.exe就可以了。

想一想：对编译方式，若一个程序需要运行3次，源程序需要翻译几次？解释方

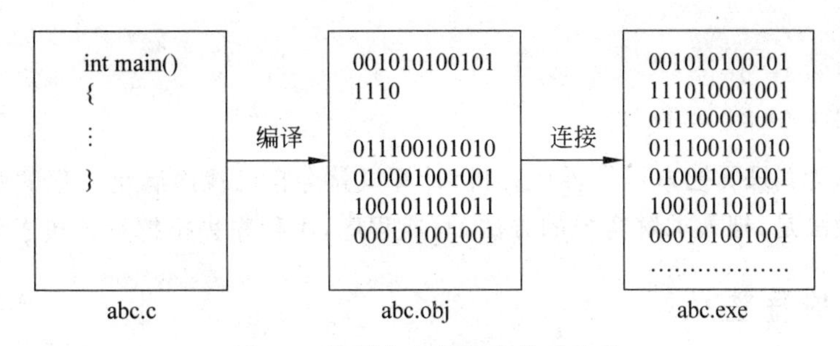

图 1-5　编译方式的程序处理过程

式呢？

上述翻译源程序的工作，是由“编译程序”来完成的，其翻译的过程称为“编译”。

说明：编译程序也是事先编好的程序，由厂商提供。

2. 高级语言的优缺点

(1) 高级语言具有易懂、易记、易改和可移植性好等优点。

(2) 高级语言要经过解释或编译才能被计算机识别、执行，其效率比汇编语言还低。在所有高级语言中，C 语言效率最高。

1.6　算　　法

算法是程序设计的灵魂。要想编写程序，必须先知道算法。有些初学者见到一个题目，不知道该怎么编程序，其原因就是不知道算法。也就是说，让他这个人来做题(不是计算机做)，他也不知道怎么才能求出结果。自己都不知道怎么才能求出结果，又如何指挥计算机去求解？

1.6.1　算法的概念

著名的计算机科学家 Niklaus Wirth 提出了一个著名的公式：

程序＝算法＋数据结构

这个公式的含义是指程序是由算法和数据结构组成的。数据结构是指数据的组织形式和表示方式，而算法就是用计算机求解问题的操作方法和步骤。

所谓用计算机求解问题，实际上是程序员用程序去指挥计算机求解。程序员必须自己先想出求解方法，然后把解题思路用程序表示出来，交给计算机，计算机才能按程序员的思路(即程序)一步步求出结果。

计算机是机器，不是智能的，计算机是不会自己想出算法的，不要试图把问题抛给计算机让计算机去想办法。

下面一段代码就是试图让计算机去自己寻找算法，题目是求一元二次方程 $3x^2+2x-1=0$ 的实根：

```
float x1,x2;
3*x²+2*x-1=0;
printf("%f,%f\n",x1,x2);
```

编程者以为：只要把方程告诉计算机，计算机就会自己找出满足方程的两个数。

正确的做法是，把人求解实根的方法，写成程序，用程序去指挥计算机求解。

1.6.2 算法的特性

一个好的算法，必须具备以下特性。

1. 有穷性

算法包含的操作步骤应该是有限的，每一步都应该在合理的时间内完成。

2. 确定性

算法的每个步骤都应该是确定的，不允许有歧义。下面的算法就有歧义：如果 x 大于等于 0，则输出 x；如果 x 小于等于 0，则不输出 x。当 x 等于 0 时，输出还是不输出？

3. 有效性

算法中的每个步骤都应该是可以有效执行的，且能得到确定的结果。不能让计算机去做它完不成的工作，例如，求负数的对数。

4. 有 0 个或多个输入

有些算法不需要从键盘输入数据，如打印九九乘法表。而有些算法则需要外界提供已知数据，如求 $n!$，必须知道 n 是多少，需要从键盘输入 n。

5. 有一个或多个输出

算法的实现是以呈现结果为目的的，一个算法必须有输出，否则，算法就失去了意义。

1.6.3 算法的表示

算法有多种描述方法，最常用的有如下 4 种。

1. 自然语言

用自然语言描述算法，就是用人的语言把算法说出来或写出来。例如，用自然语言描述“求一个数的绝对值”的算法。

(1) 从键盘输入一个数。

(2) 判断是正是负。

(3) 若是正数或 0，什么都不用做；若是负数，取反使之变正。

(4) 输出结果。

2. 伪代码

伪代码是指：看起来像是代码，但其实并不是，计算机无法执行它们。

例如，求一个数的绝对值的算法，可以用以下伪代码表示：

```
input x
if x>=0 no operation
else x=-x
output x
```

3. 传统流程图

图 1-6 就是用传统流程图表示的求绝对值的算法，其中箭头线表示程序的走向和操作顺序。

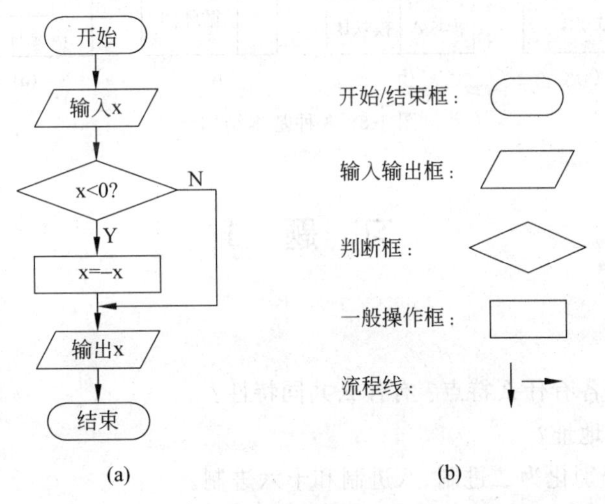

图 1-6　传统流程图及符号说明

用传统流程图表示算法的优点是形象直观。

4. N-S 流程图

传统流程图中的箭头会使程序的走向转来转去，让人一头雾水，难以理解。针对这一缺点，美国学者 I. Nassi 和 B. Schneiderman 提出了一种没有箭头的流程图，称为 N-S 流程图。

这种流程图完全没有流程线，程序只能从上到下执行，不会发生跳转，符合人们的思维习惯，因而很容易理解。图 1-7 便是用 N-S 流程图描述的算法。

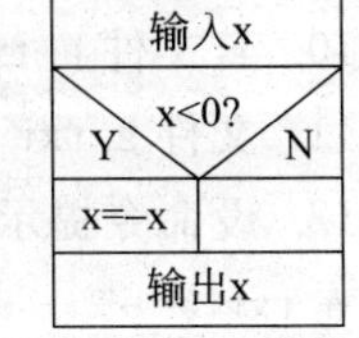

图 1-7　N-S 流程图

1.6.4　程序的 3 种基本结构

编程有 3 种基本结构：顺序结构、选择结构和循环结构。结构化程序设计要求，必须使用3种基本结构编程，以便增加程序的可读性。不管多复杂的问题，只用这3种基本结构就可以编出程序求出结果。

图1-8(a)表示的就是顺序结构，两个模块之间是自上而下顺序执行的关系。

选择结构如图1-8(b)所示，程序的流程被分成两个分支，条件成立就执行模块A，条件不成立就执行模块B，只能从中选择一个分支来执行。

循环结构如图1-8(c)和图1-8(d)所示，前者是当型循环，后者是直到型循环。区别是当型循环需要先判断条件，条件成立时才开始循环。任何时候只要条件不成立则跳到循环之后去执行后面的代码。直到型循环则是先执行一次循环，然后再判断条件，以决定是否继续循环。条件不成立时跳到循环之后执行后面的代码。前者有可能一次都不循环，后者至少循环一次。

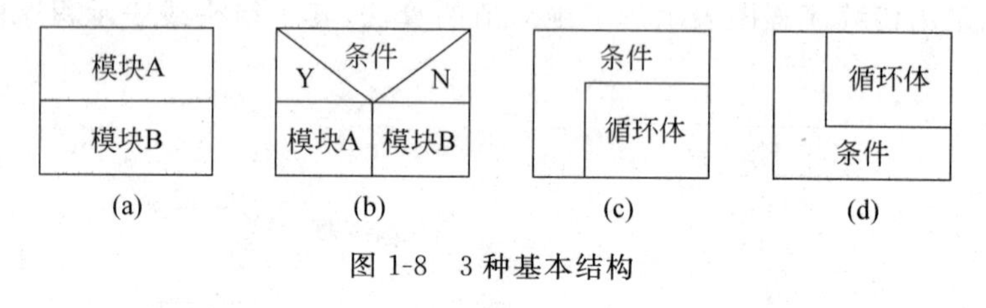

图1-8　3种基本结构

习　题　1

一、叙述题

1. 内存和外存各有什么特点？有什么共同特性？

2. 什么叫内存地址？

3. 将$(100)_{10}$分别化为二进制、八进制和十六进制。

4. 将二进制数110010010分别化为八进制、十进制和十六进制。

5. 将$(475)_8$和$(2A31)_{16}$化为二进制和十进制。

6. 求100和−100的补码，分别用二进制、八进制和十六进制表示。

7. 设整数用两个字节存储，求−1、−2、−3……的补码，并找出规律。

8. 若一个数的补码是10000000 00000000，这个数是多少？

9. 设用两个字节存储整数，则所能存的最大数是多少？最小数又是多少？

10. 若文件a.txt在D盘的根目录中，请写出它的标识符。

11. 文件a.txt在C盘根目录下的A目录中的B目录中，请写出它的路径。

12. 设命令提示符是C:\tc>，命令中的文件标识符写的是a.txt，则计算机会到哪里去找a.txt？

13. 计算机语言是怎样分类的？它们各有什么优缺点？

14. C语言从源程序到运行，中间经历了怎样的处理过程？

15. 高级语言的解释方式和编译方式，哪一种执行效率高？

16. 为什么汇编语言和高级语言的执行效率比机器语言低？

17. 什么是算法？为什么说算法是程序的灵魂？

18. 算法有什么特性？

二、算法题

给出以下 4 个问题的算法，并用传统流程图和 N-S 流程图把第 1 题的算法表示出来。

1. 将两个变量 a、b 中的值互换。
2. 找出 6 个整数中的最大数。
3. 求两个整数的最大公约数。
4. 判断一个整数是不是素数。

第2章 C程序和C编译器简介

本章内容提要

(1) C语言及其特点、C标准。

(2) 简单的C程序介绍,C程序的构成。

(3) C编译器与上机操作。

本章简单介绍C语言出现的历史背景、C语言的特点和C标准,重点讲解C程序的构成、C编程框架以及在Turbo C和Visual C++中上机编程及调试程序的方法。

2.1 C语言及C标准简介

2.1.1 C语言的出现

C语言是伴随着UNIX操作系统出现的。20世纪70年代,美国贝尔实验室的D. M. Ritchie为了描述并实现UNIX操作系统,对B语言做了改进,形成了C语言。

由于C语言具有很多优点,因此很快就风靡全世界,成为深受程序员喜爱的一门编程语言。

2.1.2 C语言的特点

与其他高级语言相比,C语言具有以下优点。

(1) 简洁,使用方便。C语言简化了很多不必要的成分,编程时不像多数编程语言那样要额外写很多东西。

(2) 功能强。C语言具有丰富的运算符和数据类型,如C语言可以进行位运算,可以操作内存地址,它除了支持多数语言都支持的基本类型和数组外,还支持结构体、共用体、枚举和指针等数据类型。

(3) 更接近硬件,可以用来编写系统软件。C语言可以直接访问物理地址,可以进行位运算,具有汇编语言的一些特点。

(4) 执行效率更高。同样功能的软件,用C语言编写的要比用其他语言编写的运行速度更快、占内存更少。C语言的效率仅次于汇编语言。

(5) C语言是结构化的程序设计语言,易编易懂。

(6) 语法要求不是很严格，给程序员留有一定的灵活运用、自由发挥的空间。

C 语言的这些优点是通过与其他高级语言相比较才得出的结论，对于初学者来说，未学过任何编程语言，自然也就体会不出这些优点，只大体了解一点即可。

2.1.3　C 标准

C 语言出现之后的很长一段时间，都没有人来制定一个统一的标准，各编译器所遵循的标准互相不一致，导致很多程序在不同的平台上运行结果不相同甚至不兼容。

1. 标准 C

1978 年，Kernighan 和 C 语言的发明者 Ritchie 合著了 *C Programming Language* 一书，C 语言才算有了一个事实上的标准(其实并没有人规定它就是标准)，称为标准 C 或经典 C。

2. C89

美国国家标准委员会(ANSI)在 1983 年制定了第一个 C 语言标准，并在 1989 年得到批准。很长时间以来这个标准被称作 ANSI C，现在称为 C89，这也是目前大多 C 编译器都遵循的标准。

3. C99

C99 是 1999 年从 C89 修订而来的，主要做了如下改进。

(1) 支持用//符号进行单行注释。

(2) 变量定义可以在程序块的任何位置(不必在所有执行语句的前面，甚至可以出现在 for 语句的初始化从句中)，例如：

```
for(int i=1; i<10; i++);
```

(3) 支持只能拥有 0 或 1 两种值的布尔类型。

(4) 函数必须显式地声明返回类型(不允许采用默认 int 的方式)。

(5) 支持可变长数组(程序运行时才确定数组的大小)。

(6) 在内存某区域对指针进行互斥的访问限制。

(7) 支持内联函数。

(8) 对返回类型不是 void 的函数必须用 return 返回一个值(表达式)，返回类型是 void 的函数 return 后面不能出现任何值(表达式)。

(9) 支持复数及运算。

(10) 用 snprintf 函数打印内存中字符串时，可防止缓冲区溢出；等等。

但是，C99 目前尚未被广泛采用，完全支持 C99 的编译器不多。

2.2 简单的C程序

本节介绍几个简单的C程序,以便了解C程序的构成。

例2.1 在屏幕上输出一行文字"Hello World!"。

```
#include<stdio.h>                    //文件包含命令,几乎所有程序都需要该行
int main()                           //main()函数的函数头
{                                    /*函数体开始*/
    printf("Hello World!\n");        /*输出一行信息*/
    return 0;                        //函数结束时返回0
}                                    //函数体结束,函数结束
```

注意:C语言对大小写是敏感的,代码中的大小写不可随意改变。

运行结果:

```
Hello World!
```

程序解析:

程序的开头是一行"文件包含"的预编译命令,目的是把标准输入输出头文件stdio.h(standard input/output)的内容包含到本程序中。

注意:预编译命令以#开头,后面没有分号。

说明:大多数编译器中,只要用到输入或输出函数,如scanf()、printf()等,程序开头就应该包含该头文件,因为这些函数都是在这个头文件中定义的,编译器需要找到它们的定义。Visual C++(VC)和Code Blocks(CB)中使用任何输入输出函数时,都需要包含stdio.h。在Turbo C(TC)中仅使用scanf()和printf()时不需要包含,但使用其他输入输出函数如getchar()、putchar()、gets()、puts()时则需要包含。

试一试:去掉预编译命令,程序会怎样?

程序从第二行int main()开始到最后,是一个完整的函数定义,即main()函数的定义。main()函数也称为**主函数**。

整个第二行int main()是函数头,包含函数的返回类型(int)及函数名(main)。在任意一个函数的函数头中,位于( )之前的一定是函数名。

说明:关于函数的返回类型和返回值,C99标准及今后要学习的C++都要求:main()前面的返回类型最好写int,相应地,函数的最后一条语句写"return 0;"或"return 1;"。一般地,程序正常结束返回0,非正常结束返回非零值。这样做的目的,是可以让操作系统知道程序是如何结束的。为使读者与今后的编程习惯一致,本书后面一律采用这种写法。

注意:函数头行末不能加分号。

函数头之后,是一对大括号及所包含的内容,称为函数体。

在函数体中,"printf("Hello World!\n");"一行的作用是把两个双引号之间的内容

输出。该语句调用了输出函数 printf(),该函数可用来输出各种数据,而两个双引号之间的信息是要原样输出的。

既然是原样输出,为什么输出结果中没有\n? 因为在 C 语言中,\n 是"换行符",其作用是让光标(代表输出位置)换到下一行的开头,以便后面再输出的信息从下一行开头开始。输出\n 时,除了光标换行,不会有任何看得见的符号出现。

编程经验:一个程序输出运行结果之后,最好换行(输出\n),以便让后面另一个程序的输出结果从新的一行开始,否则,前后两个程序的运行结果会出现在同一行上,难以区分。

函数体中只有两个语句,两个语句的最后,各有一个分号,分号表示语句结束。

程序右边的文字说明是注释,用来对程序进行解释。

注释可以提高程序的可读性,注释对程序的运行结果没有任何影响,编译时这些注释都将被忽略。

C89 只支持用/ * … * /的方式进行注释,C99 还支持用//…的方式进行注释。

两种注释的作用略有不同:/ * … * /的作用可以跨行,而//…的作用到行末即止。例如,把三行文字变成注释。

方法一:

```
/*第一行注释内容
  第二行注释内容
  第三行注释内容*/
```

方法二:

```
//第一行注释内容
//第二行注释内容
//第三行注释内容
```

说明:C++ 允许用两种注释方法。VC 和 CB 都是 C++ 编译器,兼容 C,故用 VC 或 CB 编写 C 语言时两种注释方式都可用。TC 只支持第一种。本书为方便书写,今后一律采用//的方式进行注释。

编程经验:恰当的注释可以提高程序的可读性。注释的作用:一是防止时间久了有些程序自己都看不懂了,二是方便别人阅读。

例 2.2　从键盘输入两个整数,求它们的和。

```
#include<stdio.h>
int main()
{
    int a,b,sum;                    //定义变量用来存储整数
    scanf("%d%d",&a,&b);            //从键盘取得两个整数存到 a 和 b 中
    sum=a+b;                        //计算 a+b 并将结果存储到 sum 中
    printf("sum  =  %d\n",sum);     //输出结果
    return 0;
}
```

运行结果：

```
2 3
sum = 5
```

其中第二行是运行结果，第一行的2　3是键盘输入时留下的痕迹。

程序解析：

本例用到的两个整数是程序运行时用户从键盘输入的，两个数输入后必须存起来（存在内存中），以备后面计算用。在C语言中，要存储数据，必须定义变量。

提示：变量是内存中的一段存储区域，用来存数据。

另外，计算出a+b的结果时，也要记住该结果，故本例共需定义3个变量，都是用来存整数的。

在C语言中，定义整型变量时前面要写成int。这样便有了函数体的第一行："int a,b,sum;"。其中3个变量名都是程序员自己命名的。

第二行："scanf("%d%d", &a,&b);"，该行调用了输入函数scanf()，作用是从键盘取回两个整数，分别存放到内存中的变量a和b中。

在scanf()函数中，两个双引号之间的内容用来控制输入格式，%d的含义是从键盘取回一个整数。这里有两个%d，代表要从键盘取回两个整数。

双引号后面的"&a,&b"代表两个整数要存放的位置。其中&**是取地址运算符**，它可以计算出变量在内存中的地址。

注意：此处一定要写成"&a,&b"，不能写成"a,b"。

调用scanf()函数后，变量a、b中就已经是用户输入的两个整数了。接下来用"sum = a+b;"计算它们的和。这是一条赋值语句，其执行过程是先计算=右侧a+b的结果，然后把这个结果存放到变量sum中。

"printf("sum=%d\n", sum);"一行用来输出程序的运行结果。需要注意的是，两个双引号之间的内容，不能全部原样输出，因为凡是以%开头的组合（本例是%d，表示输出一个整数），必须用后面对应的输出项之值来替换，即需要用sum所存的整数替换掉%d，其他字符原样输出。故输出结果是sum = 5（换行）。

注意：一般地，有几个以%开头的组合，后面就要有几个输出项。例如，若a、b的值分别是2和3，则执行"printf("a=%d,b=%d\n", a, b);"的结果是"a=2,b=3（换行）"。

试一试：把程序中的两个&去掉，分别在TC和VC中运行，看看结果会怎样。

例2.3　从键盘输入两个整数，找出其中的大数。

```
#include<stdio.h>
int max(int x,int y)                //函数头
{
    int z;                          //定义变量,用来存放两数中的大数
    if(x>y)
        z=x;
```

```
    else
        z=y;
    return z;                          //返回 z 的值(z 是 int 型,与函数类型一致)
}
int main()
{
    int a,b,m;
    scanf("%d%d",&a,&b);
    m=max(a,b);                        //调用 max(),把 max()的返回值(z 的值)赋给 m
    printf("%d\n", m);
    return 0;
}
```

运行结果：

```
3 9
9
```

程序解析：

本程序包含两个函数的定义：main()函数和max()函数。main()函数执行过程中调用了max()函数。

max()函数的功能：只要给max()函数两个整数(也必须给它两个整数)，它就能找出其中的大数并且把这个大数返回给调用者。

max()函数的函数头是int max(int x,int y)，最前面的int，表示max()函数执行到最后要返回给调用者一个int型的数据。括号中的"int x, int y"是函数参数及参数类型，表示要让max()函数工作，必须首先给它两个整数。

说明： *参数也是变量，用来记住主函数给的已知数据。*

本例中主函数的功能是从键盘得到两个整数，然后调用max()函数并把两个整数(a和b)交给max()，待max()执行完返回一个值时，主函数将返回值存给变量m，最后输出m的值。

程序中"m=max(a, b);"一行的执行过程如下。

(1) 执行函数max()的代码(结果存放在变量z中)。

(2) 把max()的返回值(z的值)存给m。

至此，我们已经介绍了3个C语言源程序，每一个源程序都只用了一个文件存代码，故3个例子都是单文件结构。

其实，当程序中函数较多时，可以将这些函数分为几个文件来保存，以方便管理、编译和调试，这便是多文件结构。

例2.4 从键盘输入两个整数，找出其中的大数(用多文件结构改写例2.3)。

编写多文件程序的方法(以VC为例，VC的操作方法参见2.4节)如下。

(1) 在VC中建立一个Win32 Console Application类型的空工程(project)。

(2) 在工程中建几个源文件(一次一个)，每个源文件存储一个或几个函数。

(3) 编译、连接、运行即可。

本例需要建立两个源文件：main. cpp 存主函数，max. cpp 存 max()函数，如图 2-1 所示。

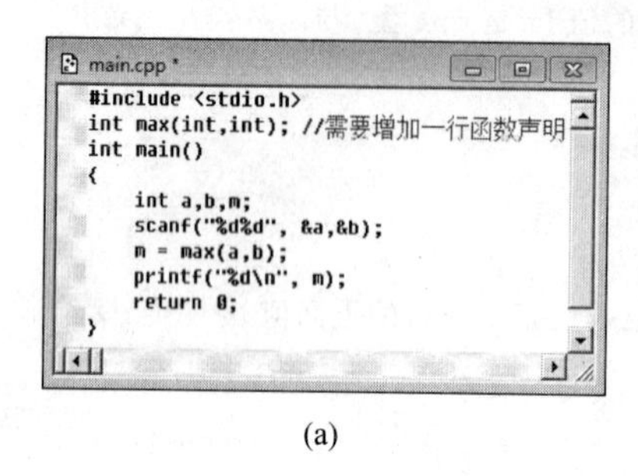

(a)

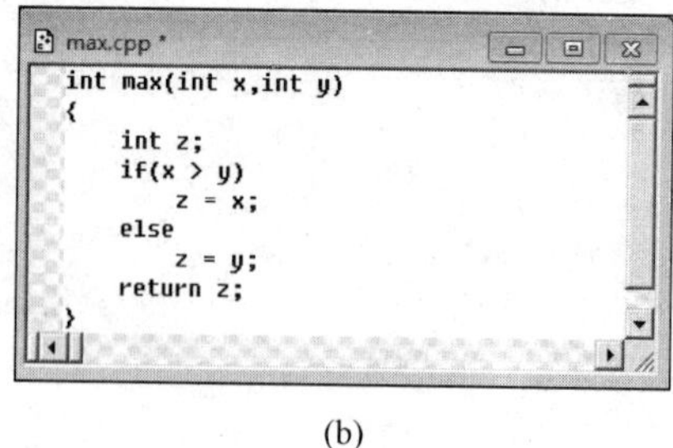

(b)

图 2-1　多文件结构的程序

说明：VC 是 C++ 编译器(兼容 C)，默认的源程序扩展名是 cpp。

把原本一个文件的内容分成两个文件后，main. cpp 中要增加一行代码："int max(int,int);"，这是函数声明，后面的章节会专门讲解，在此不必深究。

改成多文件结构后，程序的运行结果不变。

2.3　C 程序的构成

通过 2.2 节的几个例子，可以看出 C 程序的构成特点。

(1) C 语言的程序是由一个或多个源文件组成的。

一个程序，可以存为一个源文件，也可以存成多个源文件。

一个源文件中通常包含编译预处理命令、函数定义等内容。

(2) 函数是 C 程序的重要组成部分，编程序就是编写函数。

一般地，一个稍微大一点的程序，总要分成几个函数，每个函数完成一项单一的工作。这样设计的目的是便于维护和管理，增加程序的可读性。

(3) 一个程序必须有且只能有一个主函数，程序的执行总是从主函数开始。当主函数执行完的时候，整个程序也就结束了。

想一想：那其他函数不就没用了吗？

主函数可以写在其他函数的前面、后面或中间。

例如，下面的代码是主函数写在其他函数中间的情况。

```
int max(int x,int y)
{
    //代码略
}
int main()
{
    //代码略
}
int min(int x,int y)
```

```
{
    //代码略
}
```

注意：C语言允许把主函数写在任何位置，并不代表它可以随便从某个位置移动到另外位置而不影响程序的执行。当它的位置调整时，整个程序可能需要稍微做一些修改。

(4) 函数是由两部分组成的：函数头和函数体。

函数头是指大括号{…}之前的部分，包含函数返回类型、函数名、函数参数名及参数类型等信息。函数可以没有参数。

函数体是指大括号及其所包含的内容。函数体中的内容按顺序又可分为两部分：声明部分(含数据声明和函数声明)和执行部分。

说明：数据声明和函数声明，前面都有诸如int、float、char之类的类型名。除了数据声明和函数声明外，其他都是执行语句。

注意：C89标准规定，所有的数据声明和函数声明都必须在第一条执行语句之前。C99标准对此放宽了要求，可以写在后面。

执行部分又可分为数据输入部分、计算(或其他操作)部分、输出(或返回)部分。下面左右两列分别是主函数和其他函数的程序框架。

```
//主函数框架
int main()
{
    //数据声明和函数声明
    //输入数据(可能不需要)
    //计算或其他操作
    //输出结果
    return 0;
}
```

```
//其他函数框架
返回类型 函数名(函数参数及类型)
{
    //数据声明和函数声明
    //输入数据(可能不需要)
    //计算或其他操作
    //输出或返回
}
```

说明：函数体可以为空，即什么都不写，表示函数什么都不做。这样的函数没有实际意义。

(5) 每个声明和语句的最后都必须有一个分号，分号表示声明或语句结束。

一行代码可以写一个或几个语句，也可以把一个语句写在几行上。例如：

```
int a,b,max;
a=1; b=2;           //本行有两个语句
if(a>b)
    max=a;
else
    max=b;
```

编程经验：尽量不要一行写多个语句，一般地，一行只写一个语句，便于阅读和调试。

(6) C程序中的输入输出靠调用函数来完成。一般地,输入数据时用 scanf()、getchar()和 gets(),输出数据时用 printf()、putchar()和 puts()。

(7) C程序中应该有必要的注释,注释可以是对整个程序或整个函数的说明,也可以是对某一条语句的说明。

2.4 C编译器及操作简介

C语言自诞生至今,出现了很多种编译器,使用方法各不相同。常用编译器有 Turbo C(TC)、Visual C/C++ (VC)和 Code Blocks(CB)等。其中 TC 和 VC 是使用人数最多的,故本节介绍 TC 和 VC。

虽然 TC 存在不能复制、剪切、粘贴以及不支持鼠标(TC 2.0)等缺点,但是由于它体积小(不到 3MB)、携带方便、不需要安装、易于调试等优点,目前仍被大多数 C 语言初学者所首选。初学 C 语言,其实用 TC 非常合适,因为 TC 出问题比较少,即便出了问题也容易解决。VC 过于庞大,容易出现各种问题,初学者解决不易。TC 与 VC 和 CB 比较,只是不方便而已。

2.4.1 Turbo C 2.0 编程环境及常用操作简介

TC 分两个版本:TC 2.0 和 TC 3.0。TC 2.0 是 C 编译器,不支持 C++;而 TC 3.0 是 C++ 编译器,兼容 C。两者之间的另一个区别是:TC 3.0 支持鼠标(可能需要装驱动)而 TC 2.0 不支持鼠标。

TC 2.0 和 TC 3.0 的操作方式几乎相同,本书介绍的是 TC 2.0。

1. TC 的安装和配置

1) 安装

如果有安装盘,插上安装盘,根据提示安装即可。

2) 复制

目前多数 TC 的使用者都是采用复制的方式从其他机器复制 TC,对于这种方法,一般都需要在复制后重新设置一下 TC 的 Directories 选项。

设置方法:假设用户将 TC 复制到 G:\tc(本章后面的例子,都是在这个假设下),硬盘上的目录结构如图 2-2 所示。

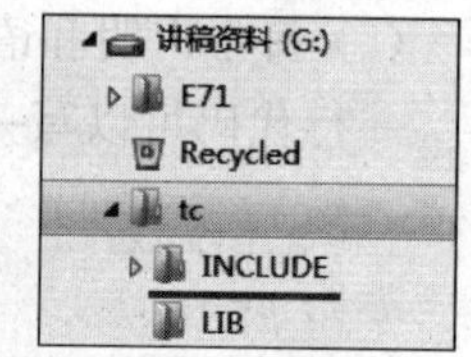

图 2-2 TC 的位置

步骤 1:打开 TC,在下拉菜单 Options 中选择 Directories,再选择其下的 Include Directories,然后将文件包含的默认目录修改为 G:\tc\INCLUDE,以便与图 2-2 目录结构中的 INCLUDE 位置一致。

注意: 如果文件的包含目录设置不正确,编译时会出现打不开被包含文件的错误提示。

步骤 2：用同样方法将 Options 下的 Library Directories 设置为 G:\tc\lib。

步骤 3：将设置存盘，方法是选择下拉菜单 Options 中的 Save options 选项。

2. TC 的调用

1）双击 TC. exe 打开

在"资源管理器"或"我的电脑"中双击 G:\tc 目录中可执行文件 TC. exe(某些 Windows 有可能设置成了不显示. exe，只显示 TC)，可以打开 TC。

2）用命令提示符打开

方法一：

(1) 执行"开始"→"程序"→"附件"→"命令提示符"命令，调出命令提示符窗口。

(2) 输入"G:"并按 Enter 键(将默认盘改为 G 盘，即 TC 所在的盘)。

(3) 输入命令 CD \tc 并按 Enter 键(进入到 tc 目录中)。

(4) 输入 TC 并按 Enter 键(调用 TC. exe)。

方法二：

(1) 执行"开始"→"程序"→"附件"→"命令提示符"命令，调出命令提示符窗口。

(2) 输入 G:\tc\TC 并按 Enter 键。

说明：命令中的字符不分大小写。

图 2-3 是 TC 的主界面。

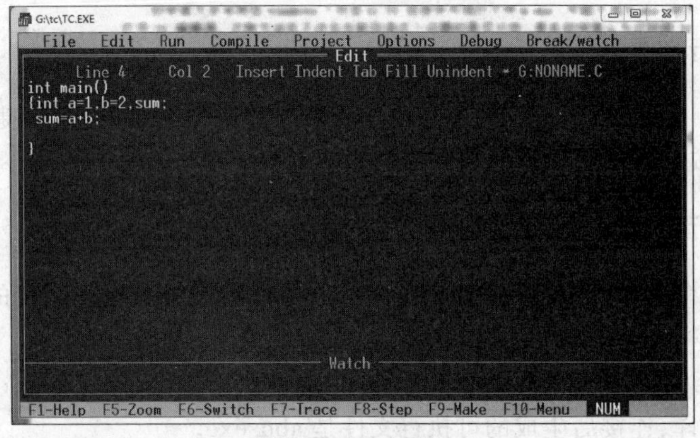

图 2-3　TC 主界面

3. 在 TC 中编辑、运行程序并查看结果

1）编辑源程序

进入 TC 后，可以直接按 Alt＋F 键拉开 File 菜单，选择 New 建立新的源文件或者使用 Load 调入已有源程序进行编辑。编辑完成后，通常要存盘，然后再进行编译、连接、运行和调试等操作。

说明：File 菜单中下的 Save 和 Write to 选项都可用来存盘，Write to 的作用是用另外一个名字存盘，相当于另存为(Save as)。

提示：如果之前曾运行过一个程序，后面又编辑了一个程序，且后面程序的源文件名与前面的相同，则可能会出现这样的情况：运行后面的程序，看到的还是前面那个程序的运行结果。出现这种情况，通常都要用 Write to 重新命名源文件，然后再编译、连接和运行。

2）编译、连接和运行

单独的编译、连接都可以在菜单 Compile 中选择相应的菜单项，分别是 Compile 和 Link。另外一个菜单项 Make 的作用是将编译和连接合二为一。

运行，可以从菜单 Run 中选择 Run 选项，或使用组合键 Ctrl+F9，后者要比前者迅捷得多。

实际上 Run 这个命令是把编译、连接和运行都合并到一起了，是“合三为一”。一般在学习了一段C语言后，都可以按 Ctrl+F9 键来直接运行，而不用再分编译、连接、运行三步操作。

编译时若发现语法错误，TC 窗口最下面一栏会显示错误信息，包括错误所在的行数以及错误的类型，此时直接按 Enter 键便可修改源程序中的错误。

注意：C语言中的一个语句可以写成几行。当编译发现语法错误时，光条将停在第一个错误语句的最后一行，因此检查错误不仅要检查光条所在行，还要检查光条上面的一行或几行，直到上一个分号为止。

提示：F6 键可用来切换源程序栏和错误信息栏。

3. 查看运行结果

菜单 Run 中有个 User screen 子菜单是用来查看运行结果的，其快捷键是 Alt+F5。查看结果之后，按任意键可以返回源程序编辑界面。

4. 在命令行中运行程序

程序也可以在命令行中运行（带参数的 main()函数通常是这样运行的），其操作步骤如下。

(1) 先在 TC 中对程序进行编译和连接，生成可执行文件（扩展名是 exe）。假设源程序是 abc.c，则编译、连接后生成的可执行文件是 abc.exe。

(2) 退出 TC，返回命令提示符，在提示符是 G:\tc>时，直接输入 abc 后按 Enter 键即可。若提示符不是 G:\tc>，则需要输入 G:\tc\abc 并按 Enter 键。

5. 在 TC 中调试程序

程序中的语法错误在编译时就可以发现，而逻辑错误通常需要调试才能找到。TC 中调试程序的一般方法是单步运行程序，在单步运行过程中观察某些变量（或表达式）值的变化，以此推断程序的设计是否正确。其操作步骤如下。

(1) 单步运行：按 F7 键或 F8 键（这两个键分别对应菜单 Run 下面的 Trace into 和 Step over）使程序单步执行，两者的区别见后面的说明。

每按一次 F7 键或 F8 键，程序就执行一行(一般是一条语句)。

单步运行时，TC 窗口中会出现一个高亮光条，每当执行完一行代码，光条会自动移动到下一行。光条所在行是尚未执行的代码行。

说明：按 F7 键和 F8 键的区别是，当遇到函数调用时，按 F7 键将跟踪进入被调函数并且单步执行被调函数(可以看到被调函数的执行过程)，而按 F8 键则是一步把被调函数的所有代码都执行完(看不到被调函数的执行过程)。对于没有函数调用的程序，两者作用相同。

(2) 加入观察量：在单步运行过程中，可以随时拉下 Break/watch 菜单，选择其中的 Add watch 选项(快捷键为 Ctrl＋F7)，在弹出的对话框中输入要观察的量，比如：要查看变量 x 的值，则输入 x 并按 Enter 键；要查看数组元素 a[3]的值，则输入 a[3]；要查看整个数组的值则输入数组名 a。每次只可以添加一个观察量，允许多次添加。图 2-4 是单步运行的示例，其中添加了 3 个观察量(显示在屏幕下部的 Watch 栏中)。

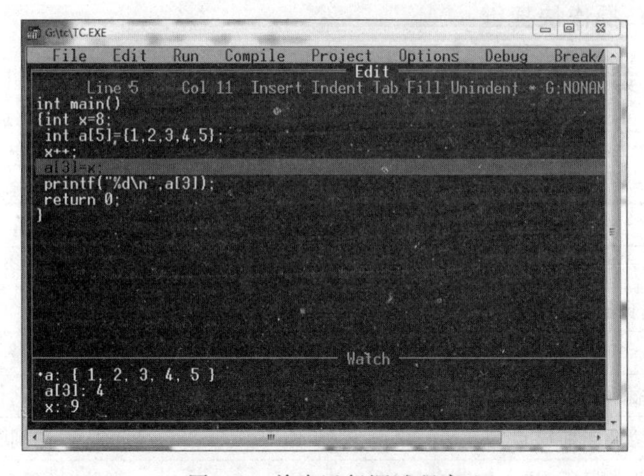

图 2-4　单步运行调试程序

图 2-4 中 x＋＋一行已经执行，光条所在行即“a[3]＝x;”一行尚未执行。

单步运行适用于代码较少的程序，若程序代码很多，不需要或不适合一行行运行时，则应该用设置断点的方式来调试。设置断点的方法：将光标移到需要停下观察的一行，然后按 Ctrl＋F8 组合键(对应 Break/watch 菜单中的 Toggle breakpoint)。可在不同的行设置多个断点。设置断点后，直接按 Ctrl＋F9 组合键运行，程序执行到每个断点时会自动停下来，程序员可以通过查看观察量来判断程序设计是否正确。

提示：取消断点的方法是将光标置于断点所在行，然后按 Ctrl＋F8 键。

6. 多文件程序的创建和运行

一个 C 程序可以存为若干个源文件。假设某程序包含 3 个源文件且已经在 TC 中编辑完毕，分别是 hello. c、myfile. c 和 file. c，若要运行该程序，应当进行如下操作。

(1) 建立一个新文件(默认文件名是 noname. c)，将刚才存盘的 3 个源文件名写入，每个源文件名占一行：

```
hello
myfile
file
```

说明：源文件的扩展名可写可不写。

(2) 存盘。注意存盘时应存为工程文件，如 myprj. prj，扩展名不可省略。

(3) 拉下 Project 菜单，选择其中的 Project name，输入刚才建立的工程名 myprj 并按 Enter 键。

(4) 运行程序。

注意：运行完多文件程序后，在编写另一个程序之前，一定要先清除工程，方法：拉下 Project 菜单，选择 Clear project。如果不这样，后面再编写别的程序时，前面工程内的文件会影响后面的程序。

7. 常用的 TC 操作快捷键

TC 的功能其实很多，比如，也可以对程序块进行复制等，这部分知识可以通过在 TC 中按 F1 键查看帮助来自行学习。表 2-1 列出的是 TC 中最常用的一些操作快捷键。

表 2-1　TC 中常用的操作快捷键

快　捷　键	作　　用	快　捷　键	作　　用
F2	存盘	Ctrl＋F9	编译、连接并运行
F3	打开已有源程序	Alt＋F5	查看结果
F4	运行到光标所在处暂停	Ctrl＋F7	添加观察量
F5	缩放当前窗口	Home	光标移动到行首
F6	切换当前窗口	End	光标移动到行尾
F7	单步运行(进入被调函数)	Ctrl＋Y	删除一行(光标所在行)
F8	单步运行(不进入被调函数)	Ctrl＋K＋B	定义块头
F9	编译	Ctrl＋K＋K	定义块尾
F10	激活主菜单	Ctrl＋K＋C	复制块到光标处
Alt＋X	退出 TC	Ctrl＋K＋V	移动块到光标处

2.4.2 Visual C++ 6.0 编程环境及常用操作简介

VC 6.0 也是目前最流行的 C/C++ 编译器之一，它有可视化图形界面，而且，相对于 TC 2.0 来说，它有支持鼠标、可剪切、复制、粘贴等优点，因此颇受 C 程序员的喜爱。

VC 的功能非常强大，但对于 C 的初学者来说，许多功能用不到。初学者看中的也许只是其方便的编辑功能。

下面简单介绍 VC 的操作方法。

VC 的编程步骤与 TC 类似，也是需要先编辑源程序，然后再编译、连接，最后运行。不同的是，在 VC 中要编译一个源程序必须先建立一个工程。

1. 工程及源文件的建立

使用 VC 编程，可以先创建工程，再建立源程序，也可以先建立源程序再创建工程。常用的方法是前者，所以这里只介绍前者。

1) 工程的建立

在 VC 的菜单中单击“文件”→“新建”，弹出一个窗口，默认的选项卡是工程（若已有工程，则默认选项卡是文件），如图 2-5 所示。

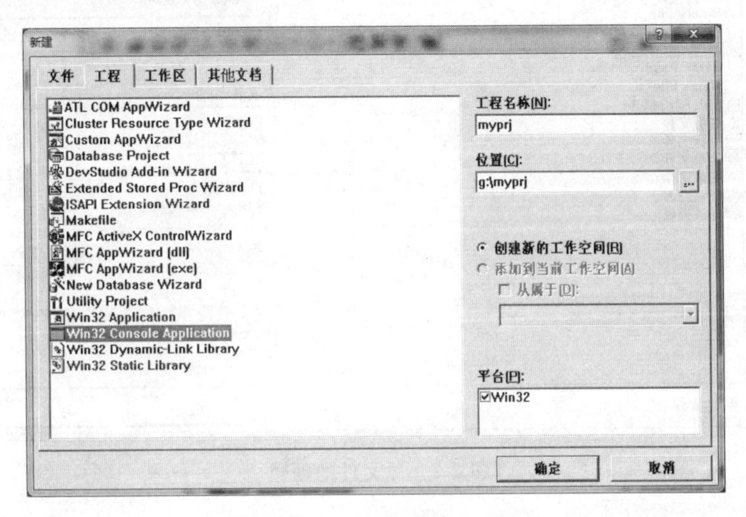

图 2-5　工程的建立

选择倒数第三项的 Win32 Console Application，然后在右边的“工程名称”文本框中输入一个工程名字，在“位置”文本框中指定工程文件的存储位置，其他选项默认，单击“确定”按钮。

在接下来的窗口中默认建立“一个空工程”，直接单击“完成”按钮。接着会出现一个提示，单击“确定”按钮。

此时 VC 主窗口如图 2-6 所示。

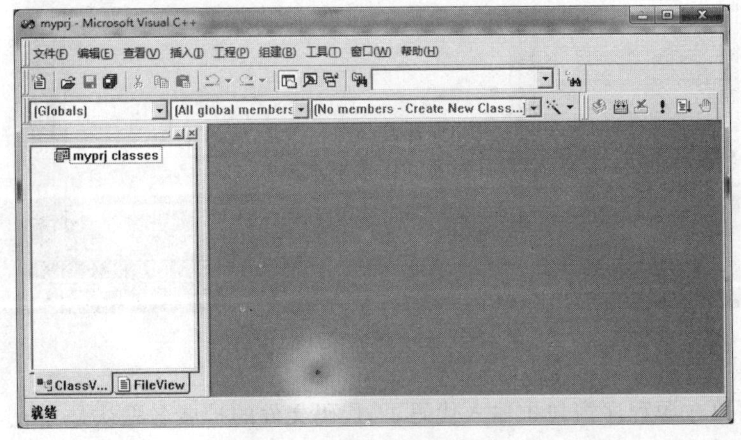

图 2-6　工程建立后的主窗口

至此，工程已经创建，下面需要做的是在工程中创建源文件。

2）源文件的建立

在“文件”菜单中选择“新建”命令，由于已经创建了工程，所以默认的选项卡变成了“文件”，如图2-7所示。

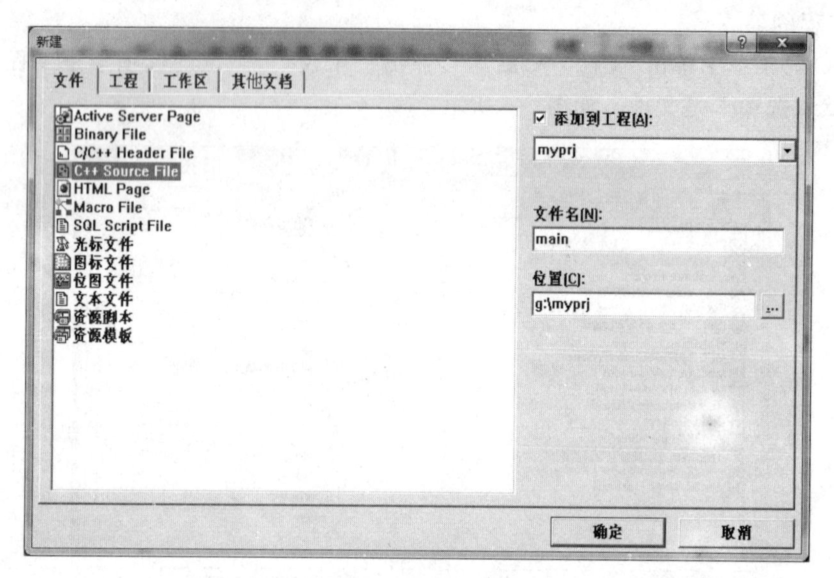

图2-7 源文件的创建

文件类型选择C++ Source File，在右边的“文件名”文本框中输入源程序文件名（本例中输入的是main），在“位置”文本框中指定源文件的存放路径，同时必须选中“添加到工程”复选框，然后单击“确定”按钮。VC主窗口变成图2-8所示。

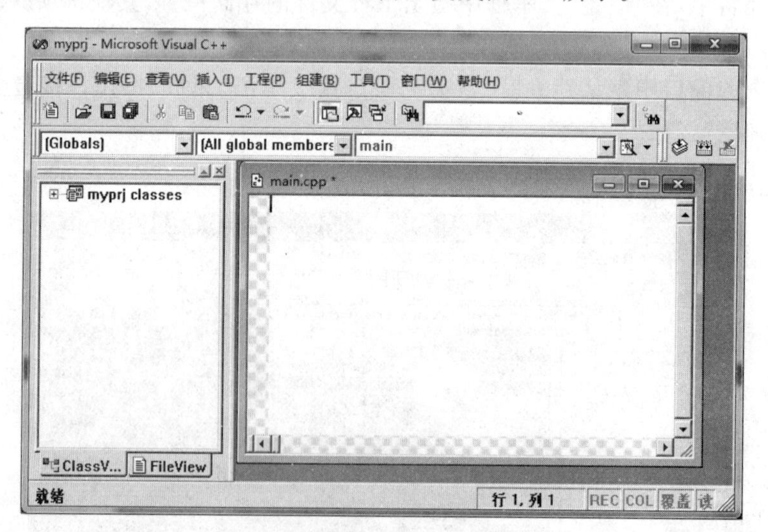

图2-8 源文件创建后的窗口

此时便可以在源程序窗口中输入代码了，代码文件的扩展名默认是cpp。

如果工程中还需要建立其他源文件，重复上面的步骤即可。

2. 程序的编译、连接和运行

源程序编辑完成后，便可编译、连接和运行，方法如下。

1）编译

单击“组建”菜单，选择其中的“编译”命令，或者单击工具栏左边第一个按钮，均可对当前源文件进行编译。

2）连接

单击“组建”菜单，选择其中的“组建”命令，或者单击工具栏中的按钮，都将生成 exe 文件，其功能相当于“编译＋连接”。

3）运行

选择“组建”中的“执行”命令，或者单击 ! 按钮，即可运行程序。

注意：当一个程序执行完毕需要编写另一个程序时，一定要关闭当前工作区，重新建立一个新工程，然后建立新源文件。如果不关闭工程，只是关闭源文件，然后建立新的源文件，那么工程中将包含新旧两份源文件，被关闭的源文件依然在工程之内。

3. 程序的调试

1）开始调试

VC 中调试程序的方法有 3 种。

（1）使用菜单。

在“组建”菜单中选择“开始调试”下的 Step Into 或 Run to Cursor，前者是单步执行程序，相当于 TC 中的 F7 键，碰到函数调用会进入被调函数单步运行，后者执行到光标所在行。

（2）使用快捷键。

按 F11 键(Step Into)、或 F10 键(Step Over)或 Ctrl＋F10 组合键(Run to Cursor)都可以调试程序，其中按 F10 键(Step Over)相当于在 TC 中按 F8 键。

也可以先设置断点，然后按 F5 键开始调试。

注意：遇到 scanf()、printf()调用时，用 F10 键，不要用 F11 键。

（3）使用工具栏。

当使用菜单或快捷键开始调试时，会自动弹出一个调试工具栏，如图 2-9 所示。

图 2-9　VC 的调试工具栏

用鼠标指向每个按钮会看到提示，常用的 4 个按钮分别对应 Step Into、Step Over、Step Out 和 Run to Cursor 4 种操作。

2）设置断点

可以设置断点以便调试时让程序自动停留在某行。其方法是单击工具栏中的按钮。再次单击将取消已设断点。

3) 查看变量或表达式的值

(1) 查看变量的值。

要查看变量的值不需要像TC那样添加观察量。在调试工具栏中按钮(Variables)按下的状态下,VC窗口的下方会出现一个表格,其中显示的是已经定义过的变量名及其所存数值,如图2-10的下方所示。

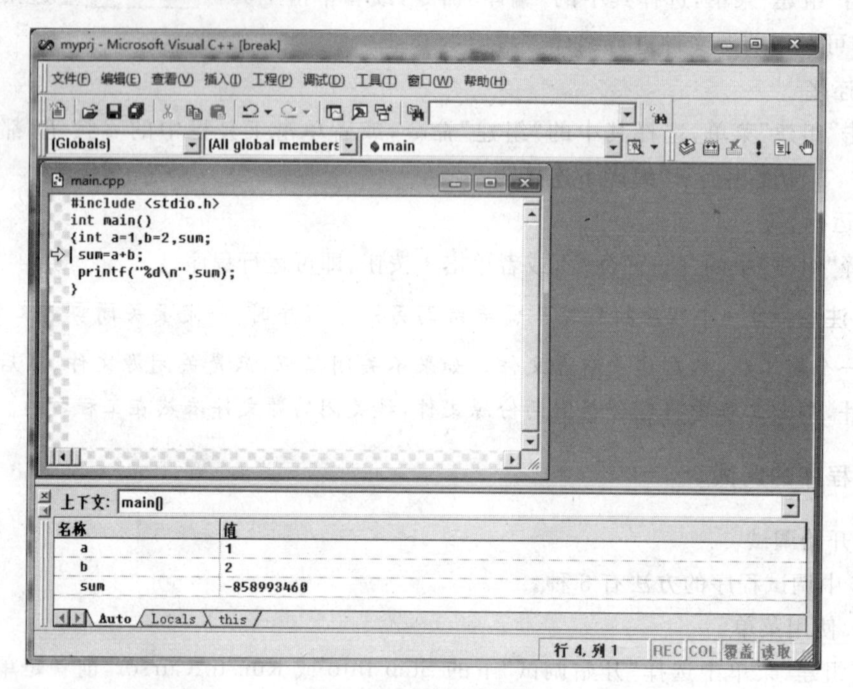

图2-10 查看变量的值

注意:当变量定义的所在行未执行时,变量名和变量值不会出现在下面的表格中。

(2) 查看其他表达式的值。

单击QuickWatch按钮,在随后弹出的对话框中添加要观察的表达式(见图2-11(a)),然后单击"确定"按钮,或者单击Watch按钮,在窗口下方出现的表格中写入要查看的表达式,如图2-11(b)所示。

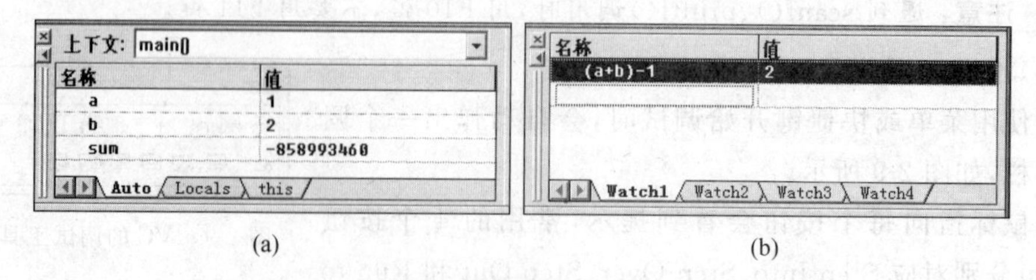

图2-11 其他观察量的添加

4. 常用的快捷键

常用的VC快捷键如表2-2所示。

表 2-2　常用的 VC 操作快捷键

快 捷 键	作　　用	快 捷 键	作　　用
Ctrl＋F7	编译当前源文件	Ctrl＋F10	运行到光标所在行
F7	编译所有源文件并连接	F10	单步运行(不进入被调函数)
Ctrl＋F5	运行	F11	单步运行(进入被调函数)
F5	运行到断点暂停	Shift＋F11	从被调函数跳出(返回)
Shift＋F5	停止调试	F9	设置/取消断点

限于篇幅,本书仅对常用的 VC 操作做了简单介绍,详细的操作方法请参阅相关书籍。

习　题　2

一、判断题

1. C 程序的执行从 main()函数开始,到源文件的最后一个函数结束。
2. 一个 C 语言的程序必须包含库函数。
3. C 语言中,注释使用越多,最终的可执行文件效率越低。
4. C 语言中每一条语句结束都必须换行。
5. 在 C 程序中,注释只能位于一条语句的后面。
6. 编译可发现注释中的拼写或语法错误。
7. ＃include ＜stdio. h＞为一条 C 语句。
8. C 语句必须以分号结束。
9. 一条 C 语句必须在一行内写完。
10. main()函数必须放在程序的开始位置。
11. 一个 C 源程序可由一个或多个函数组成。
12. 一个 C 源文件必须包含一个 main()函数。
13. 源程序、目标程序和可执行文件的内容都是二进制,故都可以运行。
14. 目标程序的内容不是二进制的,故不能运行。
15. 目标程序的内容是机器指令,故运行程序实际上就是执行目标程序,然后由可执行文件输出结果。
16. 可执行文件的内容是机器指令,在磁盘上,要装入内存才能运行。

二、叙述题

1. 一个 C 程序可以存为几个源文件?源文件中都有哪些内容?
2. 什么是函数头?函数头包括哪些信息?
3. 什么是函数体?函数体中的代码大致分为几部分?分别用来做什么?

4. 一个程序可以有多少个函数？

5. 什么叫主函数？主函数有什么不同？

6. C语言中，怎么知道一条语句是到哪结束的？

7. 一行可以写几个语句？一个语句可否写在3行上？

8. 怎样区分数据声明和执行语句？函数体中，对于数据声明和执行语句的位置，有什么要求？

9. C语言支持的注释方式有几种？TC和VC各自支持哪些注释方式？

10. 使用Turbo C编译源程序时，总出现打不开头文件的错误提示，一般来说，这是什么原因造成的？

11. 利用Turbo C对源程序进行编译和连接之后，在Turbo C环境中怎样运行？退出Turbo C后能否运行？如何运行？

12. 在Turbo C中怎样单步运行程序？如何设置或取消断点？

13. Turbo C调试过程中怎样才能观察变量(表达式)的值？请在TC中单步运行一个程序，观察变量的变化。

14. 在Turbo C中如何创建并运行一个多文件程序？

15. 在VC 6.0中如何建立工程和源文件？

16. 在VC 6.0中怎样编译、连接和执行程序？怎样单步运行调试程序？

17. 在VC中建立一个多文件结构的程序，并运行。

第3章 C编程基础知识

本章内容提要

(1) 常量和变量。

(2) 基本数据类型。

(3) 基本运算符和表达式。

(4) 数据的类型转换。

本章介绍的是编程用的基础知识,为后面的编程套路(如选择结构、循环结构等)做准备,就如同学习武术,必须把基本功练好了,才能学套路。

本章主要内容有常量和变量,C语言的基本数据类型,算术运算符、赋值运算符、自增自减运算符、逗号运算符,数据的类型转换等。

3.1 常量和变量

C程序中,可以使用的数据分为两类:常量和变量。

3.1.1 常量

有些数据是"死数",不可能变化,比如2,它在任何时候都是2,再比如3.14,永远都是3.14。类似这样的不可能发生变化的数据称为常量。C语言中的常量并非仅限于数值型的"常数",还包括字符、字符串、符号常量和常变量等。本书在3.2节和3.3节中会分别讲述这些常量。

3.1.2 变量

变量的概念特别重要,因为几乎每个程序都要用到变量。能否正确地理解变量将直接决定着能否学好C语言。

1. 什么是变量

程序之所以需要变量,是因为在程序运行的过程中有些数据需要记住。变量就是用来记住这些数据的。

生活中，人们在求解一个问题时，通常都要记住一些数据，例如，要计算表达式 1+2+3+…+100 的值，在求解过程中，有两个数据必须记住：一是已经求得的和是多少，二是下一次该加的数是几。

用计算机解题也是如此，也需要记住这些数据。人类用大脑或纸来记录数据，而计算机则是用内存：在内存中开辟一部分空间，把数据化成二进制存放进去，这部分存储数据的空间便是变量，即**变量是内存中的一段存储区域**。至于为什么叫变量，是因为这一段存储空间所存的数据可以改变。比如下面的代码：

```
short a;                //定义变量 a,a 的值不确定
a=2;                    //执行后,a 的值是 2
a=3;                    //执行后,a 的值是 3
```

变量 a 刚分配空间时，其内容是不确定的，执行“a=2;”后，a 中的值变成 2；执行“a=3;”后，其值变为 3。其变化过程如图 3-1 所示。

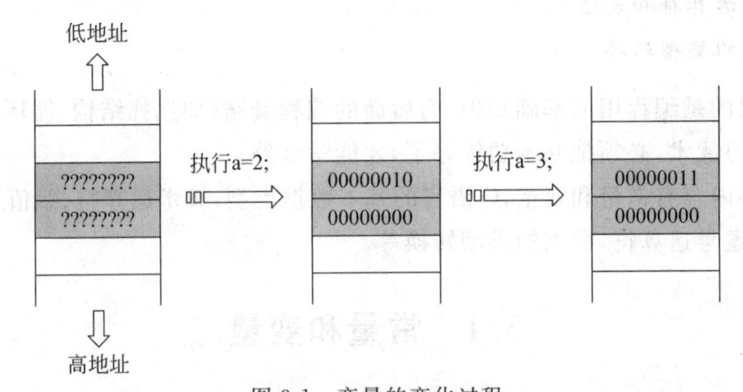

图 3-1　变量的变化过程

图 3-1 中灰色的两个字节是系统分配给 a 用来存整数的，因为其中所存的数可以改变，所以把这两个字节称为变量 a。

说明：本书表示内存的图形，一律以图形上方为内存的低地址，下方为高地址，以后不再说明。

说明：几乎所有微机的 CPU 在存数据时都采用小端模式，即先存低字节，再存高字节。

2. 变量的类型

C 语言中的数据类型有很多种：整型、实型和字符型等。通常，每一种类型的数据都要用与它同类型的变量来存储，故变量的类型也分很多种。

表 3-1 是常用的变量类型以及它们在内存空间中所占用的字节数。

说明：

(1) ASCII 码是 American Standard Code for Information Interchange（美国标准信息交换码）的缩写，是为了在计算机中用二进制存储字符而制定的一种编码。本书附录 D 中列有常用字符及其 ASCII 码值。

表 3-1　常用的变量类型及相关数据

类　型	类型表示	Visual C++ 6.0 中		Turbo C 2.0 中		存储方式
		字节数	表示范围	字节数	表示范围	
字符型	char	1	$0\sim(2^8-1)$	1	0～255	ASCII 码
短整型	short	2	$-2^{15}\sim(2^{15}-1)$	2	−32 768～32 767	补码
整型	int	4	$-2^{31}\sim(2^{31}-1)$	2	−32 768～32 767	补码
长整型	long	4	$-2^{31}\sim(2^{31}-1)$	4	$-2^{31}\sim(2^{31}-1)$	补码
无符号短整型	unsigned short	2	$0\sim(2^{16}-1)$	2	0～65 535	补码
无符号整型	unsigned int	4	$0\sim(2^{32}-1)$	2	0～65 535	补码
无符号长整型	unsigned long	4	$0\sim(2^{32}-1)$	4	$0\sim(2^{32}-1)$	补码
浮点型	float	4	$-3.4\times10^{38}\sim3.4\times10^{38}$	4	$-3.4\times10^{38}\sim3.4\times10^{38}$	IEEE 754
双精度型	double	8	$-1.7\times10^{308}\sim1.7\times10^{308}$	8	$-1.7\times10^{308}\sim1.7\times10^{308}$	IEEE 754

(2) unsigned 是无符号的意思。C 语言中有些数据不可能是负数，没有必要用最高位表示正负，故 unsigned 类型的数据，其最高位不再表示负号，而是跟后面的位一样代表大小。

(3) float 和 double 型变量的存储方式遵循 IEEE 754 标准，详见 3.2.2 节。

(4) 有些编译器还支持 long long、long double 等类型，需要时请自行学习。

除了上面给出的类型，C 语言中还有一种指针类型的变量，这种变量用来存储某种实体的地址，这里所说的实体包括变量、数组和函数等。

存储地址的变量称为指针变量。

指针变量在内存中所分配的字节数一般与 int 型变量相同。

C 语言中，可以用运算符 sizeof ()求得某种类型或某项数据在内存中占用多少字节，其使用方法是括号中写上类型名或变量名或表达式。例如：

```
char c;
float x;
printf("%d,%d\n",sizeof(char),sizeof(c));
printf("%d,%d\n",sizeof(float), sizeof(x));
```

运行结果：

```
1,1
4,4
```

试一试：自己编写程序验证一下表 3-1 中每种类型的变量需要多少字节的内存空间。

3. 变量的定义

1）变量定义的格式

普通变量的定义格式：用类型名开头，加一个空格之后再写变量名(由程序员命名)。

若定义多个变量，变量之间用逗号隔开。例如：

```
int a;                  //定义一个变量
float x,y,z;            //定义多个变量,变量之间用逗号隔开
```

指针变量的定义格式与普通变量定义格式类似，区别是：指针变量名字前面要多写一个 *，例如：

```
char * p;               //定义了一个指针变量 p,用来存 char 型变量的地址
int * p1, * p2;         //定义两个指针变量 p1 和 p2,都用来存 int 型变量的地址
float x, * p3,y, * p4;  //定义了两个普通变量 x、y 和两个指针变量 p3、p4
```

变量必须先定义，才能使用。

定义变量的目的：一是给变量起一个名字，以便在程序中分辨它；二是把变量的类型告诉计算机，以便让计算机给变量分配空间。因为有了类型，计算机才能知道该给变量分配多少字节，才能知道变量的值用什么方式存储。例如，若是字符变量则分配 1 字节，变量的值用 ASCII 码存储；若是短整型变量则分配 2 字节，用补码存储……

变量定义的位置应该在同级别的执行语句之前(C99 取消了这条规定)。

例如：

```
int main()
{
    int a,b;            //变量定义
    float x;            //变量定义
    a=1;                //第一条执行语句
    ⋮
    if(a>b)
    {
        int s;          //大括号内变量的定义
        s=a+b;          //大括号内第一条执行语句
        …
    }
    ⋮
}
```

2) 变量的命名

不管是变量，还是今后要学到的数组、函数和结构体等，每一样东西都应该有一个名字作为标识，其名字即为**标识符**。

C 语言对标识符有如下要求。

(1) 标识符只能由英文字母、数字和下划线组成，但不能以数字开头。

(2) C 语言是区分大小写的，即大小写被认为是两个不同的字符。因此，name 和 Name 是两个不同的标识符。

(3) 不允许用关键字作为标识符。关键字是指已经赋予一定含义的字符序列，如 int、float、for、if、return 等。C 语言有 32 个关键字，见附录 C。

(4) 标识符有长度限制，超过限制时，后面的字符不起作用。C89 限制的标识符长度是不超过 31 个字符。

注意：C 语言中，变量名不能与函数名相同。例如，已经有函数 max()，则变量名便不能用 max，反之亦然。

4. 变量的属性

每个变量都有值和地址两个属性。

变量的值指的是变量在内存中所存的内容。变量的地址指的是变量在内存中所处的位置，其起始地址称为**变量的地址**。

设有代码“short a=5;”，则程序运行时需要在内存中分配 2 个字节作为变量 a 的存储区域，并且将 5 存放进去。设系统给 a 分配的空间是内存中 1027 和 1028 两个单元，如图 3-2 所示，则变量的值是 5，变量的地址是 1027。

把内存的哪两个字节分配给变量是不可预知的，任何可分配的空闲区域都可能分配给变量，分配在哪人并不知道，但是系统知道。每当在内存中给一个变量分配了空间，系统都会把变量名和它的地址、类型记录下来，以便将来找到它、存取它。

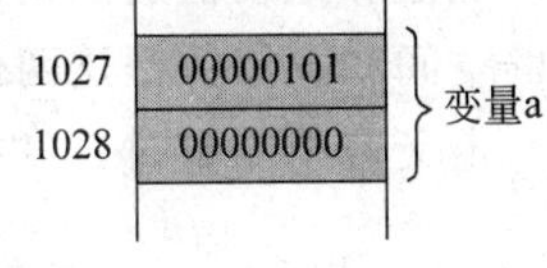

图 3-2　变量的两个属性

实际上，在变量获取空间之后，其地址是可以被程序员知道的。C 语言中的 & 称为**取地址运算符**，用来获取变量的地址。

下面的程序可以输出整型变量 a 的两个属性。

```
#include<stdio.h>
int main()
{
    int a=5;
    printf("%d,%p\n",a,&a);              //%p 表示用十六进制数输出地址
    return 0;
}
```

运行结果：

```
5,0012FF44
```

试一试：把代码中的“=5”去掉，运行一遍程序，看 a 还有没有值。

5. 变量的赋值和赋初值

如前所述，定义变量的目的是为了存储数据，而赋值或赋初值都可以实现这一目的。

1) 赋值

在给变量分配空间的任务完成之后，再给变量存放数据，称为赋值。例如，给普通变量赋值：

```
int a;                               //在内存中给 a 分配空间
```

```
a=5*2;                          //向 a 中存放数据,即赋值
```

其中,=是赋值号,不是数学里的等于号,赋值就是存储:把赋值号右边表达式的值计算出来然后存储到左边变量的内存空间中。赋值后 a 的值是 10。

说明:C 语言中,=是赋值号,==才是等于号。

又如,给指针变量赋值:

```
int a, *p;                      //在内存中给 a 和 p 分配空间
p=&a;                           //把 a 的地址存到 p 中,即给 p 赋值
```

2) 赋初值

在给变量分配空间的时候就向其中存放数据,称为赋初值。例如:

```
int a=10;
```

赋值和赋初值的区别:开辟空间和存放数据这两件事情若是分两次完成的,是赋值;开辟空间和存放数据这两件事情是一次就完成的,是赋初值。

定义若干变量时,可以只对一个或一部分变量赋初值,例如:

```
int a,b=1,c,d=3,e,f;
```

也可以给全部变量都赋初值,例如:

```
int a=5,b=5,c=5;
```

注意:变量初值相同时,不可以写成:

```
int a=b=c=5;
```

3.2 基本数据类型

C 语言的数据类型分为基本类型和构造类型,基本类型指的是系统固有的类型,也是常用的类型;构造类型指的是用户自定义出来的类型。

C 语言的基本数据类型如表 3-1 所示。本节介绍这些基本数据类型的表示方法、数据存储方式以及输出方法。

3.2.1 整型数据

本节所说的整型数据包括 short、int、long、unsigned short、unsigned、unsigned long 等所有整数。

1. 整型常量的表示

程序中用到整型常量时,可以用 3 种进制表示:十进制、八进制和十六进制。例如:

```
int a,b,c,d,e;
```

```
a=100;                    //用十进制表示整数
b=0144;                   //用八进制表示整数,必须用 0 开头
c=-0144;
d=0x64;                   //用十六进制表示整数,必须用 0x 或 0X 开头
e=-0x64;
```

上面5个赋值语句执行后,5个变量的值分别是100、100、-100、100、-100。

注意:程序中不允许使用二进制。

2. 整型数据的存储

所有整数在计算机中都是以补码形式存放的。下面的代码定义了5个变量,5个变量在内存中的存储状态如图3-3所示。

```
short a=5,b=-1,c=-32768;
unsigned short d=32768;
long e=65536;
```

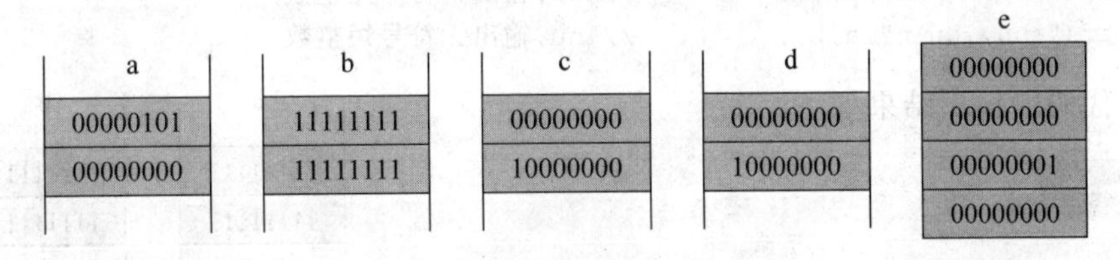

图3-3　整数在内存中的存储

5的补码是00000000 00000101,-1的补码是11111111 11111111,-32768的补码是10000000 00000000,32768的补码也是10000000 00000000,65536的补码是00000000 00000001 00000000 00000000。

3. 整型数据的输出

说明:对于数据的输出格式,本书第4章会详细介绍,这里先简单介绍一些常用的输出格式。

(1) 带符号整数输出时可以用十进制、八进制或十六进制。例如:

```
int a=76;
long b=65536;
short c=26;
printf("%d\n",a);  //%d 表示用十进制输出整数
printf("%o\n",a);  //%o 表示用八进制输出整数
printf("%x,%X\n",a,a);             //%x 或 %X 表示用十六进制输出整数
printf("%ld,%Lo,%lx\n",b,b,b);     //加上 L 或 l 表示输出长整数
printf("%hd,%ho,%hx\n",c,c,c);     //加上 h 表示输出短整数
```

输出结果:

```
76
114
4c,4C
65536,200000,10000
26,32,1a
```

试一试：在TC中输出长整数时，漏掉L或l，会怎样？把65536、65537、65538用%d格式输出看看，并解释原因。在TC中输出整数时，多加了L或l，又会怎样？解释一下原因。

(2) 无符号整数用%u格式输出，只能用十进制。例如：

```
unsigned int a=32768;
long b=50000;
printf("%u,%lu\n",a,b);             //%u表示输出无符号整数
```

(3) 带符号整数可以当成无符号整数输出，反之亦然。例如：

```
short a=-1;
unsigned short b=65535;
printf("%hd,%hd\n",a,b);          //%hd,输出带符号短整数
printf("%hu,%hu\n",a,b);          //%hu,输出无符号短整数
```

这段代码的输出结果如下：

```
-1,-1
65535,65535
```

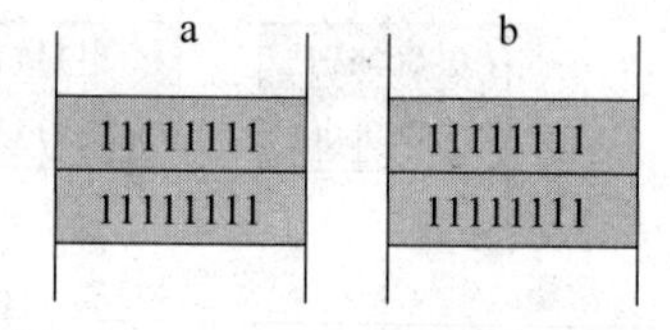

图3-4　−1和65535的存储状态

想一想：为什么会出现这样的结果？请根据图3-4所示的存储状态解释其原因。

3.2.2　实型数据

1. 实型常量

1) 实型常量的表示

带小数点的常量称为实型常量。程序中的实型常量可以用两种形式表示。

(1) 小数形式。例如，3.14、−12.5、0.38、.2、−.3等。

说明：当一个数是纯小数时，小数点前面的0可以省略。

(2) 指数形式。例如，1.25E−2、12.5E−3、0.0125E0等。

指数形式相当于数学中的科学计数法。C语言用1.25E−2这种形式代表数学中的1.25×10^{-2}。可以看出，上面所列举的3个数，其大小是相同的。由此可见，同一个数可以有无限种表示方式。

C语言规定：用指数形式表示实数时，**E前面必须有数字，E后面必须是整数**。

说明：实数只能用十进制表示，上面两种表示方法都是十进制的。

2) 实型常量的类型

实型常量有单精度(float)和双精度(double)两种类型，有效数字分别是7位和15

位，最后一位是近似值。

程序中表示实型常量时，可在实型常量后面加 F 或 f，表示它是单精度型，或者加 L 或 l，表示它是双精度型。若什么都不加，如 1.2，则系统默认是 double 型。

编程经验：*表示双精度型时，最好用大写 L 而不是小写 l，后者容易被看成是 1。*

2. 实型数据的存储

单精度和双精度型的数据，都是以浮点数的方式存储的，遵循 IEEE(Institute of Electrical and Electronics Engineers)754 标准。本书只介绍 float 型数据的存储方式，double 型数据的存储与 float 型类似。

float 型的任何数据，在存储前都必须先表示为下面的格式：

$$(\text{符号})\times M\times 2^n$$

其中，n 是指数，M 须满足条件：$1.0\leqslant M<2.0$。例如：

30.0，要先表示为 $+1.875\times 2^4$

-0.3925，要先表示为 -1.57×2^{-2}

这之后，计算机用 4 个字节，分成三部分分别存储符号、指数部分和小数部分。三部分的位置及所占空间大小如表 3-2 所示。

表 3-2　浮点数存储空间的分配

符号位(0 或 1)	指数部分($n+127$)	小数部分($M-1$)
占 1 位[第 31 位]	占 8 位[第 30 位～第 23 位]	占 23 位[第 22 位～第 00 位]

注：表中最右边是第 0 位，最左边是第 31 位。

注意：*指数部分存储的是 $n+127$ 而不是 n，小数部分存储的是 $M-1$ 而不是 M。*

下面分别说明这三部分怎样存储。

(1) 符号位。占 1 位，用 0 表示正，用 1 表示负。

(2) 指数部分。指数用 8 位存储，本来也有正负的，但是考虑到前面已经有一个正负号了，再设一个符号位不合适，所以 IEEE 754 标准规定：将指数部分加上 127 后再存储，例如，若实际指数 n 为 -2，则存储为 125；若实际指数 n 为 4，则存储为 131。这样规定的目的是，指数加上 127 后不会是负数，故不必设指数的符号位。

(3) 小数部分。用 23 位存储 $M-1$。按照规定，M 满足 $1.0\leqslant M<2.0$，这样，M 的小数点前面将肯定有一个 1，因此存储的时候，就可以不存 1(将 1 默认了)，而只存小数点后面的纯小数 $M-1$，例如，对于 1.875，只存 0.875。这样做可以多存几位小数以提高数据精度。

综上所述，对于 $30.0=+1.875\times 2^4$，三部分的数据分别如下。

(1) 符号位：0(表示正)。

(2) 指数部分：10000011(其值为 131，表示实际指数是 4)。

(3) 小数部分：11100000000000000000000(0.875，表示实际小数是 1.875)。

故浮点数 30.0 的实际存储状态如图 3-5 所示。

0	1	0	0	0	0	0	1	1	1	1	1	0	0	0	0	0	0	0	0	0	0	0	0	0	0	0	0	0	0	0	0

图 3-5　浮点数 30.0 的存储状态

特别注意：实数的存储不都是精确的。

例如，对实数 1.2，其纯小数部分 0.2 化为二进制是一个无限循环小数：00110011 00110011…要想存储这个值，需要无限多的内存单元，而实际上存储纯小数部分的空间只有 23 位，后面部分只能截掉或进位（0 舍 1 入），所以实际存储的数据是近似值。

1.2 的实际存储状态是 0 01111111 00110011001100110011010（有进位），它表示的小数是 1.2000000476837158203125，比 1.2 稍大。

由于有些实数存储不精确，所以在程序中应尽量避免比较两个实型数据是否相等。下面的程序段的输出结果是“不相等”。

```
float x=0.2;
if(x==0.2)
    printf("相等\n");
else
    printf("不相等\n");
```

原因：x 是 float 型变量，存储的是 0.2 的近似值，有 7 位有效数字，而常数 0.2 默认是一个 double 型数据，有 15 位有效数字，它们的大小必然不同。

试一试：运行下面的程序，看运行结果是什么。请解释为什么会出现这样的结果。

```
#include<stdio.h>
int main()
{
    float x=-789.124;
    printf("%f\n",x);
    return 0;
}
```

说明：上面介绍的是 float 型数据的存储方式，double 型数据的存储方式与此类似，只不过指数部分和小数部分的位数更多。

3. 实型数据的输出

单精度和双精度型数据都可以用%f 或%e(%E)格式输出，%f 格式是用小数形式输出，%e(%E)格式是用指数形式输出。例如：

```
float x=12345678,y=0.00314;
double z=123.456789123456789;
printf("%f, %f, %f\n",x,y,z);            //%f: 小数形式输出
printf("%e, %e, %e\n",x,y,z);            //%e: 指数形式输出
printf("%E, %E, %E\n",x,y,z);            //%E: 指数形式,结果中 E 大写
```

该代码段的输出如下：

```
12345678.000000, 0.003140, 123.456789
1.234568e+007, 3.140000e-003, 1.234568e+002
1.234568E+007, 3.140000E-003, 1.234568E+002
```

用%f 时，默认输出 6 位小数(不管有多少位有效数字，总是输出 6 位小数)。

说明：用%f 格式输出时程序员可以用诸如%.3f 这样的方式指定小数位数，参见第 4 章 printf()函数的介绍。

用%e(%E)时，按标准格式输出，即小数点前有且仅有 1 位非 0 的有效数字。而小数点后面有几位小数以及 e(E)后面的指数部分占几位，取决于编译器。

3.2.3 字符型数据

数据不仅仅指数值，还包括字符，字符也是 C 程序中经常要处理的数据。C 语言可以处理的字符有英文字母(大小写)、数字、标点、空格及其他一些符号，见附录 D。

1. 字符常量

单个的字符是字符常量。程序中要表示一个字符常量，不能直接写字符名，因为会引起二义性。例如，下面的代码中 c=a 就存在二义性。

```
int a=1;
char c=a;                    //此处的 a 是变量 a 还是字符 a?
```

为了区分变量和字符常量，C 语言规定：字符必须放在一对单引号之中。例如：

```
char c1='a',c2='A',c3=' ';    //正确
```

这样，C 语言中，单引号就被赋予了一个含义，即它是定界符，用来表示一个字符的前界和后界。也就是说，在 C 语言中，单引号(')已经不是单引号了，而是定界符。

说明：程序中的单引号是不分左右的。

那么，C 语言中若用到单引号，怎么写呢？显然不能写成''',因为这样写编译器会把它们都认作定界符。为了表示中间的单引号不是定界符，而是单引号，C 语言又做了规定：在中间的单引号前面加上一条反斜线(\)，表示它不是定界符了，而是单引号，所以，程序中单引号应该表示成'\'',例如：

```
char ch='\'';                 //给变量 ch 存入一个单引号
printf("%c",ch);              //%c 表示要输出一个字符
```

输出结果如下：

```
'
```

反斜线(\)的作用是把后面字符的本来含义转为另外的含义。例如，'\n'，若不加反斜线代表字符 n 本身，加上反斜线后就变成了换行符。

这种用\开头的字符，称为**转义字符**。C 语言中的转义字符很多，表 3-3 列出的是常用的一些转义字符。

表 3-3　常用的转义字符及作用

转义字符	代表的含义	输出该字符的结果
'\''	一个单引号(')	输出：'
'\"'	一个双引号(")	输出："
'\\'	一条反斜线(\)	输出：\
'\b'	退格键(Backspace)	光标向前移动一格(退回一格)
'\n'	换行符	光标移动到下行开头
'\r'	回车键(CR)	光标移动到本行开头
'\t'	水平制表符(Tab)	光标移动到下一个 Tab 位置
'\ooo' 如'\101'	一个字符,该字符的 ASCII 码值用八进制表示是 ooo	输出该字符。注：ooo 代表八进制数，最多 3 位
'\xhh' 如'\x41'	一个字符,该字符的 ASCII 码值用十六进制表示是 hh	输出该字符。注：hh 代表十六进制数,最多 2 位

考考你：到目前为止,要表示字符'A'，共有 3 种方法,你知道是哪 3 种吗？

2. 字符数据的存储

计算机中只能存储 0 和 1,任何数据都必须先化成 0 和 1 才能存储,字符也不例外。多数计算机都是用“存字符的 ASCII 码值”的方法来存储字符。

基本 ASCII 码表(见附录 D)中只有 128 个字符,加上后来扩充的 128 个,不过才 256 个,所以 C 语言规定：字符用一个字节存储。

设有如下代码：

```
char c1='A',c2='1';
```

则 c1 和 c2 两个变量在内存中的存储状态如图 3-6 所示。

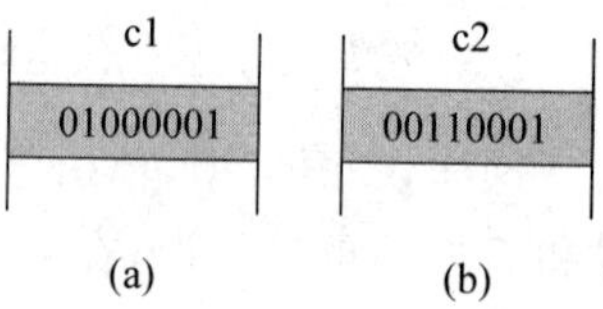

c1　01000001　(a)

c2　00110001　(b)

图 3-6　字符数据的存储

想一想：整数 1 在内存中怎样存储,与字符'1'是一样的吗？它们的十进制数分别是多少？

3. 字符数据的大小

由于字符在计算机中实际存储的是其 ASCII 码值,是个整数,所以,C 语言认为字符也有大小,其 ASCII 码值就是它的大小。

因此,字符数据既可以用作字符,也可以用作整数。给字符变量赋值时,既可以赋字符,也可以赋整数。例如：

```
char c1='A',c2=65,c3=' ',c4='1';
printf("%c,%c,%c,%c\n",c1,c2,c3,c4);         //%c 表示要输出一个字符
printf("%d,%d,%d,%d\n",c1,c2,c3,c4);         //字符可当作整数输出
printf("%d,%d,%d\n",c1+c2,c1+1,'A'+1);       //字符可参与运算
```

运行结果如下：

```
A,A, ,1
65,65,32,49
130,66,66
```

把整数当成字符输出也可以，只要不超过 255。例如，printf("%c", 65)，结果是 A。

4. 字符数据的输出

如前面代码所示，输出字符型数据，可以用 printf()函数（%c 或%d 格式）。除了 printf()函数之外，还可以使用 putchar()函数，putchar()函数的使用方法将在第 4 章中介绍。

3.2.4　字符串

程序中有时候需要用到一串字符，即字符串，而不是一个字符。

1. 字符串的表示

C 语言规定，字符串必须用一对双引号括起来，如"ab c"、"12"、" "、"A"。双引号中可以没有字符，如""，表示一个空串。

说明：程序中的双引号也是不分左右的。

C 语言中只有字符串常量，没有字符串类型的变量。

2. 字符串的存储

虽然没有字符串变量，但字符串在处理时，仍要在内存中找空间存储。

存储字符串时，总是先把双引号中的每个字符按顺序存储到内存中（连续存放），然后再在后面多存一个空字符（'\0'）。例如，"AB"在内存中占 3 个字节，存储状态如图 3-7 所示。

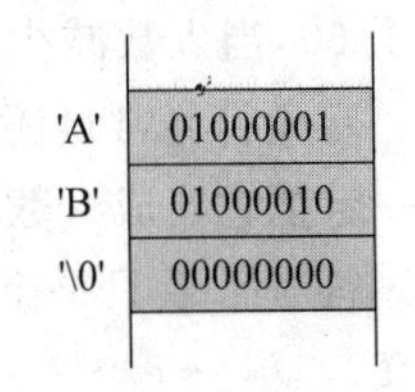

图 3-7　字符串的存储

空字符的 ASCII 码是 0，表示为'\0'。

之所以最后要多存一个空字符，是为了给字符串加一个结束标志，不然，将来使用字符串时，不知道字符串是到哪结束的。

注意：空字符和空格并不是同一个字符，空字符的 ASCII 码是 0，空格的 ASCII 码是 32，它们的存储状态不同，数值大小不同，作用也不同。

考考你："A"和'A'是否相同？若不同，区别是什么？

3. 字符串的输出

输出字符串时，printf()函数中要使用%s 格式。例如：

```
printf("%s%s%s%s%s\n","ABCD"," ","123","","xyz");
```

输出结果如下：

```
ABCD 123xyz
```

除了 printf()函数外，还可以使用 puts()函数输出字符串，puts ()函数的使用方法将在 10.3 节中介绍。

3.3 符号常量和常变量

除了前面已经讲述过的几种常量外，C 语言中还有两种常量：符号常量和常变量。

3.3.1 符号常量

为方便编程，增加程序的可读性，程序中经常需要定义符号常量。例如：

```
#define PI 3.141593
```

其中的 PI 称为符号常量，它代表后面的 3.141593。

说明：其实这是一条编译预处理命令，称为宏定义，参见第 16 章。

注意：符号常量的定义是一条命令，不是语句，故后面不需要有分号。

定义符号常量之后，程序中用到圆周率的时候，既可以写 3.141593，也可以写 PI，如“s=PI * r * r;”。显然，使用后者更方便，这便是定义符号常量的第一个好处。

定义符号常量的第二个好处是便于修改程序。例如：

```
#define NUM 60
```

用 NUM 代表人数 60。假设程序中很多地方都用到这个 NUM，当人数发生变化时，比如少了一个人，只需要把上面代码中的 60 改为 59 即可。若不用符号常量，程序中都写成了 60，当人数减少时，需要修改多处源代码。

定义符号常量还有一个好处：增加程序的可读性。若写成 60，阅读程序的人看到 60 并不一定把它当成人数，还可能把它当做年龄、体重、分数等，写成 NUM 则不易引起误解。

符号常量只是个符号，它不是变量，内存中没有它的空间，所以不能赋值，也不能这样定义：

```
#define PI=3.141593            //错误的符号常量定义
```

符号常量名通常使用大写字母。

3.3.2 常变量

有些 C 编译器中允许定义常变量(有些书上称为常量)，常变量的定义方法如下：

```
const int n=60,m=50;           //定义两个常变量并初始化
const float x=3.14;            //定义一个常变量并初始化
```

常变量定义要用 const 开头，后面部分与变量的定义类似，只不过要初始化。

注意：常变量在定义时必须初始化。

说明：常变量的定义是一条语句，后面有分号。

常变量其实也是变量，也在内存中分配空间（同时要初始化），但初始化后就不允许再变了。因为不能变，具有常量的特点，故称为常变量。

常变量只可以赋初值，不能赋值，因为赋值就等于是改写。

下面的代码有两处语法错误：

```
const float x;                    //错误，常变量定义未赋初值
const int a=1;
a=1;                              //错误，常变量不允许赋值
```

定义常变量之后，程序中可以随时使用它，但不能改变它。

3.4　运算符和表达式

本节介绍C语言中最基本的运算符和表达式。

3.4.1　算术运算符

算术运算是最常用的运算，C语言中的算术运算与数学中的算术运算不尽相同。

1. 算术运算符

算术运算符有7个：+（正号）、-（负号）、*（乘）、/（除）、%（求余）、+（加）、-（减）。

说明：C语言中，乘号用*表示，且不可省略。例如，a*b不能写成ab。

%是求余运算符，它用来求出两个整数相除之后的余数。例如，8%3的值是2，20%7的值是6。

说明：求余运算的结果，其符号应与%前面那个数的符号相同。例如，-5%3的结果是-2，而5%-3的结果是+2。

求余运算符要求参与运算的两个量必须都是整数。其余运算符对此没有要求，参与运算的数可以是整数，也可以是其他类型的数据。

2. 算术运算符的目数

7个算术运算符中，+（正号）、-（负号）都是单目运算符，剩下5个都是双目运算符。单目运算符是指它只需要一个运算量（即操作数），比如-5，只需要在负号后写一个数，前边不需要，故它是单目运算符。而双目运算符则需要两个运算量，例如，a+b，加号前后各需要一个运算量。

3. 算术运算符的优先级

算术运算符中，+（正号）、-（负号）的优先级别最高，*、/、%的优先级别次之，+（加号）、-（减号）的优先级别最低（参看附录E）。

根据优先级可知，表达式－5＊－2＋2%3与((－5)＊(－2))＋(2%3)运算次序相同。

算术运算时，当两个运算符的优先级别不同时，先运算哪个取决于优先级；当两个运算符优先级别相同时，先运算哪个取决于它们的结合性。

4. 算术运算符的结合性

算术运算符中，两个单目运算符的结合性都是自右至左，简称右结合性。其余运算符的结合性都是自左至右，称为左结合性。

左结合性是指：当两个运算符优先级别相同时，要先算左边的。例如，20＊3%7，应先算左边的乘法，相当于是(20＊3)%7，而不是20＊(3%7)，两者结果不同。右结合性是指：当两个运算符优先级别相同时，要先算右边的。例如，－＋2，相当于是－(＋2)。

考考你：既然＋和＊都是左结合性，那为什么a＋b＊c要先算b＊c?

关于算术运算，需要特别注意的是，**两个整数运算，最终结果还是整数**。例如，9/5的结果是1，1/2的结果是0，－5/3的结果是－1。结果为负时，多数机器采用向零取整的方法将小数截掉，不四舍五入。

说明：向零取整是指，尽量使取整后的结果绝对值更小，离0更近。比如－9/5，可以是－1，也可以是－2，但－1的绝对值更小，故取整后值为－1。

试一试：已知华氏温度到摄氏温度的转换公式是c=5/9＊(f－32)。下面程序段用来计算摄氏温度，其中华氏温度f是由键盘输入的，请写出完整的程序并运行之，看结果是否正确。若不正确，找出原因。

```
int f,c;
scanf("%d",&f);          //输入整数作为华氏温度
c=5/9*(f-32);
printf("%d\n",c);
```

提示：上面程序中，若想让5/9的结果是实数，应该写成5./9(或5/9.)，让其中一个数变成实数，其结果就是实数(带“.”的数，系统默认是double型)。

3.4.2 赋值运算符和赋值表达式

1. 赋值运算符

赋值运算符就是=，表示“存储”，即将赋值号右边表达式的值存给左边的变量，3.1节已做过一些介绍，这里再补充三点。

(1) 左值的概念。

可以出现在赋值号左边的式子，称为**左值**(lvalue，即left value)。左值必须有内存空间且允许赋值。常用的左值是变量，但常变量不是左值。例如：

```
int a=1;
const int b=2;
```

```
a=2;                    //变量作为左值,正确
b=20;                   //语法错误：常变量不是左值
```

(2) C 语言中还有一些**复合的赋值运算符**，表 3-4 列出的是 5 个与算术运算有关的，还有 5 个与位运算有关的，在第 14 章中介绍。

表 3-4　复合的赋值运算符及含义

运算符	+=	-=	*=	/=	%=
举例	a+=2	a-=b	a*=b+c	a/=b+c	a%=5
相当于	a=a+2	a=a-b	a=a*(b+c)	a=a/(b+c)	a=a%5

(3) 赋值运算符的结合性是自右至左。若有两个赋值号，要先执行右边的。

例如，a=b=2 相当于是 a=(b=2)。

2. 赋值表达式

若一个表达式最后进行的是赋值运算，则该表达式是赋值表达式。

说明：C 语言中，一个表达式最后执行的是"什么"运算，就把该表达式称为"什么"表达式。例如，若最后执行的是算术运算，则它是算术表达式；若最后执行的是逻辑运算，则它是逻辑表达式……

C 语言中的所有表达式都是有值的。例如，算术表达式 5-2*1 的值是 3，关系表达式 5>3 的值是 1(即"真")等。

赋值表达式也有值。C 语言规定：**一个赋值表达式的值，等于赋值后左边变量的值**。例如，若赋值表达式是 a=3*2，则表达式的值就是赋值后 a 的值，即 6。

赋值表达式的值可以参与运算，如 b=5+(a=3*2)，执行后 b 的值是 11。

上面表达式的运算过程是：先执行 a=3*2，即把 6 赋给 a，再计算 5+(赋值表达式的值)，即 5+6，得 11，最后再把 11 存入变量 b。

赋值表达式的值可以赋给另一个变量，如 a=(b=2)。因赋值号是右结合性，故可以省略括号，写成 a=b=2。

还可以再复杂一点：a=b=c=2，它同 a=(b=(c=2))等价。

考考你：上面 a=b=c=2 运算时，a、b、c 3 个变量哪个最先得到 2？哪个最后得到？若赋值表达式没有大小，还能不能像上面这样连等？

3.4.3　自增自减运算符

自增运算符是++，自减运算符是--。两个运算符都是单目运算符，都是右结合性，运算优先级与正负号相同，参见附录 E。

自增运算符用于给变量增加一个 1，自减运算符用于给变量减少一个 1。

自增和自减运算符都有两种用法，本书主要以++为例介绍两种用法的作用及区别。

1. 自增运算符

自增运算符++分为前++和后++，写在变量前面的是前++，写在变量后面的是

后++,两者作用不同。如下面的两段程序代码:

```
int i=1,m;
m=++i;      //++写在变量前,是前++
printf("%d,%d\n",m,i);
```

```
int i=1,m;
m=i++;      //++写在变量后,是后++
printf("%d,%d\n",m,i);
```

运行结果分别是:

```
2,2
```

```
1,2
```

之所以出现不同的结果,是因为++i和i++的求解过程不同。

首先需要强调的是,**++i和i++都是表达式,且两个表达式的值都是i**。只不过,两个i的值并不相同。

对于左侧代码中的++i来说,由于++写在前面,所以要先给i加1(变成2),再取i的值(即2)作为表达式(++i)的值。

对于右侧代码中的i++来说,由于i写在前面,++写在后面,所以先取i的值(即1)作为表达式(i++)的值,然后再给i加1,使i变成2。

因此,左侧的"m=++i;"就相当于是以下两行代码:

```
i=i+1;              //先给i加1
m=i;                //表达式(++i)的值赋给m
```

而右侧的m=i++;则相当于如下两行代码:

```
m=i;                //表达式(i++)的值赋给m
i=i+1               //给i加1
```

一句话:**表达式++i的值是加1之后的i,而表达式i++的值是加1之前的i**。无论是i++还是++i,求解过程中都给i加了1。

若表达式i++和++i都不参与运算,则它们的作用相同,下面两条语句等价:

(1) i++;

(2) ++i;

它们都相当于是i=i+1;

说明:设开始时i=1,则上面两条语句分别相当于:

(1) 1; //这是表达式i++的值与分号构成的语句,此后要给i加1。

(2) 2; //这是表达式++i的值与分号构成的语句,此前已给i加1。

由于求解表达式过程中都给i加了1,只不过一个在求值后,一个在求值前,因此,实际上前面两条语句分别等价于:

(1) 1;
    i=i+1;   //后加

(2) i=i+1;   //先加
    2;

其中,"1;"和"2;"两条语句没有任何实际意义,可以去掉,所以,最初的两种写法就都成了：

(1) i＝i＋1；

(2) i＝i＋1；

因此说，“i＋＋；”和“＋＋i；”的作用完全相同。

2. 自减运算符

自减运算符－－的用法与＋＋用法类似，不再赘述。

需要指出的是，自增和自减运算都相当于是赋值运算，因此它们只能作用于变量，不能对表达式和常量进行自增或自减。下面写法都是错误的：

```
(a+b)++;            //相当于写成 a+b=a+b+1;    语法错误：a+b 不是左值
2--;                //相当于写成 2=2-1;        语法错误：2 不是左值
```

3.4.4　逗号运算符和逗号表达式

1. 逗号运算符

C语言中，“,”也是一个运算符，称为逗号运算符。

逗号运算符是一个双目运算符，其结合性自左至右，其优先级在C语言的所有运算符中级别最低。

2. 逗号表达式

1) 逗号表达式的格式

表达式 1，表达式 2

即用逗号把两个式子连接起来。如“2,3”、“a＝2，a＊3”都是逗号表达式。

2) 逗号表达式的求值方法

C语言中的表达式都是有值的。逗号表达式的值等于逗号后面那个式子的值，即表达式2的值。例如，表达式“2,3”的值是3，表达式“a＝2，a＊3”的值是a＊3的值，即6。但是，要想计算a＊3，必须先执行a＝2。

所以，逗号表达式的求值方法是先求解表达式1，再求解表达式2，表达式2的值就是逗号表达式的值。

3) 多重逗号表达式

一个逗号表达式，可以作为另一个逗号表达式中的“表达式1”，例如：

```
(a=1,b=2),a+b
```

上式也是一个逗号表达式，只不过其中内嵌了一个逗号表达式。由于逗号表达式的结合性是自左至右，上面的表达式可以去掉括号直接写成：

```
a=1,b=2,a+b
```

它的求值顺序是先执行 a=1,再执行 b=2,最后求解 a+b 的值作为整个表达式的值。

还可以继续不断嵌套,使逗号表达式成为如下模样:

```
式子1,式子2,式子3,式子4……
```

其求值方法:自左至右按顺序求解每个式子,最后一个式子的值是整个表达式的值。

编程经验:其实,很多情况下使用逗号表达式的目的并不是求整个表达式的值,而是让计算机按顺序去求解每个表达式以完成一个个操作,比如,a=1,b=2,c=3。这种情况通常发生在需要用一条语句完成几条语句的功能时,但一般情况下尽量不要这样用。

考考你:m=1,2,3,4 是逗号表达式还是赋值表达式?整个表达式的值是多少?表达式求解之后,m 的值是多少?

3.4.5 类型转换运算符

C语言中,有时候需要人为地把某种类型的数据转为程序需要的类型,这时候就需要用类型转换运算符。例如,a、b 是任意整数,求(a-b)/(a+b)的值。程序代码如下:

```
int a,b;
float result;
scanf("%d%d",&a,&b);
result=(a-b)/(a+b);
printf("%f\n",result);
```

运行上面程序,从键盘输入 6 和 4,输出为 0,结果不正确。问题出在(a-b)/(a+b)这个表达式上,因为分子和分母都是整型数据,相除后结果必然还是整数(0)。

要想得到实数,至少应该把分子和分母中的一个变成实数。其方法是,使用类型转换运算符把表达式写成(float)(a-b) / (a+b) 或 (a-b) / (float) (a+b)。

类型转换运算符的格式如下:

```
(类型名)(表达式)
```

作用是把表达式的值强制转换为指定的类型。

需要指出的是,在类型转换前,系统要先求解表达式的值,然后将该值在运算器中进行处理、转换,被处理的是运算器中的结果,而不是表达式本身。表达式的类型和数值都不发生改变。例如:

```
float x=3.14;
int m;
m=(int)x;
printf("%d,%f\n",m,x);
```

运行结果如下:

```
3,3.140000
```

可以看出,x 的值和类型并没有发生变化。

3.5　数据的类型转换

C 语言中，只有类型相同的数据才可以直接进行相互运算。不同类型的数据相互运算前，必须先转换为同一种类型。这种转换是系统自动完成的，不需要用户干预，但用户需要知道其转换规则，以便能解释程序的运行结果。

一个表达式中可能含有若干运算符，需要一个一个分别来运算。对于每一个运算符(而不是整个表达式)，运算时都需按照以下步骤来进行。

(1) 参与该运算符运算的操作数若有 char、short 型，则无条件转为 int 型，若有 float 型，则无条件转为 double 型(可以提高精度)，不管它们的类型是否相同。

(2) 经过步骤(1)后，若参与运算的操作数类型仍不同，则低类型数据要转换为高类型。例如，若 int 型数据和 double 型数据相互运算，则 int 型数据要先转换为 double 型。

类型的高低是根据数据所占用的空间大小来判定的。类型由低到高的顺序依次是 int、unsigned、long、double。

想一想：为什么只有 4 种类型？其他类型哪去了？

数据类型转换的规则可用图 3-8 来表示。

例如，若有以下变量定义：

```
char a=65,b=66;
float x=2.0,y=2.6;
long m=3;
```

float	⇨	double	级别高 ↑
		long	
		unsigned	
short/char	⇨	int	级别低

图 3-8　类型转换规则

则表达式 a+b+x*m+y 的计算过程如下。

(1) 先算乘法：x*m。因为 x 是 float 型，因此先无条件将 x 的值转为 double 型，转换后与 m 类型不同，所以再把 m 的值也转换为 double 型，然后进行乘法，其结果 6.0(近似值)是 double 型。

(2) 计算 a+b。a、b 都是 char 型，都转为 int 型，然后相加得结果 131，该结果是 int 型。

(3) a+b 的结果与 x*m 的结果相加，即 131+6.0，前者是 int 型，后者是 double 型，类型不同，自动将 int 型转为 double 型后相加，结果 137.0 为 double 型。

(4) 计算 137.0+y。先将 y 无条件转为 double，然后再相加。最终结果 139.6 是 double 型数据。

注意：上面运算过程中凡是有实数参与的运算，结果都可能是不精确的。

习　题　3

一、选择题

1. 以下 5 个选项中，合法的 C 语言标识符是(　　)。

(A) %X　　(B) a+b　　(C) a_123　　(D) _test!

(E) 123abc

2. 下面4个选项中,全部都是合法整型常量的是( )。

(A) 160,－0xffff,011　　(B) －0xcdf,01A,0xe

(C) －01,012,0668　　(D) －0x48A,2e5,0x

3. 下面4个选项中,均是不合法浮点数的选项是( )。

(A) 160.,0.12,e3　　(B) 123,2e4.2,e5

(C) －.18,123e4,0.0　　(D) －e3,.234,1e3

4. c是字符变量,关于语句"c='A'+'6'－3;",下面说法正确的是( )。

(A) 执行后c的值是'D'　　(B) c的值是68

(C) c的值是't'　　(D) 无法执行

5. 下面4个选项中,正确的符号常量定义是( )。

(A) define N 3　　(B) #define N=3

(C) #define N 3;　　(D) #define N 3

6. 下面4个选项中,代码正确的是( )。

(A) const int a; a=1;　　(B) const int a=1;

(C) int const a=1;　　(D) const int a=1;a=1;

7. 参与运算的对象必须是整数的运算符是( )。

(A) %　　(B) /　　(C) %和/　　(D) *

8. int x=10,y=3; printf("%d,%d\n",x－－,－－y);的输出结果是( )。

(A) 10 2　　(B) 10,3　　(C) 9,3　　(D) 10,2

9. 正确定义3个变量并为它们赋初值5的是( )。

(A) int x=y=z=5;　　(B) int x,y,z=5;

(C) int x=5,y=5,z=5;　　(D) x=y=z=5;

10. 设有定义"char c="CHINA";",则下面说法正确的是( )。

(A) c是一个字符串变量　　(B) c占用6个字节的内存

(C) c的有效字符个数是5　　(D) 语句错误,通不过编译

11. 数字0的ASCII码是48,下面程序的执行结果是( )。

```
char a='1',b='2';
printf("%c",b++);
printf("%d\n",b-a);
```

(A) 3,2　　(B) 50,2　　(C) 2,2　　(D) 2,50

12. 下面选项中,属于合法的字符常量的是( )。

(A) '\084'　　(B) '\x43'　　(C) 'ab'　　(D) "\0"

13. 设整数和实数的大小都不超过各自变量的存储范围,下面4种说法中,正确的是( )。

(A) 整数和实数的存储都不是精确的

(B) 整数的存储都是精确的,实数的存储都不是精确的

(C) 整数的存储不都是精确的，实数的存储都不是精确的

(D) 整数的存储都是精确的，实数的存储不都是精确的

二、填空题

1. 程序中，整数100有3种表示方法，分别是________、________、________。

2. 换行符可以表示成________或________或________；要把字母A赋值给字符变量c，程序中可以写成________或________或________或________。

3. "ABC D"(注：CD间有一空格)存储后，占用的字节数是________，画出它在内存中实际存储的状态(用二进制数表示)。

4. 符号常量和常变量中，不占内存空间的是________。

5. 表达式a=(a=1,b=2,c=3)是一个________表达式，其值为________。

6. 表达式(a=1,2,3,a)是一个________表达式，其值为________。

7. 表达式((a=3*5,a*4),a+15)的值是________，执行后a的值是________。

8. 设i、c、f 3个变量分别是int、char、float型，则表达式i+f、i*c、c+f的类型分别是________、________、________。(写出类型名)

9. 执行代码“printf("%d,%d,%d\n",5/2,-2*4,11%3);”的结果是________，执行代码“printf("%f,%f,%f\n",5/2, 5./2, -2*4);”的结果是________。

10. 下面的程序段执行后，m的值是________。

```
int i=1,j=2,m;
i++;++j;
m=(++i)+(j++);
```

11. 设有数据定义“int a=10,b=9,c=8;”，则执行“c=(a-=(b=5));”和“c=(a%11)+(b=3);”两条语句后，a、b、c的值分别是________、________、________。

12. 若a是int型变量，且值为6，则执行a+=a-=a*a后，a的值为________。

13. 若有数据定义“int x=3,y=2; float a=2.5,b=3.5;”则表达式(x+y)%2+(int)a/(int)b的值是________。

14. char c1='b',c2='e'; printf("%d,%c",c2-c1,c2-'a'+'A');的输出结果是________。

15. int u=010,v=0x10,w=10; printf("%d,%d,%d\n",u,v,w);的输出结果是________。

16. 执行int num=7,sum=7; sum=num++,sum++,++num后，sum的值是________。

17. 若a是int型，值为2，则执行a%=4-1后，a的值是________，再执行a+=a-=a*=3后，a的值是________。

18. 执行int a=011,b=101; printf("%x,%o",++a,b++);的结果是________。

三、判断题

1. 对任一变量，一旦被指定为某一类型，则它在程序运行时所占存储空间的大小以

及所能参加的运算类型就确定了。

2. x 是整型变量,j 是实型变量,执行 x=(int)j 后,j 的类型变为整型。

3. 在表达式 1/3*3 中,除以 3 和乘以 3 相互抵消,其结果还是 1。

4. 逗号表达式的值等于最后一个表达式的值,因此,计算逗号表达式时,直接看最后一个表达式即可。

5. 自增和自减运算符既可用于变量,也可用于常量,但不能用于表达式。

四、叙述题

1. 常量就是平时说的常数吗? 常量包括哪些范畴?

2. 什么是变量? 变量有哪些属性? 变量不赋值,有没有值? 值是多少? 如何得到一个变量的地址? 编程序,定义一个变量,并在程序中输出它的值和地址。

3. char、short、int、long、float 和 double 类型的变量,各占用多少字节的内存? 各用什么方式存储数据? unsigned 类型呢?

4. 实型常量可以用哪些进制? 有几种表示方法? 何谓指数形式的标准格式?

五、编程题

1. 从键盘输入一个大写字符,输出其小写。

2. 从键盘输入两个整数,求它们的平方和。

3. 分数的分子和分母都由键盘输入,输出分数的值。

4. 从键盘输入两个整数,交换它们的值之后再输出它们。

第4章 顺序结构程序设计

本章内容提要

(1) 赋值语句。

(2) 输入输出函数。

顺序结构的程序都是按自然顺序自上而下执行代码，程序设计时不需要刻意去控制程序的流程，编程的步骤通常是输入数据、求解问题答案、输出结果。其中，求解问题答案经常要用到赋值语句，而输入和输出则需要调用系统提供的输入输出函数。

4.1 赋值语句

本节介绍赋值语句的执行过程以及赋值的几种数据处理方式。

4.1.1 赋值语句及其执行过程

1. 赋值语句

赋值表达式后面加一个分号，就是赋值语句，其格式一般如下：

```
变量=表达式;            //有分号,是赋值语句
```

赋值号左侧通常是变量，右侧通常是一个表达式，但也可以是常量或变量，如“a＝1;”、“a＝b;”。常量或变量是最简单的表达式。

2. 赋值的执行过程

赋值时，赋值号右侧表达式的值要先计算出结果，并且要在运算器中把这个结果处理成相应的格式(例如，若结果是整数，则表示为补码)，最后才存给变量。赋值的最后一步操作，就是把计算结果从运算器写到内存变量中。

4.1.2 赋值的几种数据处理方式

赋值时，赋值号右侧表达式的结果要先计算出来，该结果的存储方式和赋值号左侧变量的存储方式可能相同，也可能不同。对于这两种情况，赋值时的数据处理方式是不同的。

1. 变量和表达式结果的存储方式相同

C 语言中，short、int、long、unsigned short、unsigned long 以及 char 这几种数据的存储方式都相同，都是存数据的补码，仅所占空间的字节数有所不同。

赋值时，若变量和表达式结果均属于上面所列类型，则两者的存储方式相同，赋值时不需要转换存储方式(转不转都一样)，直接复制二进制数据即可。但两者所占内存空间的大小未必相同，可能有“长”有“短”(即占字节数有多有少)，因此又可再分为以下 3 种处理方式。

(1) 若变量和表达式结果长度相同，则原样复制。

若变量和表达式结果所占字节数相同，则直接把表达式结果的存储状态(已经在运算器中处理成相应格式的二进制数据了)原样复制到内存变量中。例如：

```
int a;
short b;
unsigned short c=65535;
a=200/2;
b=c;
printf("%d,%hd\n",a,b);
```

程序在 VC 中的运行结果：

```
100,-1
```

程序解析：

执行“a=200/2;”时，先计算 200/2 得到 100，因为 100 是整数，故这个结果要在运算器中处理成补码 00000000 00000000 00000000 01100100，而变量 a 在内存中恰好也是存补码，且长度也是 4 个字节，所以就直接把这个补码原样照搬到 a 的 4 个字节中，如图 4-1 所示。赋值后，a 的值是 100。

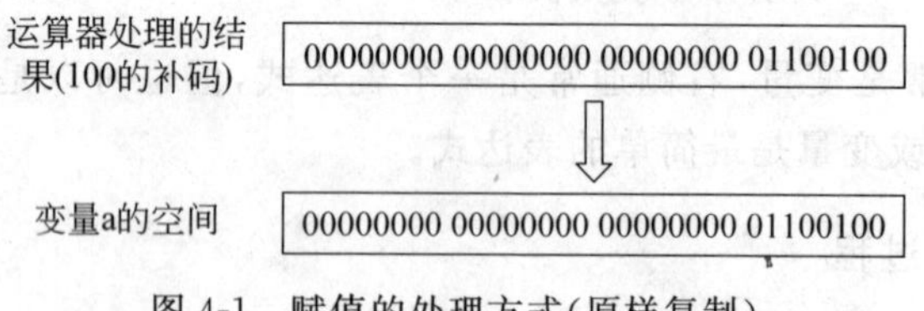

图 4-1　赋值的处理方式(原样复制)

说明：为了更形象地表示数据的“截取”和“扩展”，本小节把内存单元画成了横向排列，图形中右侧的字节是低地址单元。

同样，执行“b=c;”时，也是先把 c 的值 65535 表示成补码 11111111 11111111，因 b 与 c 的存储方式相同，且长度都是 2 个字节，所以也是直接把这个补码写入 b 中，b 的值为－1。

说明：最高位的 1 被解读为负号了。

(2) 若变量比表达式结果“短”，则只截取低位部分。

若表达式结果所占字节数比变量多，则只截取低字节部分存给变量，多余的字节丢弃（溢出）。

下面代码有两处发生了溢出。

```
short a,b;
int c=-1;
a=65536;
b=c;
printf("%hd,%hd\n", a,b);
```

上面代码在VC中的运行结果如下：

```
0,-1
```

程序解析：

对于“a＝65536;”一行，因65536是整数（默认是int型），其补码是4个字节：00000000 00000001 00000000 00000000，而变量a只有两个字节的内存空间，只能存16位，故截取低位2个字节（16个0）存储，高位两个字节丢弃（溢出），如图4-2所示。

65536 | 00000000 00000001 00000000 00000000

变量a | 00000000 00000000

图4-2　赋值的处理方式（截取）

对于“b＝c;”一行，变量c是整型变量，占4字节，其存储状态是11111111 11111111 11111111 11111111，赋值给b时，同样只截取了低位2个字节，只不过这两个字节的值仍为－1。

下面代码中有两处赋值，也都是把“长”的数据赋值给“短”的变量，赋值时都发生了溢出。

```
char c;
short a=321;
long b=32768;
c=a;                  //只截取一个字节，另一字节溢出
a=b;                  //只截取两个字节，另两个字节溢出
printf("%c,%hd\n", c,a);
```

运行结果如下：

```
A,-32768
```

考考你：你能解释为什么截取之后是A和－32768吗？

(3) 若变量比表达式结果“长”，则进行符号扩展。

若是表达式结果“短”而变量“长”，则一般要进行符号扩展。例如：

```
long a,b;
short c=1,d=-1;
char e='A';
a=c;                  //符号扩展，c的符号位是0，所以用0填充a的两个高位字节
```

```
b=d;                    //符号扩展,d的符号位是1,所以用1填充b的两个高位字节
c=e;                    //是否符号扩展
printf("%ld,%ld,%hd\n",a,b,c);
```

运行结果如下：

```
1,-1,65
```

程序解析：

程序中"a=c;"和"b=d;"，都是把 2 字节的"短"数据赋值给 4 字节的"长"变量，赋值时，系统首先把"短"数据的两个字节原样复制到"长"变量的低位上，"长"变量高位的两个字节，则用"短"数据的符号位（即最高位）填满。这种用符号位把所缺字节填满的操作，称为符号扩展。图 4-3 是符号扩展的示意图。

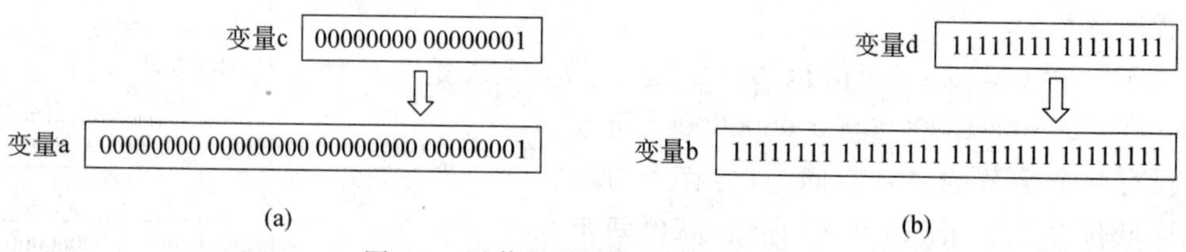

图 4-3　赋值的处理方式（符号扩展）

提示：一个带符号的整数进行符号扩展，不管扩展多少位，其值都是不变的。

试一试：自己找正负数各一个，随便扩展几位，看看它代表的值是否改变。

需要注意的是"c=e;"，它是把字符数据赋值给整型变量。字符数据赋值给整型变量时，存在两种情况：若字符的 ASCII 码值不超过 127，则还是用符号扩展，本例便是如此；若字符的 ASCII 码值超过了 127，用 0 还是用 1 扩展，取决于机器。

说明：ASCII 码表本来只有 128 个字符（0～127），用一个字节编码，所有字符编码的最高位都是 0，但后来觉得不够用，就又扩充了 128 个（128～255），扩充字符编码的最高位都是 1。

2. 变量和表达式结果的存储方式不同

对于存储方式并不相同的数据，赋值时不能直接复制、截取或符号扩展，而是需要转换存储方式。例如：

```
int a=1;
float x=3.14;
x=a;                    //两种数据存储方式不同,需转换存储方式
```

执行"x=a;"时，由于 x 和 a 存储方式不同，因此不能直接照搬 a 的 4 个字节，不然赋值后 x 的值就不是 1.0。实际处理过程是先从 a 中取出 1，然后把 1 转化为浮点数的存储方式后再存入 x。

若将"x=a;"改为"a=x;"，则执行过程是先对 3.14 取整，然后再把整数 3 化成补码存入 a。

注意：float 和 double 两种数据的存储方式并不相同，这两种数据之间赋值时，要转换存储方式。

考考你：若前面代码中的 x 是直接照搬 a 的内容(实际上不是)，赋值后 x 的值是多少？答案是$(1+2^{-23})\times 2^{-127}$，你知道这个答案怎么来的吗？

想一想：若代码中 x 的初值写成 1，a 和 x 互相赋值时是否还需要转换存储方式？

4.2　输入输出函数

C 的输入输出是由函数完成的，C 在标准输入输出头文件 stdio.h 中定义了若干输入输出函数可供调用。常用的输入输出函数有 getchar()、putchar()、scanf()、printf()、gets()和 puts()等。本节先讲解前 4 个函数的使用方法及它们各自的执行过程，后面两个函数在数组一章再介绍。

4.2.1　缓冲区的概念及作用

缓冲区是内存中的一段存储区域，用来临时存放一些数据。

下面以计算机读取信息为例来介绍缓冲区的概念。

计算机中 CPU 的速度是非常快的，而外部设备(键盘、磁盘等)的速度则慢得多，如果 CPU 直接从外设读取数据，外设很难跟上 CPU 的速度，这样就造成了 CPU 能力的浪费。解决这个问题的办法就是在内存中开辟一块区域，把用户输入的数据先存入这段内存(此时 CPU 可以做别的工作)临时存放一下，或称"缓冲"一下，然后 CPU 再从内存取用这些数据。由于内存的速度比外设快很多，所以 CPU 的效率就得到了提高。内存中临时存放数据的这段区域，便是缓冲区。

与输入数据类似，计算机输出数据时，也要把数据先从 CPU 存入内存的缓冲区中"缓冲"一下，然后再从缓冲区传送到外设(显示器、打印机等)。

现在的 C 语言基本上都采用缓冲文件系统，在缓冲文件系统中，当一个程序开始运行时，系统会自动给键盘和显示器分配缓冲区，也就是说，只要程序开始运行，内存中就已经有键盘缓冲区和显示器缓冲区了。

键盘缓冲区用来存放用户从键盘输入的数据。当用户输入完数据并按 Enter 键时，这些数据就(才)被送入缓冲区。

说明：在按 Enter 键之前用户可以随意修改数据，但一旦按了 Enter 键就送入缓冲区了，不能再做修改。

例如，用户从键盘输入 ABC 并按 Enter 键，则送入缓冲区的是'A'、'B'、'C'、'\n' 4 个字符。又如，用户想输入一个整数，在键盘按下 12 并按 Enter 键，则送入缓冲区的是'1'、'2'、'\n' 3 个字符。没错，是字符！而不是整数。

说明：用户输入的任何数据，都是作为一个个字符存放在缓冲区中的。

注意：回车也是一个字符，即'\r'，在送入缓冲区时被自动转换成了换行符'\n'，而且这个转换总是要进行的。

4.2.2 getchar()和 putchar()

顾名思义,getchar()和 putchar()只能用来输入输出一个字符,不能输入输出其他类型的数据。

注意:getchar()中的 get 是指计算机从键盘得到一个字符,而不是用户从屏幕得到一个字符。

1. getchar()

getchar()的原型如下:

```
int getchar();
```

作用:从键盘缓冲区读取一个字符返回,返回值是所读取字符的 ASCII 码值。

说明:若键盘缓冲区有字符,则取第一个字符返回。若键盘缓冲区无字符,则暂停程序的运行,等待用户输入,一直等到用户输入数据为止。

注意:若用户输入若干字符再按 Enter 键,键盘缓冲区中便会有若干字符,该函数只取最前面的一个,其他字符仍然在缓冲区中。

说明:一个程序刚运行时,缓冲区总是空的。

使用 getchar()时,一般都要把它的返回值存到一个字符变量中,以备后面使用。

例如,键盘输入一个大写字母,把它变成小写后输出。主要代码如下:

```
char c;
c=getchar();
c+=32;            //小写字母比对应的大写字母大 32
printf("%c\n",c);
```

想一想:getchar()的返回值不存行不行?即如果直接写成:

```
int main()
{
    getchar();
    …
}
```

不改变程序结构,在 getchar()之后能不能把 getchar()返回的大写字母转换成小写字母?

若改变程序结构,是可以输出小写字母的,试试这样的方法:

```
printf("%c\n", getchar()+32);
```

试一试:下面程序段的功能是让用户分两次输入数据:先输入一个大写字母,输出其小写,再输入一个小写字母,输出其大写。运行一下,看程序能否执行、结果如何。若结果不正确，原因是什么？怎样才能得到正确结果？

```
char c1,c2;
c1=getchar();                    //输入大写字母并按 Enter 键
c1+=32;
printf("%c\n",c1);
c2=getchar();                    //再输入一个小写字母并按 Enter 键
c2-=32;
printf("%c\n", c2);
```

提示：用单步调试的方式找出原因，调试过程中注意观察 c2 的值。

2. putchar()

putchar()的原型如下：

```
int putchar(int);
```

作用：将括号中所给的字符输出，返回值是被输出字符的 ASCII 码值。

注意：括号中必须写一个参数，可以是字符型或整型的常量、变量或表达式。

例如：

```
char c='A';
putchar(c);                      //输出 A
putchar(66);                     //输出 B
putchar('C');                    //输出 C
putchar('C'+32);                 //输出 c
putchar('\n');                   //换行
putchar(getchar());              //输出 getchar()返回的字符
```

4.2.3 printf()和 scanf()

scanf()和 printf()可用来输入输出各种类型的数据。前面章节中已经介绍过 printf()的一些用法，对 printf()更熟悉一些，故这里先讲解 printf()。

1. printf()

1) printf()的原型及使用格式

printf()的原型如下：

```
int printf(char * format[,arg…]);
```

一般使用格式：

```
printf("格式控制字符串",输出表列);
```

2) 作用

其作用是执行格式化输出，将结果输出到标准输出设备(显示器)缓冲区。

3）说明

(1) 函数的第一个参数是一个指针变量，用来存字符串的首地址。调用该函数时括号内可以写一个字符地址或者直接写一个字符串，通常都是写一个字符串。

(2) 字符串用来规定输出格式，例如，字符串"sum＝%d\n"，表示先输出 sum＝，再输出一个整数，然后换行。

(3) 若字符串中有%开头的组合，如%d、%f 等，则字符串后面还应该写出相应的输出项，输出项用来替换字符串中的%d、%f 等组合。若没有%开头的组合，则不必写输出项。例如：

```
printf("sum=%d,average=%f\n",sum,aver);  //两个输出项
printf("Hello World!\n");                //没有输出项
```

(4) 除%d、%f 这样的组合外，字符串中的其他字符都要原样输出。其他字符包括字母、空格、标点和转义字符等，例如：

```
int sum=100;
float aver=23.8;
printf("sum is:%d,average is:%f\n",sum,aver);
```

运行结果如下：

```
sum is:100,average is:23.799999
```

(5) 可用的格式字符。

%后面的字符称为格式字符，如 d、f、c、s 等。printf()中可用的格式字符如表 4-1 所示。

表 4-1　printf()的格式字符及其含义

格式符	含　义	举　例	输出结果
d(i)	用十进制输出整数	int a＝65; printf("%d",a);	65
o	用八进制输出整数	int a＝65; printf("%o",a);	101
x(X)	用十六进制输出整数	int a＝27; printf("%x,%X",a,a);	1b,1B
u	输出无符号整数(十进制)	unsigned short a＝ 32768; printf("%hu,%hd",a,a);	32768,－32768
c	输出一个字符	int a＝65; printf("%c",a);	A
s	输出字符串	char a[10]＝"ABCD"; printf("%s",a);	ABCD

续表

格式符	含　义	举　例	输出结果
f	输出浮点数(默认输出 6 位小数)	float a=123.45; printf("%f",a);	123.450000
e(E)	用标准格式输出指数形式的浮点数	float a=123.45; printf("%e",a);	1.234500e+002
g	自动选择 f 格式或 e 格式(宽度小的一种),不输出无意义的 0	float a=123.45; printf("%g",a);	123.45
%	输出字符%	printf("%%");	%

(6) 附加格式字符。

在%和格式字符之间,还可以插入附加符号,可用的附加格式字符如表 4-2 所示。

表 4-2　printf()的附加格式字符及含义

格式符	含　义	举　例	输出结果
l	对整型指 long 型,对实型指 double 型	如%ld、%lo、%lx、%lf	
h	用于输出短整数	如%hd、%ho、%hx、%hu	

m	m 是一个整数,用来规定输出的最少字符数,若不足,左边用空格补足	int a=1;
		float x=3.14;
		char s[10]="abc";
		printf("%3d,%9f,%4s",a,x,s);
			□□1,□3.140000,□abc

0m	同上,区别:用 0 补足而不是空格。 注:"0"不能和"-"同时使用	int a=1,b=65; printf("%03d,%04o",a,b);	001,0101

.n	n 是整数。对实数,表示输出 n 位小数;对字符串,表示截取 n 个字符	float x=3.14;
		char s[10]="abcde";
		printf("%5.1f,%.2f,%6.2s",x,x,s);
			□□3.1,3.14,□□□□ab

-	若指定了最小宽度,输出的数据靠左对齐,不足时右边补空格
	注:必须和 m 同时使用才有意义
		int a=12;
		float x=3.14;
		char s[10]="ABCD";
		printf("%-3d,%-5.1f,%-.2s",a,x,s);
			12□,3.1□□,AB

*	用法同 m,*代表一个整数。它的值取自于对应的输出项,并消耗掉该项	int a=1,b=5,c=3;
		printf("%d,%*d\n",a,b,c);
		相当于:printf("%d,%5d\n",a,c);
			1,□□□□3

注:表中的每个□代表一个空格。

附加格式字符可以组合运用,书写顺序如下(实际编程时中间不要加空格):

%　一或0　m.n　l或h　格式字符

(7) 不管 printf()输出何种类型的数据，最终输出的其实都是字符。例如：

```
int a=123;
printf("%d",a);
```

输出时，printf()会先把 123 的百位、十位、个位上的数字求出来，然后依次输出'1'、'2'、'3'，由于 3 个字符相邻，看起来就是整数 123 了。

2. scanf()

1) scanf ()的原型和使用格式

scanf ()的原型如下：

```
int scanf (char * format[,arg…]);
```

一般使用格式：

```
scanf ("格式控制字符串",地址表列);
```

返回值：返回成功输入数据的个数。

2) 作用

其作用是执行格式化输入，从标准输入设备(键盘)缓冲区**读取字符序列**，按指定格式进行转换后，**存储于指定位置**的变量中。

注意：从键盘缓冲区取回的是一个个字符，然后由 scanf()转化为相应类型的数据后再存储。

3) 说明

(1) scanf()的格式与 printf()类似，区别是括号内字符串后面是地址表列，用来指定数据的存储位置。例如：

```
scanf("%d%d",&a,&b);
```

设 a、b 变量的地址是 1236 和 2518，则上面的代码相当于：

```
scanf("%d%d",1236,2518);
```

表示的意思是从键盘缓冲区取得两个整数，分别存储到内存 1236 和 2518 处，即存给变量 a、b。

说明：不能真的写成 1236 和 2518，因它们都是整数，不是地址，而且它们都是假设的。但实际上程序中可以用 &a、&b 得到这两个地址，这就是为什么代码中写成 &a、&b 的原因。

试一试：若把代码写成"scanf("%d%d",a,b);"，程序还能否运行(分别在 VC 和 TC 中试一下)？结果会怎样？怎么解释这个结果？

(2) scanf()中可以使用的格式字符和附加格式字符与 printf()类似，只是不能使用一、0 和.n。

(3) 附加格式字符也可以组合运用，书写顺序如下(实际编程时中间不要加空格)：

%　*　m　l或h　格式字符

(4) scanf()中也可以用 *，但它的用法和含义与在 printf()中不同。其使用方法是，放在%之后、其他字符之前，表示“虚读”一个数据，即读取一个数据，但不往内存中送，而是丢弃。例如：

```
scanf("%d%*d%d",&a,&b);
```

若从键盘输入 12 34 56，则 a 得到 12，b 得到 56。%*d 表示把读到的整数 34 丢弃。这种方法常用于从文件中读取已有数据的情况。例如，数据已在文件中，想读取其中部分数据，个别数据需要跳过去，即用此法。

说明：这里所说的从文件中读取数据，是指在程序运行时利用输入输出重定向从文件中读取数据，并非用本书第 16 章所讲的读写文件的方法。关于输入输出重定向的知识，请参阅附录 B。

4) 输入格式

利用 scanf()输入数据时，输入格式至关重要。很多情况下程序本身没有任何问题，但执行结果却不正确，原因就在于输入数据的格式不对。

利用 scanf()输入“一个”数据时，直接输入数据并按 Enter 键即可，不需要分隔符。但要注意，输入字符时，不需要加单引号；输入字符串时，不需要加双引号。

但当输入两个以上数据时，就要考虑是否需要分隔符把它们隔开了。要不要分隔符没有明确的规定，需要程序员自己判断。总的原则是要确保计算机能分辨出这是几个数据。

(1) 两个数值型数据之间，通常要用分隔符隔开。

下面的代码用来输入两个整数 12 和 34，两个数分别存入变量 a 和 b：

```
scanf("%d%d",&a,&b);
```

代码执行时，从键盘输入 1234 按 Enter 键，程序“没反应”。其原因是，两个数中间没有分隔符，计算机认为它是一个数，所以一直等待用户输入第二个数。由此可见，两个数中间必须要用分隔符隔开，分隔符可以是空格、Tab 键(即'\t')、换行符(即'\n')，且数量不限。下面几种输入都是正确的：

① 12＜空格＞34＜Enter＞

② 12＜Tab＞34＜Enter＞

③ 12＜ Enter＞34＜Enter＞

④ 12＜空格＞＜Tab＞＜Enter＞＜Tab＞＜空格＞34＜Enter＞

说明：＜空格＞、＜Tab＞和＜Enter＞分别表示空格、Tab 键和 Enter 键，它们又被称为空白字符或空白符。

(2) 若不加分隔符系统也能把数据分开，则不必加。

① 若格式控制字符串中规定了数据宽度，输入时可以不要分隔符，例如：

```
scanf("%2d%2d",&a,&b);
```

直接输入1234并按Enter键，甚至可以多输入几个数据：123456并按Enter键。scanf()会按规定的宽度读取字符序列然后组合成所需数据。执行后，a为12，b为34。

② 读取数据时，若遇到非法字符则认为该数据结束，例如：

```
scanf("%d",&a);
```

输入123ABC并按Enter键后，a的值为123。因为对于整数来说，A就是非法字符，整数中不可能含有A。

③ 字符型数据前后都不需要分隔符。原因：一是因为分隔符也是字符；二是因为字符都是单个的，不需要分隔。例如：

```
scanf("%d%c",&a,&b);          //输入格式：12A,不可能把12A当成一个整数
scanf("%c%c",&a,&b);          //输入格式：AB,不可能把AB当成一个字符
scanf("%c%d",&a,&b);          //输入格式：A12,先取字符A,剩下就是整数
```

试一试：对于下面的代码，从键盘输入AB时，用空格或回车隔开，看是什么结果。

```
char a,b;
scanf("%c%c",&a,&b);
printf("%c,%d\n",a,b);        //b以ASCII码值输出
```

(3) 若格式控制字符串中除了以%开头的组合之外还有其他字符，则输入时必须原样输入，例如：

```
scanf("%d,%d",&a,&b);         //输入格式应为12,34<Enter>
scanf("a=%d,b=%d",&a,&b);     //输入格式应为a=12,b=34<Enter>
```

试一试：对于“scanf("%d,%d",&a,&b);”，输入时不加逗号会怎样？对于“scanf("%d%d",&a,&b);”，输入时加了逗号会怎样？

试一试：若格式控制字符串的最后不小心多写了\n，程序执行时会怎样？再输入一个数据试试。

(4) 若格式控制字符串中含有空白符，则输入数据中对应的空白符将被读取并丢弃——即使这些空白字符是连续的几个。如：

```
scanf("%d %c",&a,&b);
```

若键盘输入123＜空格＞＜Tab＞＜空格＞＜Enter＞＜空格＞x＜Enter＞，则b的值是x。

4.3 顺序结构程序设计举例

例4.1 从键盘输入一个正整数，求它的平方根，结果保留两位小数。

题目分析：

本题的操作步骤是先输入一个正整数，然后利用开方函数（系统提供，参阅附录F）求

出平方根，最后输出结果。

需要用到的知识点如下。

(1) 输入整数用 scanf()，不能用 getchar()。

(2) 开方函数的使用方法，应知道把头文件包含到源程序中。

(3) 用 printf()输出结果，利用附加格式字符控制小数位数。

完整的程序代码如下：

```
#include<stdio.h>                    //因用到 scanf()和 printf()
#include<math.h>                     //因用到 sqrt()
int main()
{
    int n;
    float x;
    printf("Please input x:");  //输出提示信息,提示用户输入 x 的值
    scanf("%d",&n);
    x=sqrt((double)n);               //sqrt()是一个数学函数,用来求平方根
    printf("x=%.2f\n",x);
    return 0;
}
```

例 4.2　分两次从键盘输入两个数字字符分别作为十位和个位上的数字，组成一个整数后输出。

题目分析：

本题的操作步骤是先从键盘输入两个数字字符，将第一次取回的数字作为十位上的数字存入变量 c1，将第二次取回的数字作为个位上的数字存入变量 c2，由 c1 和 c2 组合成一个整数，然后输出。

需要考虑的问题有 3 个。

(1) 输入字符，可用 getchar()，也可用 scanf()，本例用 getchar()。因题目要求分两次输入两个数字，故需调用两次 getchar()。

(2) 输入第一个字符并按 Enter 键后，回车符也被转换成换行符送入到缓冲区，这会影响取 c2 的值，因此，需要将这个多余的换行符取走。

(3) 输入的两个字符存入 c1 和 c2 后，c1 和 c2 存的都是数字的 ASCII 码，而不是数字，需要把它们转换成数字。例如，若键盘输入的第一个数字是 2，则 c1 中存的是'2'，而不是 2，两者之差是 48。

程序代码如下：

```
#include<stdio.h>                    //因用到 getchar()和 printf()
int main()
{
    int m;
    char c1,c2;
    c1=getchar();                    //从缓冲区读取第一个字符
```

```
    getchar();                    //把缓冲区中剩下的换行符取回,取回无用,故不存
    c2=getchar();                 //从缓冲区读取第二个字符
    m=(c1-48)*10+(c2-48);         //数字的ASCII码值比数字大48
    printf("%d\n",m);
    return 0;
}
```

例4.3 从键盘输入一个四位整数,依次输出其个位、十位、百位、千位上的数字。

题目分析:

从键盘输入整数,用scanf()可完成。求取每一位上的数字,可利用除法和求余:设四位数是m,则个位、十位、百位、千位上的数字分别是m%10、m/10%10、m/100%10和m/1000。最后输出4个数字,有两种方法:第一种方法是把求出的数字直接作为整数输出(用printf()的%d格式);第二种方法是把3个数字都转化为字符,用putchar()输出。为了练习putchar(),本例采用第二种方法。

程序代码如下:

```
#include<stdio.h>
int main()
{
    int m;
    char c1,c2,c3,c4;
    scanf("%d",&m);
    c1=m%10+48;               //把求出的数字转为字符
    c2=m/10%10+48;
    c3=m/100%10+48;
    c4=m/1000+48;
    putchar(c1);
    putchar(c2);
    putchar(c3);
    putchar(c4);
    return 0;
}
```

想一想:求出数字后,不加48直接用putchar()输出行不行?会输出什么结果?

习 题 4

一、选择题

1. 下面代码的输出结果是(   )。

```
char x=0xffff;
printf("%d\n",x--);
```

(A) −32 767　　(B) fffe　　(C) −1　　(D) −32 768

2. 下面程序执行后的输出结果是(　　)。

```
double d;
float f;
long l;
int i;
i=f=l=d=20/3;
printf("%d,%ld,%.1f,%.1f",i,l,f,d);
```

(A) 6, 6, 6.0, 6.0　　(B) 6, 6, 6.7, 6.7

(C) 6, 6, 6.0, 6.7　　(D) 6, 6, 6.7, 6.0

3. TC 中整型变量占 2 字节,则下面代码的输出结果是(　　)。

```
unsigned a=65535;
printf("%d,%o,%x",a,a,a);
```

(A) −1,177777,ffff　　(B) 65535,65535,65535

(C) −1,65535,ffff　　(D) 65535,177777,ffff

4. 关于 putchar()的说法正确的是(　　)。

(A) 其作用由用户向计算机输出一个字符

(B) putchar()函数括号中可以写字符变量或常量,也可以写整型变量或常量

(C) putchar()可用于输出字符串

(D) putchar()不能对转义字符进行操作

5. 要从键盘给两个整型变量 a、b 输入数据,输入格式是 1,2<Enter>,能完成此任务的代码是(　　)。

(A) getchar(a,b);　　(B) scanf("%d%d",a,b);

(C) scanf("%d,%d",&a,&b);　　(D) scanf("%d%d",&a,&b);

6. 想通过代码 scanf("%d%d,%d",&a,&b,&c); 把 1、2、3 分别存入 3 个整型变量 a、b、c,则正确的键盘输入应该是(　　)。

(A) 1,2,3<Enter>　　(B) 1<Enter><Tab>2, 3<Enter>

(C) 1　2<Tab>3<Enter>　　(D) 1<Enter>2<Enter>3<Enter>

7. 关于格式控制字符串%−m.ns,正确的说法是(　　)。

(A) m 表示输出的字符串最少占 m 列,n 为小数精度

(B) 如果 n>m,则只截取 m 个字符,其余的舍弃

(C) 如果 n>m,则截取 n 个字符输出,突破 m 的限制

(D) 如果 n<m,则字符串向右靠拢,左端补 0

8. 以下不属于格式控制字符的是(　　)。

(A) %f　　(B) %D　　(C) %E　　(D) %X

9. a、b、c 都是整型变量,用"scanf("%d %2d %*2d %d",&a,&b,&c);"给 3 个变量输入数据,设输入格式是 12 34 56 78<Enter>,则 3 个变量的值分别是(　　)。

(A) 12,34,56　　(B) 12,34,78　　(C) 1,34,78　　(D) 1,34,7

10. 若下面的代码执行时从键盘输入 a<Enter>,则正确的叙述是(　　)。

```
char c1='1',c2='2';
c1=getchar();
c2=getchar();
```

(A) c1 被赋予字符 a,c2 被赋予换行符　(B) 程序将等待输入第二个字符

(C) c1 被赋予字符 a,c2 维持原值　　(D) c1 被赋予字符 a,c2 无确定值

11. 要用"scanf("a=%db=%dc=%d",&a,&b,&c);"给 3 个变量输入数据 1、2、3,则正确的输入格式是(　　)。

(A) a=1b=2c=3<Enter>　　(B) a=1 b=2 c=3<Enter>

(C) a=1,b=2,c=3<Enter>　　(D) 1　2　3<Enter>

12. 下面代码准备把 10 和 5.12 分别存给 i 和 f,正确的输入是(　　)。

```
int i;
float f;
scanf("i=%d,f=%f", &a,&f);
```

(A) 10<空格>5.12<Enter>　　(B) i=10,f=5.12<Enter>

(C) 10<Enter>5.12<Enter>　　(D) i=10<Enter>f=5.12 <Enter>

13. 若执行下面的代码时键盘输入的字符序列为 2223a123o.12,则 a、b、c 的值分别是(　　)。

```
int a;
char b;
float c;
scanf("%d%c%f",&a,&b,&c);
```

(A) 原值不变　　(B) 2223,a,123o.12

(C) 2223,a,原值　　(D) 2223,a,123

二、填空题

1. 执行下面的代码,从键盘输入 123 456<Enter>,运行结果是________。

```
int a,b;
char c1,c2;
scanf("%c%d%c%d",&c1,&a,&c2,&b);
printf("%c,%d,%c,%d\n",c1,a,c2,b);
```

2. 设有变量定义:

```
int a,b;
char c;
```

要使 a=1, b=2, c='A',针对下面每一个 scanf()应当怎样输入?

```
(1) scanf("%d,%d",&a,&b);        输入：________
(2) scanf("%d%d",&a,&b);         输入：________
(3) scanf("%d%c",&a,&c);         输入：________
(4) scanf("%d,%c",&a,&c);        输入：________
(5) scanf("a=%d,b=%d",&a,&b);    输入：________
(6) scanf("%d,c=%c",&a,&c);      输入：________
(7) scanf("%d,%d\n",&a,&b);      输入：________
```

三、判断题

1. 用 scanf()输入数据时可以规定精度。
2. 在 scanf()中，必须使用变量的地址作为数据的存储位置，不能直接写变量名。
3. 用 scanf()输入数据时，遇到非法字符即认为该数据的输入结束。
4. 在有些编译器中，仅使用 scanf()和 printf()时不必包含 stdio. h 头文件。

四、编程题

三角形的面积公式是

$$s = \sqrt{t(t-a)(t-b)(t-c)}$$

其中：

$$t = \frac{1}{2}(a+b+c)$$

从键盘输入三角形的三个边长，求出它的面积（保留两位小数）。

第5章 选择结构程序设计

本章内容提要

(1) 关系表达式和逻辑表达式。

(2) if 语句。

(3) 条件表达式。

(4) switch 语句。

第 4 章讲述的是顺序结构程序设计，顺序结构的程序总是按照由上而下的顺序来执行。但是，并非所有的问题都可以用顺序结构的程序来解决。有时候一个问题的求解需要根据情况的不同选择不同的处理方式，这就要用到选择结构。

本章先介绍选择结构必要的知识：关系运算和逻辑运算，然后讲解 if 语句、条件表达式及 switch 语句。

5.1 关系运算符和关系表达式

选择结构需要根据条件来决定程序的走向，而条件通常是关系表达式或逻辑表达式。本节先来介绍关系运算符和关系表达式。

5.1.1 关系运算符

C 语言中的关系运算符有 6 个：＞、＞＝、＜、＜＝、＝＝、！＝。

说明：＞＝代表≥，＜＝代表≤，＝＝代表“等于”，!＝代表“不等于”。

它们都是双目运算符，结合性都是自左至右。

它们的级别都比算术运算符低，都比赋值运算符和逗号运算符高。6 个运算符中，＞、＞＝、＜、＜＝的级别相同，＝＝、!＝的级别相同，前 4 个级别高于后两个。

说明：要详细了解各种运算符的优先级别，请参阅附录 E。

5.1.2 关系表达式

1. 关系表达式

如果一个表达式最后进行的是关系运算，则该表达式就是关系表达式。

下面几个表达式中，前 3 个是关系表达式，第 4 个是赋值表达式，最后一个是逗号表达式。

```
c>a+b                  //运算符由高到低的顺序是+、>
a>b==c                 //运算符由高到低的顺序是>、==
a==b<c                 //运算符由高到低的顺序是<、==
a=b>c                  //运算符由高到低的顺序是 >、=
a>b==c,a=b!=c          //运算符由高到低的顺序是 >、==和!=、=、,
```

2. 关系表达式的值

关系表达式的值是一个逻辑值，数学中用“真”、“假”来表示，C 语言中用 1 和 0 来表示。当表达式成立时，其值为 1，不成立时，其值为 0。

设 a、b、c 3 个变量的值分别是 1、2、3，下面几个表达式的值分别如注释中所示。

```
c>=a+b                 //关系表达式，值为 1
a>b==c                 //关系表达式，值为 0
a==b<c                 //关系表达式，值为 1
a=b>c                  //赋值表达式，值为 0，因 a 的值为 0，a 为何为 0？因 b>c 不成立
a>b==c,a=b!=c          //逗号表达式，值为 1，执行后 a 的值为 1
f=c>b>a                //赋值表达式，值为 0，因 c>b>a 的结果为 0
```

需要指出的是，表达式的求解，一次只能进行一个运算符的运算，例如：

```
c>b>a
```

相当于是：

```
(c>b)>a
```

求解时要先算 c>b，得到一个结果(结果是 1)，然后再拿这个结果与 a 比较，即 1>a，显然不成立，故 c>b>a 的结果是 0(假)。

注意：计算 c>b>a 时，最后与 a 比较的是 c>b 的结果，而不是 b。

考考你：表达式 3==3==3 的值是多少？

5.2 逻辑运算符和逻辑表达式

一个复杂的条件往往是由几个简单的条件组成的，这些简单条件之间通常用逻辑运算符来连接，从而构成逻辑表达式。

5.2.1 逻辑运算符

C 语言中的逻辑运算符有 3 个：&&(逻辑与)、||(逻辑或)、!(逻辑非)。

逻辑与(&&)是“并且”的意思，表示只有两边的条件都成立，“与”的结果才是 1。例如：

```
a>=b&&a>=c                //命题：a 是最大的
```

逻辑或(||)是"或者"的意思，表示只要有一个条件成立，结果就是1。例如：

```
a>b||a>c                  //命题：a 不是最小的
```

逻辑非(!)是"否定"、"取反"的意思，如果表达式原来是"真"(1)，取反之后就是"假"(0)；如果原来是"假"，则取反后就是"真"。例如：

```
!(5>3)                    //值为 0
!(2==1)                   //值为 1
```

上面两个逻辑表达式的值分别是0、1。

&&和||都是双目运算符，! 是单目运算符。它们的优先级别如图5-1所示。

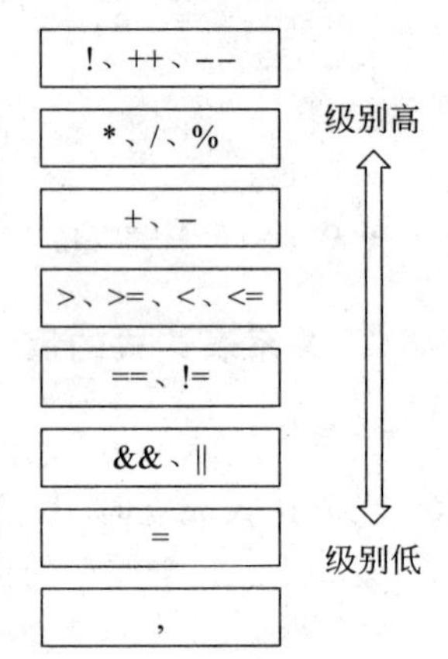

图5-1　运算符的优先级

5.2.2　逻辑表达式

1. 逻辑表达式及其逻辑值

如果一个表达式最后进行的是逻辑运算，那么该表达式就是逻辑表达式。逻辑表达式的值也是逻辑值：真或假，如前所述，C语言中用1和0表示真假。

2. 逻辑运算符的运算对象

逻辑表达式中，参与逻辑运算的运算对象通常都是条件表达式，例如，判断一个年份是否闰年的表达式：

```
year%4==0&&year%100!=0||year%400==0
```

但实际上，任何表达式都可以参与逻辑运算，例如：

```
'A'&&b=3
!3&&5-2||'A'&&(a=1,b=2,a+b)&&(a=b)
```

说明：不管什么类型的表达式，当它参与逻辑运算时，用的都是它的逻辑值。

那么，怎么确定这些表达式的逻辑值？比如：'A'的逻辑值是真还是假？b=3的逻辑值又是什么？

C语言中，任何表达式(包括变量、常量)都有逻辑值，只要表达式的值非0，则认为它的逻辑值为"真"(即1)，只有表达式的值为0时，其逻辑值才为"假"(即0)。例如：

(1) 3+2的值是5，若参与逻辑运算，则取它的逻辑值1。

(2) −5参与逻辑运算时，逻辑值也是1。

(3) 若"float x=1.2;"，则x的逻辑值为1。

(4) ! 'A'的逻辑值为0。

(5) x=−2的逻辑值为1。

(6) 设 a、b 都是 int 型变量，则(a=1,b=2,a-b+1)的逻辑值是 0。

(7) 5>3&&8<4-！0 的逻辑值为 0。

考考你：表达式！3&&5-2||'A'&&(a=1,b=2,a+b)&&(a=b)的值是多少？表达式(a=b=c=3)&&a==b==c 的值又是多少？

3. 逻辑表达式求解时的短路效应

逻辑与(&&)和逻辑或(||)的结合性都是从左到右，在求解包含 && 或||的表达式时，都是先计算运算符左边的式子，一旦能确定整个表达式的值，右边就不再求解了。例如：

```
int a=1,b=10,c=2;
printf("%d,", (a=b)||(c=b));
printf("%d,%d,%d\n",a,b,c);
```

运行结果：

```
1,10,10,2
```

可以看到，c 的值还是原来的 2，说明 c=b 并没有被执行。

原因：表达式(a=b)||(c=b)的计算顺序是先求解||左侧的 a=b，其值是 10(因 a=b 是赋值)，其逻辑值是 1，由于||左侧已经为真，整个逻辑表达式的值已经可以确定，右侧 c=b 不需要再求解了(这称为短路效应)，故 c 的值是原来的 2 不变。

同理，对于 && 运算符，一旦左侧为 0，也不需要求解右侧的值(短路效应)。

编程经验：在编写包含运算符 && 的表达式时，把最有可能为假的简单条件写在表达式的最左边，在编写包含运算符||的表达式时，把最有可能为真的简单条件写在表达式的最左边，这样做有助于减少程序的运行时间，提高程序的效率。

5.3　if　语　句

选择结构可由两个语句来实现：if 语句和 switch 语句，本节介绍 if 语句。

5.3.1　if 语句的格式

if 语句的格式如下：

```
if(表达式)   //本行没有分号
    语句 1
[else
    语句 2]
```

说明：[]表示其中的内容可以省略，即整个 else 分支可以省略。

注意：整个 if 语句格式所表示的部分，是一条语句。

if语句的执行过程：首先求解表达式的逻辑值，若为真，则执行语句1，否则执行语句2。

由if语句构成的选择结构使程序的走向形成了两个分支，程序执行时只能根据条件(表达式)是否成立选择其中一个分支，其流程如图5-2所示。

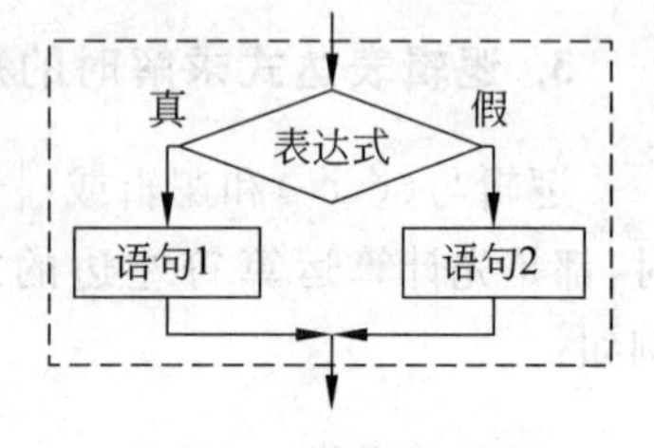

图 5-2 if语句流程图

例 5.1 从键盘输入两个整数，若a＞b则计算a－b的值，否则计算a＋b的值。

```
#include<stdio.h>
int main()
{
    int a,b,result;
    scanf("%d%d",&a,&b);
    if(a>b)
        result=a-b;
    else
        result=a+b;
    printf("%d\n", result);
    return 0;
}
```

5.3.2 if语句的使用说明

1. if后面括号中的表达式可以是任何类型的表达式

if后面括号中的表达式，可以是逻辑表达式、关系表达式、算术表达式等，还可以是常量或变量。不管什么类型的表达式，都取它的逻辑值，例如：

```
if(a>b)
if(a==b)
if(a!=0 && b!=1)
if(1)                    //相当于if(1!=0),这个条件总是成立的
if(x)                    //相当于if(x!=0)
if(a=b)                  //相当于if((a=b)!=0)
if(a/10)                 //相当于if((a/10)!=0)
```

例 5.2 从键盘输入一个整数，若不为0，则输出1；若为0，则输出0。

程序代码如下：

```
#include<stdio.h>
int main()
{
    int a;
    scanf("%d",&a);
    if(a)                //相当于if(a!=0)
        printf("1\n");
    else
```

```
        printf("0\n");
    return 0;
}
```

2. if 或 else 后面只能跟一条语句

语法上,if 或 else,都只能"管"一条语句,这条语句称为 if 的子句或 else 的子句。如果程序中需要 if 或 else"管"多条语句,则必须将它们放在大括号内组成**一条复合语句**。

例 5.3 从键盘输入两个整数,若都是偶数,则各自减半后输出它们,否则各自乘以 2 后输出它们。

程序代码如下:

```
#include<stdio.h>
int main()
{
    int a,b;
    scanf("%d%d",&a,&b);
    if(a%2==0&&b%2==0)
    {
        a/=2;
        b/=2;
    }
    else
    {
        a*=2;
        b*=2;
    }
    printf("%d,%d\n",a,b);
    return 0;
}
```

提示:C 语言中,任何能放置一条语句的地方,都可以放置一条复合语句。

说明:书写代码时,if 和 else 的子句,相对于 if 和 else,要缩进 4 个空格或一个 Tab 键跳过的距离,以示它们被 if 或 else 管辖。同一级别的语句,应该从同一列开始。代码的书写采用缩进格式是为了使程序清晰美观,缩进格式对编译没有影响,编译时这些空白都将被忽略。

试一试:把例 5.3 代码中 else 子句中的大括号去掉,运行程序输入 2 和 4,看结果是多少,为什么是这个结果?单步调试找出原因。若把 if 子句中的大括号去掉,又会怎样?

3. if 和 else 的子句可以是空语句

当条件成立(或不成立)不需要做任何处理的时候,就可以写一个空语句。

例 5.4 从键盘输入一个整数,求其绝对值。代码可以写成下面两种形式。

```
#include<stdio.h>
int main()
{
    int a;
    scanf("%d",&a);
    if(a>=0)
        ;    //不做任何处理
    else
        a=-a;
    printf("%d\n",a);
    return 0;
}
```

或

```
#include<stdio.h>
int main()
{
    int a;
    scanf("%d",&a);
    if(a<0)
        a=-a;
    else
        ;    //不做任何处理
    printf("%d\n",a);
    return 0;
}
```

想一想：上面两段代码中，各有一个空语句（分号），表示什么都不做，这两个分号可否删掉不要？

想一想：有些人编程，喜欢把上面代码中的空语句写成“a=a;”，即：

```
if(a<0)
    a=-a;
else
    a=a;          //该语句执行过程是什么？让计算机做这个操作有没有意义？
```

或

```
if(a>=0)
    a=a;          //该语句执行过程是什么？让计算机做这个操作有没有意义？
else
    a=-a;
```

4. if语句可以没有else分支

当条件不成立不需要做任何事情的时候，可以省略else分支，例如，例5.4中右侧的代码就可以简化为

```
#include<stdio.h>
int main()
{
    int a;
    scanf("%d",&a);
    if(a<0)
        a=-a;
    printf("%d\n",a);
    return 0;
}
```

编程经验：任何一个条件其实都有两种写法，例如，若条件能写成 a>b，那么就一定可以写成 a<=b；如果可以写成 a==b，肯定也可以写成 a!=b，当条件反过来写的时候，if 和 else 的子句需要互换，如例 5.4 中的代码所示。两种写法中，一般会有一种写法能使后面的代码更简单、更容易实现。编程过程中当需要写条件时，通常要先在脑子里把两种写法比较一下，选择使代码简单的那一种。

注意：像上面这种代码，省略 else 分支不影响程序的运行结果，就一定要省略。那些无意义的代码即便自己愿意写，别人看起来也会觉得累。

5.3.3　嵌套的 if 语句

if 语句中，在 if 子句或 else 子句的位置上，都可以再使用一个 if 语句，使得 if 语句嵌套。一个 if 语句最多只能处理两种情况，嵌套的 if 语句常用来处理 3 种以上的情况。

一般来说，若有 3 种情况，则需要 2 个 if 语句嵌套；若有 4 种情况，则需要 3 个 if 语句嵌套；……；若有 n 种情况，则需用 $n-1$ 个 if 语句嵌套。if 的嵌套可以多层。

常见的嵌套方式有如下 4 种：

```
if(表达式 1)
   if(表达式 2)
      …
   [else
      …]
```

```
if(表达式 1)
   if(表达式 2)
      …
   else
      …
[else
    …]
```

```
if(表达式 1)
   if(表达式 2)
      …
   else
      …
else
   if(表达式 3)
      …
   [else
      …]
```

```
if(表达式 1)
   …
else
   if(表达式 2)
      …
   [else
      if(表达式 3)
         …
      [else
         …]]
```

说明：嵌套的 if 语句的书写风格，应该是 else 跟与它配对的那个 if 对齐，各个子句也应该跟与它同级别的其他子句对齐，以使程序结构清晰，易于理解。

编程经验：编程时，通常都是使用最后一种嵌套方式，即第一个 if 只处理一种情况，把剩下的情况都放在 else 后面处理。用这种方式的好处是可以避免 if 和 else 配对错误。

下面的程序段用来求解 y 的值：当 x>0 时，y=1；当 x=0 时，y=0；当 x<0 时，y=−1。程序中的 if 语句原本应该是右侧的代码，因为其中一个 else 分支什么都不做，所以被省略了，但由于使用的嵌套方式不当，当程序省略 else 分支时，运行结果出现了错误。

```
#include<stdio.h>
int main()
{
    int x,y=0;
    scanf("%d",&x);
```

```
    if(x>=0)                              if(x>=0)
        if(x>0)                               if(x>0)
            y=1;      省略else分支               y=1;
                    <=====                    else
    else                                          ;
        y=-1;                                 else
                                                  y=-1;
    printf("%d\n",y);
    return 0;
}
```

运行程序,当输入0时,结果如下:

这段代码中的else看起来是跟第一个if配对,实际上它是跟第二个if配对。因为C语言规定:else总是与它前面最近的、尚未配对的if配对。

说明:else和if的配对关系与else跟哪个if对齐无关,即不要以为else跟哪个if对齐它就跟哪个if配对,缩进只是为了方便阅读,编译时所有缩进的空白都被忽略。

在编译器看来,上面的if语句相当于是这样写的:

```
if(x>=0)
    if(x>0)
        y=1;
    else
        y=-1;
```

若采用最后一种嵌套方式,让第一个if只处理其中一种情况,把剩下的情况都放在else后面处理,就不会出现配对错误的问题。

```
if(x>0)
    y=1;
else
    if(x<0)
        y=-1;
```

说明:这段代码最后也省略了else分支。

例5.5 判断一个学生成绩属于哪个分数段。程序代码如下:

```
#include<stdio.h>
int main()
{
    int x;
    scanf("%d", &x);
    if(x>=90)
        printf("优");
    else
```

```
        if(x>=80)
            printf("良");
        else
            if(x>=70)
                printf("中");
            else
                if(x>=60)
                    printf("及格");
                else
                    printf("差");
    return 0;
}
```

本例用的也是前面推荐的嵌套方式。

想一想：为什么代码中“if(x>=80) printf("良");”中的条件是“x>=80”而不是“x>=80&&x<90”？若运行时输入的成绩是95，运行结果会不会是“良”或“优良”或“优良中及格差”？

提示：在 if(x>=80)前面有个 else。

编程经验：尽量简化条件，能省则省，可以缩短表达式的求解时间。

有些编程者喜欢把上面的代码写成下面的格式，但写成下面的格式后，程序在逻辑关系上不如上面的清晰，故不推荐使用。

```
#include<stdio.h>
int main()
{
    int x;
    scanf("%d", &x);
    if(x>=90)
        printf("优");
    else if(x>=80)
        printf("良");
    else if(x>=70)
        printf("中");
    else if(x>=60)
        printf("及格");
    else
        printf("差");
    return 0;
}
```

5.3.4　if 语句应用举例

例 5.6　从键盘输入 4 个整数，找出其中的最大值。

本题可以用嵌套的 if 语句来编程：

```
#include<stdio.h>
int main()
{
    int a,b,c,d,max;
    scanf("%d%d%d%d", &a,&b,&c,&d);
    if(a>=b)
    {
        if(a>=c)
            if(a>=d)
                max=a;
            else
                max=d;
        else
            if(c>=d)
                max=c;
            else
                max=d;
    }
    else
    {
        if(b>=c)
            if(b>=d)
                max=b;
            else
                max=d;
        else
            if(c>=d)
                max=c;
            else
                max=d;
    }
    printf("%d\n",max);
    return 0;
}
```

这个程序写起来很麻烦，且逻辑关系复杂，很难看懂，显然不是一个好的算法。为此，需要对程序进行修改，改为用逻辑运算符连接关系表达式：

```
#include<stdio.h>
int main()
{
    int a,b,c,d,max;
    scanf("%d%d%d%d", &a,&b,&c,&d);
```

```
    if(a>=b&&a>=c&&a>=d)
        max=a;
    if(b>=a&&b>=c&&b>=d)
        max=b;
    if(c>=a&&c>=b&&c>=d)
        max=c;
    if(d>=a&&d>=b&&d>=c)
        max=d;
    printf("%d\n",max);
    return 0;
}
```

这个程序看起来逻辑关系简单多了，但是随着整数个数(现在是 4)的增加，每个 if 后面的条件都会变得很长，所以这种方法也不可取。

遇到这种需要比较很多数据的时候，通常都是采用“打擂台”的方法来处理：

```
#include<stdio.h>
int main()
{
    int a,b,c,d,max;
    scanf("%d%d%d%d", &a,&b,&c,&d);
    max=a;            //a 先当第一任擂主
    if(b>max)         //如果 b 比擂主大,则 b 成为擂主,否则擂主不变
        max=b;
    if(c>max)
        max=c;
    if(d>max)
        max=d;
    printf("%d\n",max);
    return 0;
}
```

这样写出来的程序简单易懂，且很容易扩展：如果数据个数增加了，按同样的方法再添些代码即可。更重要的是，每个数据的处理方式都是相同的，便于今后把它们合并成一个循环。

5.3.5 if 语句编程的常见问题

1. if 或 else 后面的复合语句不写大括号

if 和 else 的后面，只能有一条子句，如果写了多条，将导致语法错误或逻辑错误。

下面代码段是想完成这样一个操作：若 a<b 则交换两个变量的值。

```
if(a<b)
    t=a;
```

```
        a=b;
        b=t;
    printf("%d,%d\n", a,b);
```

但是程序中忘记了一对大括号，由于 if 的子句只能是一条语句，因此上面的代码相当于：

```
    if(a<b)
        t=a;
    a=b;
    b=t;
    printf("%d,%d\n", a,b);
```

不管条件成立与否，“a＝b;”和“b＝t;”总是要执行的。所以当从键盘输入的 a 大于等于 b 时，输出的结果不正确。这是一个逻辑错误。

又比如，写成下面的样子：

```
    if(a<b)
        t=a;
        a=b;
        b=t;
    else
        ;
    printf("%d,%d\n", a,b);
```

同样地，这段代码中也忘记了一对大括号，导致 else 没有 if 可配对，这是一个语法错误。

想一想：*前面明明有一个 if，为什么说 else 没有 if 可配？*

原因：*if 的子句只能是一条语句，这里就是“t＝a;”，如果 if 语句有 else 分支，那 else 必定紧跟在该子句的后面：*

```
    if(a<b)
        t=a;
    else
        …
```

而在前面的代码中，“t＝a;”后面没有紧接 else，而是跟着一条赋值语句“a＝b;”，编译器看到这里，就确认 if 语句没有 else 分支了，也就是说，if 语句到“t＝a ;”一行就已经结束，后面凭空冒出来的 else，与谁配对？

编程经验：*忘掉大括号的错误很常见，建议读者在每个 if 或 else 后面写代码的时候，都要停下来想一想，需要处理的语句是不是两条以上，若是，则先打上一对大括号，然后再在其中填写代码。*

编程经验：*每次打一对大括号，可以避免左右大括号数量不等（忘记写右大括号）或者左右大括号位置对不齐的情况发生，这是一个良好的编程习惯。*

2. if(表达式)后面加分号

如果 if(表达式)后面多加了分号，将导致程序的逻辑错误或语法错误。例如：

```
if(a>b);                //此行多写了一个分号
{
    t=a;
    a=b;
    b=t;
}
```

上面的代码相当于：

```
if(a>b)
    ;                         //空语句是 if 的子句
t=a;
a=b;
b=t;
```

无论 a 是否大于 b，最终都交换了 a、b 的值。

编程经验：使用下面的编程风格(Kernighan 风格)，可以避免多写分号所带来的错误。

```
if(a>b) {     //左大括号写在 if 行的行尾，即便本行行末多写了分号也不影响结果
    t=a;
    a=b;
    b=t;
}
```

说明：编程风格有两种，即 Allmans 风格和 Kernighan 风格，本书之前用的都是 Allmans 风格。Allmans 风格也称为“独行(hang)”风格，左右大括号各占一行。代码量较小时通常用 Allmans 风格，这种风格的代码布局清晰。Kernighan 风格也称为“行尾”风格，适用于代码量较大的程序。

3. ==误写为=

if(表达式)格式中的“表达式”可以是任何有效的表达式，包括所有基础数据类型的运算，只要能计算出逻辑值即可。

由此可见，C 语言对 if 后面的表达式有很强的类型包容性。很多情况下，即便把条件写错了，if 语句也不会认为是语法错误。例如，要判断一个三位数是否水仙花数(3 个数字的立方和等于该三位数本身)，代码如下：

```
if(m=a*a*a+b*b*b+c*c*c)       //a、b、c 分别是百位、十位和个位上的数字
    printf("Yes");
```

```
else
    printf("No");
```

程序运行时，不管输入的三位数是多少，输出结果总是Yes。其原因是程序中误把==写成=了，导致括号中的表达式是一个赋值表达式，其值等于m，而m已被赋予一个新值：a*a*a+b*b*b+c*c*c。对于一个三位数，这个值不可能为0，因此赋值表达式的值不会是0，条件总是成立。

编程经验：对于上面程序中if后面的条件表达式，最好写成a*a*a+b*b*b+c*c*c==m而不是m==a*a*a+b*b*b+c*c*c。写成前者的目的是，如果不小心漏掉一个=，将造成语法错误，编译器会给出提示(错误：赋值号前面不是左值)。若写成后者，漏掉一个=时从语法上讲没有任何错误。

4. 连续使用>、<或==

例如：

```
int a=5,b=3,c=2;
if(a>b>c)                    //本行有问题
    printf("Max is a:%d\n",a);
```

按照数学里的运算法则，代码中a>b>c应该是成立的，而在C语言中这个条件不成立。修改的方法是加一个逻辑运算符&&，将if语句改为

```
if(a>b&&b>c)
    printf("Max is a:%d\n",a);
```

或者用嵌套的if语句：

```
if(a>b)
    if(b>c)
        printf("Max is a:%d\n",a);
```

5. 代码中有逻辑错误

下面的例子是求解数学表达式：

$$y=\begin{cases}x, & (x<0)\\ 2x-1, & (0\leqslant x<10)\\ 3x-11, & (x\geqslant 10)\end{cases}$$

这个题目可以使用3个独立的if语句来求解，也可以使用嵌套的if语句求解。

(1) 用独立的if语句：

```
int x,y;
scanf("%d",&x);
if(x<0)
    y=x;
if(x>=0&&x<10)
```

```
    y=2 * x-1;
if(x>=10)
    y=3 * x-11;
```

(2) 用嵌套的 if 语句：

```
int x, y;
scanf("%d", &x);
if(x<0)
    y=x;
else                            //else 否定了 x<0
    if(x<10)                    //这里相当于是 if(x>=0 && x<10)
        y=2 * x-1;
    else
        y=3 * x-11;
```

注意：关于代码中 if(x<10)一行，由于前面的 else 把第一个条件 x<0 否定了，隐含着 x>=0 这个前提，所以这里的条件相当于是 x>=0 && x<10。

用独立的 if 语句编程时，每一个 if 语句后面都要把限制条件写全、写完整，例如，x>=0 && x<10。而用嵌套 if 时，这个条件可以拆开分散到两个 if 中。

上面两段程序都是正确的，而下面的程序段是先用了一个独立的 if，后面又用带 else 的 if，逻辑上是有问题的。

```
int x,y;
scanf("%d", &x);
if(x<0)
    y=x;
if(x<10)                        //这里的 if(x<10)，其中包含 x<0 的情况
    y=2 * x-1;
else
    y=3 * x-11;
```

想一想：问题出在哪里？

程序的设计者认为，第一个 if 是单独的 if 语句，把 x<0 的情况处理了，后面的 if 处理的是剩下的两种情况。

这段程序有一个不易觉察的逻辑错误：实际上第二个 if 处理的不是剩下的两种情况，而是全部 3 种情况。如果第一个 if 后面有 else，那第二个 if 处理的才是剩下的情况，但第一个 if 后面没有 else，没有排除 x<0 的情况，因此第二个 if 遇到的还是 3 种情况。第二个 if 与第一个 if 不是嵌套关系，它们之间是平等的关系。

运行时，当输入的 x 小于 0 时，第二个 if 后面的条件 x<10 也成立，程序“最终”计算出的结果是 2 * x-1 的值。

编程经验：处理多种情况时，要么全部用独立的 if 语句，要么把所有的 if 全部嵌套，切记不可混合使用。

6. 把条件成立和不成立都要执行的语句在 if 和 else 子句中各写一遍

如例 5.1 的程序,有人写成下面右侧代码的样子:

```
#include<stdio.h>
int main()
{
    int a,b,result;
    scanf("%d%d",&a,&b);
    if(a> b)
        result= a-b;
    else
        result= a+b;
    printf("%d\n", result);
    return 0;
}
```

```
#include<stdio.h>
int main()
{
    int a,b,result;
    scanf("%d%d",&a,&b);
    if(a> b)
    {
        result= a-b;
        printf("%d\n", result);
    }
    else
    {
        result= a+b;
        printf("%d\n", result);
    }
    return 0;
}
```

左侧是例 5.1 中的代码。显然,左侧代码更简洁。右侧的代码,不单是增加了代码的输入量,还增加了最终可执行文件的长度。

注意:关于编程,不是说只要运行结果正确就行,代码写多写少无所谓,而是还要考虑代码的简洁度、清晰度以及程序的执行效率。参阅附录 A: C 语言规约。

正确的做法是,把 if 和 else 子句中相同的代码(即“printf("%d\n", result);”一行)提取出来,放在整个 if 语句的后面,如左侧代码那样。这样“printf("%d\n", result);”一行就不属于 if 语句了,它是在整个 if 语句执行完之后才被执行的,也就是说,不管 if 语句中的条件是否成立,两个分支终将会合到这一行来执行。

5.4 条件运算符和条件表达式

“?:”是条件运算符,它是 C 语言中唯一的一个三目运算符,需要 3 个运算量参与运算。由条件运算符组成的条件表达式,一般形式如下:

表达式 1? 表达式 2:表达式 3

其求值规则是,若表达式 1 的逻辑值为真,则条件表达式的值等于表达式 2 的值,否则等于表达式 3 的值。例如:

```
x>y?x:y
```

若 x＞y，则整个式子的值是 x，否则，整个式子的值是 y。

条件表达式是用来求值的，经常用在赋值语句中。

有些情况下在赋值语句中使用条件表达式，可以代替 if 语句。例如：

```
if(x>y)
    max=x;
else
    max=y;
```

可以用“max＝x＞y?x:y;”代替。

想一想：是否所有的选择结构都可以用上面这种方法来替换？什么情况下可以？

条件运算符的级别比赋值运算符高，比关系运算符和逻辑运算符低。

条件运算符的结合性是自右至左，下面的代码含有两组条件运算符，右边要先组合。

```
a>b?a:c>d?c:d
```

应理解为 a＞b?a:(c＞d?c:d)而不是(a＞b?a:c＞d)?c:d。

例 5.7 从键盘输入 2 个整数，找出其中的大数，利用条件运算符求解。

程序代码如下：

```
#include<stdio.h>
int main()
{
    int a,b;
    scanf("%d%d", &a,&b);
    printf("%d\n",a>b?a:b);
    return 0;
}
```

5.5 switch 语句

处理 3 种以上的情况时，除了使用前面介绍的嵌套的 if 语句外，还可以使用 switch 语句。由 switch 语句写成的程序属多分支选择结构，其程序结构如图 5-3 所示。

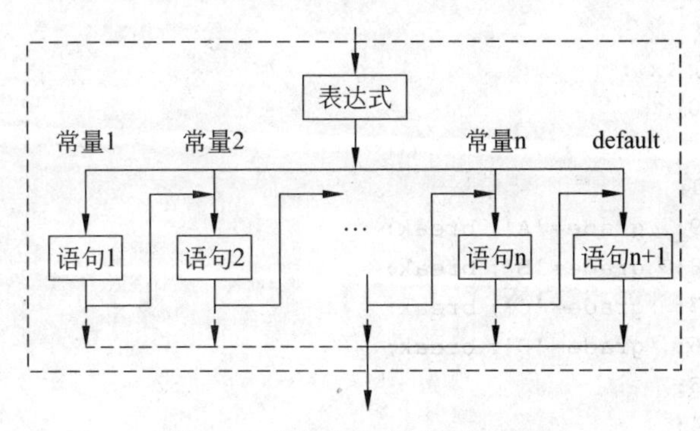

图 5-3 多分支选择结构流程图

5.5.1 switch 语句的格式及执行过程

switch 语句的格式如下：

```
switch (表达式)
{
    case 常量表达式 1:  语句组 1
    case 常量表达式 2:  语句组 2
    case 常量表达式 3:  语句组 3
    ⋮
    case 常量表达式 n:  语句组 n
    default:           语句组 n+1
}
```

switch 语句的执行过程如下。

(1) 先求解 switch 后面括号中表达式的值。

(2) 看表达式的值与哪个常量表达式的值相等,以决定从哪开始执行语句组。

若表达式的值与某个常量表达式的值相等,则从这个常量表达式后面开始,按顺序执行每个语句组中的代码。比如：若表达式的值与常量表达式 3 的值相等,则顺序执行语句组 3、语句组 4、……、语句组 n+1,然后转去执行 switch 语句之后的代码。

若表达式的值与所有的常量表达式均不相等,则从 default 开始,顺序执行其后每个语句组中的代码,然后转去执行 switch 语句之后的代码。

(3) 在 switch 语句的执行过程中,若想终止 switch 的执行,转去执行 switch 语句之后的代码,可以用 break 语句,break 语句具有此功能。

例 5.8 从键盘输入一个百分制分数,输出它所处的分数段。用 A、B、C、D、E 分别表示 90 分以上、80～89 分、70～79 分、60～69 分、不及格 5 种情况。

程序代码如下：

```
#include<stdio.h>
int main()
{
    int x;
    char grade;
    scanf("%d", &x);
    switch(x/10)
    {
        case 10:
        case  9:  grade='A'; break;
        case  8:  grade='B'; break;
        case  7:  grade='C'; break;
        case  6:  grade='D'; break;
        case  5:
        case  4:
        case  3:
```

```
        case  2:
        case  1:
        case  0: grade='E';
    }
    printf("%c\n",grade);
    return 0;
}
```

程序解析：

上面的代码中，switch 后面的表达式写成 x/10 是为了求出每个分数十位上的数字（100 分除外），因为分数段基本上是按这个数字来划分的。

一个分数除以 10，结果可能有 11 种情况（10、9、8、……、1、0），所以代码中共有 11 个 case（case 即情况），每个 case 后面都可跟语句组。

有的 case 后面没有语句组，是因为它与下一个 case 的语句组相同，所以省略了。

想一想：*若键盘输入的分数是 100，switch 的执行是怎样一个过程？*

提示：*“case 10：”后面并没有“break；”。*

代码中每个“break;”的作用是：一旦分数段确定、给变量 grade 赋了值，就直接去调用 printf()函数输出，把 switch 中剩下那些原本需要执行的代码跳过。

考考你：*若把程序中所有的“break;”都去掉，输入一个分数 80，程序的运行结果是什么？*

最后一个语句组不需要加“break;”，因为它后面已经没有代码，执行完“grade='E';”switch 语句就自然结束了，不需要提前终止。

其实，程序中的 switch 语句可以简化成这样：

```
switch(x/10)
{
      case 10:
      case 9:  grade='A'; break;
      case 8:  grade='B'; break;
      case 7:  grade='C'; break;
      case 6:  grade='D'; break;
      default: grade='E';
}
```

default 是“缺省”的意思，即所有 case 未列出的情况。若遇未列出的情况一律从 default 后的语句组开始执行。

关于 switch 语句的几点说明如下。

(1) switch 后面括号中表达式的类型以及每个常量表达式的类型，都可以是字符型、逻辑型、整型，但不允许是 float 或 double 型，因为实数的存储有些是不精确的。

(2) 每个语句组都可以有若干条语句，不需要加大括号。

(3) 常量表达式中不能含有变量，且各个常量表达式的值应互不相同。

(4) C 语言并没有规定常量表达式的顺序和 default 的位置，它们可以是任意顺序、任意位置。

注意：任意顺序只是说语法上没有规定必须按什么顺序，但并不意味着改变原来的顺序或位置后程序的运行结果不变。

(5) switch中可以没有default。当把所有可能的结果都列举在case后面、不存在其他情况的时候，就可以不写default。

编程经验：在每个switch语句中都放上一条default是个很好的习惯，因为这样做可以很容易查出程序的逻辑错误。

(6) break语句的作用是跳出它所在的switch。对于嵌套的switch，若break处于内层switch中，则它只跳出内层switch，外层的switch继续执行。

5.5.2 switch语句应用举例

例5.9是switch语句的一个简单应用。

例5.9 从键盘输入年、月、日，计算该日期是这一年中的第几天。

程序代码如下：

```
#include<stdio.h>
int main()
{
    int year,month,day;
    int s=0;
    scanf("%d%d%d", &year,&month,&day);
    switch(month) {
        case 12:  s+=30;          //加上11月的30天
        case 11:  s+=31;          //加上10月的31天
        case 10:  s+=30;          //加上9月的30天
        case  9:  s+=31;
        case  8:  s+=31;
        case  7:  s+=30;
        case  6:  s+=31;
        case  5:  s+=30;
        case  4:  s+=31;
        case  3:  s+=28;          //先按平年算,加上2月的28天
        case  2:  s+=31;          //加上1月的31天
        case  1:  s+=day;         //加上当月天数
    }
    if((year%4==0 && year%100!=0 || year%400==0) && month>=3)
        s++;
    printf("%d\n",s);
    return 0;
}
```

程序解析：

程序中每个 case 后面都没有“break;”，这正是这个程序设计的巧妙之处。假设输入的日期是 1980 年 10 月 5 日，执行 switch 时要转到 case 10 后面，先执行 s+=30(加上 9 月份的 30 天)，由于没有“break;”，所以程序继续执行后面每个 case 后面的代码：加上 8 月的 31 天，7 月的 31 天……1 月的 31 天，再加上当月的 5 天(day)。程序最后判断 1980 年是闰年，且 10 月 5 日在 3 月 1 号之后，所以再增加一天。

想一想：如果按照 case 1、case 2……这样的顺序，应该怎样改写这段代码？

例 5.10 设乘坐火车时每个人可以免费携带 20kg 的行李，超出部分收费：若超出 20kg 但未超出 40kg，则超出部分按 2 元/kg 收费；若超过 40kg，20～40kg 部分仍按 2 元/kg 收费，但超过 40kg 的部分按 5 元/kg 收费。编程计算应收金额。

题目分析：

根据题意，应收金额可用下面的数学公式计算：

$$y=\begin{cases}0 & (x\leqslant 20)\\(x-20)\times 2 & (20<x\leqslant 40)\\20\times 2+(x-40)\times 5 & (x>40)\end{cases}$$

共分 3 种情况，可以用 if 语句编程，也可以用 switch，这里用 switch。

程序代码如下：

```
#include<stdio.h>
int main()
{
    int x,y;
    scanf("%d",&x);
    switch(x/20){
       case 0:
            y=0;
            break;
       case 1:
            y=(x-20)*2;
            break;
       default:
            y=20*2+(x-40)*5;
    }
    printf("%d\n",y);
    return 0;
}
```

该程序需要验证两个特殊数据——即 x 恰好是 20 或 40 时运行结果是否正确。

想一想：switch 后面的表达式为什么要除以 20？若本题改为自 30kg 之后，每间隔 10kg 一个收费标准，应该“x 除以多少”？

5.5.3 switch 语句编程的常见错误

使用 switch 时常犯的错误有以下几种。

(1) switch后面的表达式不加括号,如switch x/10,应为switch (x/10)。

(2) switch后面多写了分号,如“switch (x/10);”,应为switch (x/10)。

(3) case与后面的表达式之间不写空格,如“case10:”,应为“case 10:”。

(4) 应该有break却未写。

上面几种错误中,(1)、(2)都是语法错误,使程序不能运行。(3)、(4)都是逻辑错误,使程序得不到正确的结果。

说明:(3)不是语法错误,而是逻辑错误,因为编译会把case10当成一个“标号”。

说明:C语言中,有一个goto语句,也称为无条件转移语句,其用法如下:

```
goto 标号;
```

例如:

```
#include<stdio.h>
int main()
{
    int i=1,sum=0;
loop:sum+=i;
    i++;
    if(i<=100)
goto loop;
    printf("%d\n",sum);
    return 0;
}
```

其中的loop(由程序员命名)称为标号,用来标记代码位置。

注意:goto语句容易破坏程序的结构,故不提倡使用。

习　题　5

一、选择题

1. a、b、c1、c2、x、y均为整型变量,正确的switch语句是(　　)。

(A)
```
swich(a+b)
{ case 1:y=a+b;break;
  case 0:y=a-b;break;
}
```

(B)
```
switch(a*a+b*b);
{ case 1:y=a+b;break;
  case 3:y=a-b;break;
}
```

(C)
```
switch a
{ case c1:y=a+b;break;
  case c2:y=a*d;break;
  default:x=a+b;
}
```

(D)
```
switch(a-b)
{ default:y=a*b;break;
  case 3: case 2: y=a+b;
  case 1: case 4: y=a-b;
}
```

2. 下面的程序段执行后,c 的值是(　　)。

```
int a=2,b=-1,c=2;
if(a<b)
if(b<0)  c=0;
else c++;
```

(A) 0　　(B) 1　　(C) 2　　(D) 3

3. 设 x、y、z、t 都是 int 型变量,执行以下语句后,t 的值是(　　)。

```
x=y=z=1;
t=++x||++y&&++z;
```

(A) 不确定值　　(B) 2　　(C) 1　　(D) 0

4. 以下程序段执行后,a、b 的值分别是(　　)。

```
int x=1,a=0,b=0;
switch(x)
{  case 0:b++;
   case 1:a++;
   case 2:a++;b++;
}
```

(A) 2、1　　(B) 1、1　　(C) 1、0　　(D) 2、2

5. a 是整型变量,不能正确表示数学关系 10<a<15 的表达式是(　　)。

(A) 10<a<15

(B) a==11||a==12||a==13||a==14

(C) a>10&&a<15

(D) !(a<=10)&&!(a>=15)

6. 以下程序段的输出结果是(　　)。

```
int a=1,b=2,c=3,d=4,m=2,n=2;
if((m=a>b)&&(n=c>d));
else printf("%d,%d",m,n);
```

(A) 2,2　　(B) 0,0　　(C) 2,0　　(D) 0,2

7. 执行表达式 x=5>1+2&&2||2*4<4-!0 后,x 的值是(　　)。

(A) -1　　(B) 0　　(C) 1　　(D) 5

8. 关于以下程序段,说法正确的是(　　)。

```
int x,y;
scanf("%d,%d",&a,&b);
if(x>y)  x=y; y=x;
else x++; y++;
printf("%d,%d",x,y);
```

(A) 有语法错误　　(B) 若输入"3 4",输出"4,5"

(C) 若输入“4 3”,输出“3,4” (D) 若输入“4 3”,输出“4,4”

9. 以下程序段的执行结果是(　　)。

```
int n=1;
if(n--)  printf("Y:%d",--n);
else  printf("N:%d", n++);
```

(A) Y:0 (B) Y:-1 (C) N:0 (D) N:1

10. 若“int k=4,a=3,b=2,c=1;”,表达式 k<a?k:c<b?c:a 的值是(　　)。

(A) 4 (B) 3 (C) 2 (D) 1

11. 执行下列程序段后,a、b、c 的值分别是(　　)。

```
int a,b,c,x=10,y=9;
a=(--x==y++)?--x:++y;
b=x++;
c=y;
```

(A) 8、8、11 (B) 8、8、10 (C) 9、10、9 (D) 1、11、10

12. 整型变量 x、y 在执行下面代码后的值分别是(　　)。

```
if((x=y=2)>=x&&(x=5))
    y*=x;
```

(A) 2、4 (B) 5、2 (C) 5、10 (D) 执行时报错

13. 下面代码段执行后,x、y、z 的值是(　　)。

```
int x=10,y=20,z=30;
if(x>y)
z=x; x=y; y=z;
```

(A) 20、30、30 (B) 20、30、10 (C) 20、10、10 (D) 10、20、30

14. 关于表达式 2*2==5-2>1==0 中的两个==,正确的说法是(　　)。

(A) 前者成立,后者不成立 (B) 前者不成立,后者成立

(C) 两个都成立 (D) 两个都不成立

15. 下面程序段的运行结果是(　　)。

```
int a=5,b=0,c=0;
if(c=(b==0))  a++; b++;
printf("%d,%d,%d",a,b,c);
```

(A) 6,1,1 (B) 5,1,0 (C) 5,0,0 (D) 5,1,1

16. 下面四段代码中,执行后 y 的值不为 3 的是(　　)。

(A) int x=5,y=2; if(x) y=3; (B) int x=5,y=2; if(2) y=3;

(C) int x=0,y=2; if(x=y) y=3; (D) int x=0,y=0; if(x=y) y=3;

17. 执行下面的代码后,f 的值是(　　)。

```
int a=2,b=2,c=2,f;
```

```
f=a==b==c;
```

(A) 1　　(B) 0　　(C) 2　　(D) 不确定

18. 执行下面的代码后，f 的值是(　　)。

```
int a=3,b=2,c=1,f;
f=a>b>c;
```

(A) 1　　(B) 0　　(C) 2　　(D) 不确定

19. 与表达式(w)?(—x):(++y)等价的表达式是(　　)。

(A) (w==1)?(--x):(++y)　　(B) (w==0)?(--x):(++y)

(C) (w!=1)?(--x):(++y)　　(D) (w!=0)?(--x):(++y)

20. 以下程序的运行结果是(　　)。

```
int x=1,y=2,z=3;
switch(x=1){
    case 1:
          switch(y==2){
              case 1: printf("*");break;
              case 2: printf("%");break;
          }
    case 0:
          switch(z){
              case 1: printf("$");break;
              case 2: printf("&");break;
              default: printf("#");
          }
}
```

(A) *#　　(B) $　　(C) %#　　(D) *$

二、判断题

1. C 语言中，空语句表示什么都不做，毫无意义，因此可以省略。

2. 关系运算符的优先级高于逻辑运算符。

3. 逻辑表达式中，有些运算符可能不会执行到。

4. if 语句可以嵌套，嵌套时，每个 if 都必须有唯一的一个 else 与之配对。

5. 条件运算符的结合性是自左至右。

6. switch 语句中，switch 后面的表达式可以是任意类型。

7. switch 语句中，case 和 default 的次序可以互换，不会影响程序的执行结果。

8. if 语句中，if 后面的表达式可以是关系表达式或逻辑表达式，不能是其他类型的表达式。

9. 能用 if 语句编写的程序，肯定也能用 switch 语句实现，反之亦然。

10. 如果 if 语句的两个分支都是给同一个变量赋值，则可以不用 if 语句，改为在赋值语句中使用条件表达式。

三、编程题

1. 从键盘输入两个整数给变量a、b,若前者大,并且其中任意一个数是偶数,则交换它们,否则不交换。最后输出a、b的值(要求:使用不带else分支的if语句编程,不允许嵌套)。

2. 下面程序的作用是不管键盘输入的b是多少,最终输出的3个数都是从大到小的顺序,请完善程序(注:不允许改变已有的代码)。

```
int main()
{
    int a=10,b,c=1,t;          //t 可用作临时变量
    scanf("%d",&b);
    //在下面添加代码,其中不能有输出






    printf("%d,%d,%d\n", a,b,c);
    return 0;
}
```

3. 某产品的价格是800元/件,但若购买量大可给予一定的折扣:够100件时打9折,够200件打8.5折,够300件打8.2折,够500件打8.1折。从键盘输入购买量,请用3种方法编程求解应收款。

(1) 用独立的if语句。

(2) 用嵌套的if语句。

(3) 用switch语句。

4. 乘坐火车规定:普通人可以免费携带20kg的行李,超过20kg则要收费:

若行李质量超过20kg,但未超过40kg,超过20kg的部分按2元/kg收费;

若行李质量超过40kg,前20kg部分不收费,20～40kg之间的部分,仍按2元/kg收费,而超过40kg的部分,则按5元/kg收费;若行李超过50kg,40kg之前的部分收费如前所述,超过50kg的部分按10元/kg收费。从键盘输入行李质量,计算应收费。用3种方法编程。

5. 单位发福利,规定男职工每人每10年工龄可分10kg鸡蛋(不足10年的部分按10年计,比如0年的按10年计,11年的按20年计),女职工比男职工可多分2kg(每10年工龄),如果是干部,比一般职工再多分5kg(每10年工龄)。职工性别、工龄及是否干部都从键盘输入,编程求应分的鸡蛋数。

6. x、y都是整数,y的值与x有关,分为下面4种情况。

(1) $y=x \quad (x \leqslant -5)$

(2) $y=3x-1$ ($-5<x<2$)

(3) $y=x^2+2x-1$ ($2\leqslant x<10$)

(4) $y=0$ ($x\geqslant 10$)

从键盘输入 x,计算 y 的值。

7. 某售楼公司规定：售楼员每卖出一套商品房,可提成1000元;每卖出一套别墅,可提成2000元。为了鼓励多卖别墅,公司又做了如下补充规定：卖商品房的提成设上限,上限与一年中卖出的别墅数量有关。

一年所卖别墅数量	商品房提成上限
0	10000元
1～5	20000元
6～10	30000元
超过10套	50000元

从键盘输入售楼员一年卖出的商品房数量和别墅数量,计算应得的提成。

第6章 循环结构程序设计

本章内容提要

(1) 循环及其实现思想。

(2) while 循环、do-while 循环和 for 循环。

(3) break 和 continue。

(4) 多重循环。

循环结构是程序设计中非常重要的一种结构，几乎所有问题的求解都需要用到循环。

循环就是重复执行同一段代码。只写一遍代码，就可以让计算机去反复执行若干次，这是程序员非常喜欢的一种机制。

C 语言共有 3 种循环语句：while 语句、for 语句和 do-while 语句，其中前两种是当型循环，do-while 是直到型循环。

循环一般由循环变量的初值、终值(或循环条件)、循环变量的步长(每次变化量)以及循环体组成。

6.1 循环及其实现思想

生活中人们在求解一个问题时，经常需要反复做一些几乎完全相同的工作，用计算机解题也一样，有时候也需要反复执行相同的操作。

例如：求表达式 1+2+3+…+100 的值。

这个问题显然不宜用 sum=1+2+3+…+100 这样的赋值语句来求解，因为程序中是不允许用省略号的，而如果不省略，把所有数据都写出来又过于烦琐。

生活中人工求解这个表达式一般都用笨办法，即先算 1+2，再加 3，然后再加 4……直至加到 100。在计算的过程中，有两个数据需要记住：一是已经累加起来的那个结果，二是下一次加法应该加“几”。按照这个算法(思路)让计算机去求解，程序应该这样写：

```
int i,sum=0;        //定义变量,sum 初始化为 0
i=1; sum+=i;
i=2; sum+=i;
⋮
i=100; sum+=i;
```

但是,这样写同样烦琐。我们注意到,从 i=1 开始,每行代码中除了给 i 所赋的数不同外,其余都是相同的。如果每行代码完全相同该多好,那样,只需要写一行代码,让计算机反复执行 100 次就可以了。

能否修改一下上面的程序,让每行代码都变得相同呢? 答案是肯定的。由于每次要加的数都比前面那个数多 1,因此,上面的代码可以改写为

```
int i, sum=0;
i=1;
sum+=i;
i++;
sum+=i;
i++;
⋮
```

其中,sum+=i 和 i++两个操作重复了若干次,这正是我们想要的程序结构。因为对于这样的结构,我们正好可以利用 C 语言提供的循环机制,实现只写一遍、反复执行的效果。反复执行的这部分代码,称为循环体。

C 语言中的循环机制可由下面 3 种语句实现:while 语句、do-while 语句、for 语句。

6.2　循 环 语 句

6.2.1　while 循环

1. while 语句的格式

```
while(表达式)　　//本行无分号
    循环体
```

对于上面 while 语句的格式,说明如下。

(1) while 后面括号中的表达式是循环的条件,取其逻辑值。

(2) 循环体是指反复执行的部分。

注意:循环体只能是一条语句。

提示:复合语句也是一条语句。

注意:while 所在行的行尾无分号,否则,空语句将被视为循环体。

图 6-1 是 while 循环流程图。

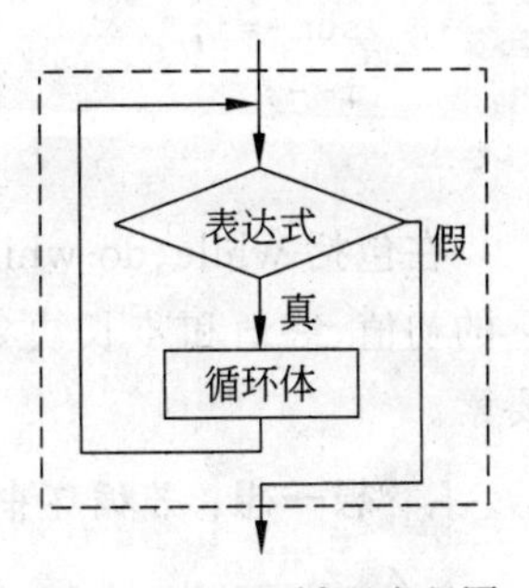

图 6-1　while 循环流程图

2. while 语句的执行过程

while 语句的执行过程如下。

(1) 求解表达式的逻辑值,转向(2)。

(2) 若表达式的值为真,则执行循环体一次,然后转回(1);若为假,转到(3)。

(3) 结束循环转去执行 while 语句之后的代码。

从上面的叙述可以看出,while 循环有可能根本不循环(第一次求解表达式的值为假时),只有当表达式的值为真时才开始循环。因此,while 语句构成的循环称为**当型循环**。

例 6.1 用 while 循环求表达式 1+2+3+…+100 的值。

程序流程如图 6-2 所示,代码如下:

```
#include<stdio.h>
int main()
{
    int i=1,sum=0;
    while(i<=100)
    {
        sum+=i;
        i++;
    }
    printf("%d\n", sum);
    return 0;
}
```

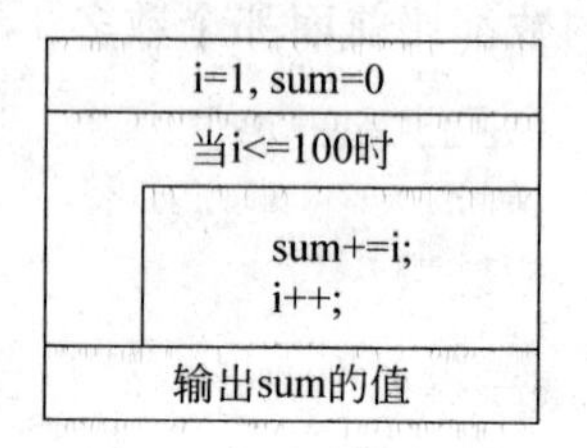

图 6-2 例 6.1 流程图

3. 循环变量的三要素

例 6.1 的代码中,i 被称为**循环变量**,因为它的值在循环的过程中不断在变。while 后面的表达式,称为**循环条件**,因为只有这个条件成立(为真),循环才开始并持续,一旦条件不成立,则结束循环转到循环之后去执行。

循环变量 i 在程序开始时被赋值为 1,这个值称为**初值**。后面循环中,i 的值不断增加,每循环一次,它就增加 1,当 i 超过 100 时,结束循环。循环变量每次循环增加的值,称为循环变量的**步长**,最后一次循环的值,称为循环变量的**终值**。本例中,初值是 1,步长是 1,终值是 100。

说明:终值未必一定大于初值,步长可以为负。例 6.1 的循环部分也可以这样写:

```
int i=100,sum=0;
while(i>=1)
{
    sum+=i;
    i--;
}
```

在包括 while、do-while 和 for 在内的任何类型的循环中,循环变量都至关重要,因为它的初值、终值和步长决定着循环次数。通常,把初值、终值和步长称为循环变量的三要素。

想一想:若循环中忘记了给 i 赋初值,会怎样?若忘记了规定步长,又会怎样?

提示:在使用 while 循环时,通常都是在 while 语句之前规定循环变量的初值,

在表达式(循环条件)中规定终值,在循环体的最后规定步长。

6.2.2 do-while 循环

1. do-while 语句的格式

```
do
    循环体
while(表达式);          //本行有分号
```

说明:循环体只能是一条语句。

提示:复合语句也是一条语句。

注意:while 所在行的行尾有分号,否则,是语法错误。

提示:C 语言中,if、switch、while、for 4 个语句的括号后面都不能随便加分号,否则可能引起语法或逻辑错误,唯独 do-while 后面必须加分号。

图 6-3 是 do-while 循环流程图。

2. do-while 语句的执行过程

do-while 语句的执行过程如下。

(1) 执行循环体一次,转向(2)。

(2) 求解表达式的逻辑值,若表达式的值为真,则转回(1);若表达式的值为假,则转到(3)。

(3) 结束循环转去执行 do-while 语句之后的代码。

从上面的叙述可以看出,do-while 循环至少会执行一次循环体,即循环肯定会开始,而且只要表达式的值为真就一直循环,直到表达式的值为假为止。因此,do-while 语句构成的循环称为**直到型循环**。

例 6.2 用 do-while 循环求表达式 1+2+3+…+100 的值。

程序流程如图 6-4 所示。

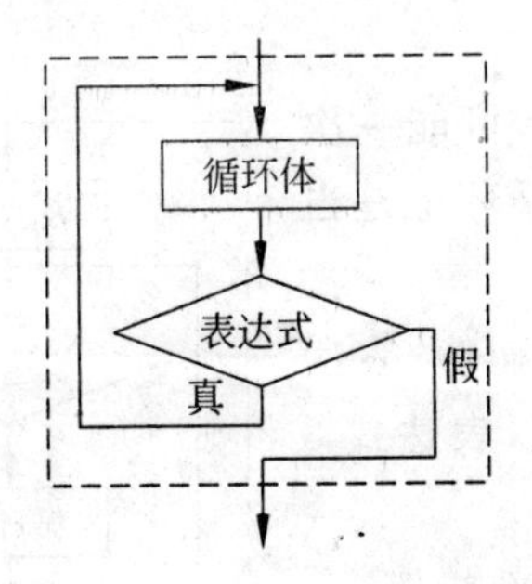

图 6-3 do-while 循环流程图

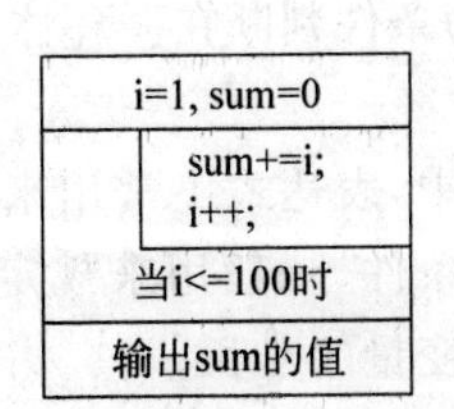

图 6-4 例 6.2 流程图

代码如下:

```
#include<stdio.h>
int main()
```

```
{
    int i=1,sum=0;
    do
    {
        sum+=i;
        i++;
    }while(i<=100);        //本行有分号
    printf("%d\n", sum);
    return 0;
}
```

与使用while语句相同，在使用do-while语句时，通常也是在do-while语句之前规定循环变量的初值，在表达式（循环条件）中规定终值，在循环体的最后规定步长。

6.2.3 for循环

1. for语句的格式

```
for(表达式1; 表达式2; 表达式3)
    循环体
```

说明：循环体只能是一条语句。

提示：复合语句也是一条语句。

注意：for所在行的行尾无分号，否则，分号将被认作是循环体。

2. for语句的执行过程

如图6-5所示，for语句的执行过程如下。

(1) 执行表达式1，转向(2)。

(2) 求解表达式2的逻辑值，若其值为真，则转去执行循环体，然后执行表达式3，再然后回到(2)的开头重复(2)的过程。若其值为假，则转到(3)。

(3) 结束循环转去执行for语句之后的代码。

从上面的叙述可以看出，for循环的循环体也有可能一次都不执行，因为条件判断在循环体之前。因此，for循环也是**当型循环**。

实际使用中，表达式1常用来规定循环变量的初值；表达式2作为循环条件，一般用来规定循环变量的终值；表达式3用来规定循环变量的步长。

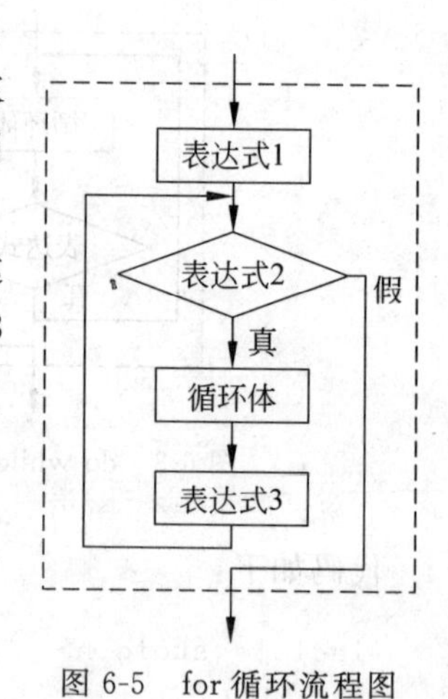

图6-5 for循环流程图

例6.3 用for循环求表达式1+2+3+…+100的值。

程序流程与例6.2相同，代码如下：

```
#include<stdio.h>
int main()
{
```

```
    int i,sum=0;
    for(i=1;i<=100;i++)        //括号中规定初值、终值和步长,本行无分号
        sum+=i;
    printf("%d\n",sum);
    return 0;
}
```

for 循环和 while 循环都是当型循环,因此可以互相转换,转换方法如下:

```
                                      表达式 1;
                                      while(表达式 2)
for(表达式 1;表达式 2;表达式 3)   <=>   {
    循环体                                 for 的循环体
                                          表达式 3;
                                      }
```

说明:本来当型循环只有一个 while 语句就够了,但是因为使用 while 语句时经常遗漏初值和步长,所以才有了 for 语句。for 循环中,循环变量的三要素都在括号中,不易遗漏,故编程时应尽量使用 for 循环。

3. for 语句的一些特殊用法

例 6.3 中,for 后面 3 个表达式的用法只是惯常的、典型的用法,实际上表达式 1 和表达式 3 可用来做任何事情,表达式 2 也未必是规定终值,它可以是任何类型的表达式,有时候甚至可以省略其中的一个、两个或全部表达式。

注意:表达式可以省略,但两个分号不可省略。

下面的程序段都不是典型用法,请读者自己理解这些 for 的用法和每个程序段的含义。

(1)
```
int i=1,sum;
for(sum=0;i<=100;i++)              //表达式 1 可以不用来规定初值
    sum+=i;
```

(2)
```
int i,sum;
for(sum=0,i=1;i<=100;i++)          //表达式 1 是逗号表达式,做两件事
    sum+=i;
```

(3)
```
int i,j,sum=0;
for(i=1,j=100;i<=j;i++,j--)        //表达式 1 和表达式 3 都是逗号表达式
    sum+=i+j;
```

(4)
```
int i;
for(i=0; c=getchar(),i<=10; putchar(c),i++)
    ;
```

(5)
```
int i=1;                           //由于这里给循环变量赋了初值
for(    ;i<=100;i++)               //表达式 1 省略
```

```
    循环体
(6) int i;
    for(i=1;i<=100;)              //表达式 3 省略
    {
        循环体
        i++;                      //循环体内规定步长
    }
(7) int i=1;
    for( ;i<=100; )               //表达式 1 和表达式 3 都省略,相当于 while(i<=100)
    {
        循环体
        i++;
    }
(8) int i;
    for(i=1;    ;i++)             //表达式 2 省略,认为条件永远为真
        循环体
```

说明:列举这些非典型用法的目的是为了让读者知道 for 语句用起来其实是很灵活的,以免读不懂别人写的代码。但是,这些非典型用法使 for 语句显得很杂乱,影响程序的可读性,也容易出错,故应尽量避免使用。

编程经验:用 for 后面的 3 个表达式来规定循环变量的三要素,是程序设计的良好风格。

6.2.4 3 种循环的比较

C 语言中的 3 个循环语句各有特点,总结如下。

1. while 循环

while 循环的用法通常如下。

(1) 在 while 之前先给循环变量赋初值。

(2) 在 while 后面的括号中规定终值或其他循环条件。

(3) 在循环体中规定循环变量的步长。

例如,求 1+2+3+…+10。

```
int i,sum=0;
i=1;                          //规定初值
while(i<=10)                  //规定终值(或其他循环条件),无分号
{
    sum+=i;
    i++;                      //规定步长
}
```

2. do-while 循环

do-while 循环的用法与 while 类似。

例如：

```
int i,sum=0;
i=1;                          //规定初值
do
{
    sum+=i;
    i++;                      //规定步长
}while(i<=10);                //规定终值(或其他循环条件),此行有分号
```

3. for 循环

for 循环的典型用法如下。

(1) for 后面括号中的第一个表达式规定循环变量的初值。

(2) 第二个表达式规定循环变量的终值(或其他循环条件)。

(3) 第三个表达式规定循环变量的步长。

例如：

```
int i,sum=0;
for(i=1;i<=10;i++)            //没有分号
    sum+=i;
```

编程经验：对于 while 和 do-while 两种循环，循环的 3 个要素是写在 3 个不同的地方，稍不小心就忘记了其中一个或几个，而 for 循环则把它们写在了一起，不容易丢失，写循环时应尽量多使用 for 语句。

说明：任何用 while 或 do-while 写成的循环都可以写成 for 循环。

6.3　循环的控制

6.3.1　计数器控制循环和其他条件控制循环

1. 计数器控制循环

计数器控制循环，就是用循环变量作为计数器控制循环次数，多用于固定次数的循环(循环次数事先已知)，这种循环通常都以循环变量不超过终值作为循环条件，如例 6.1、例 6.2 和例 6.3 中，循环条件都是 i<=100。

2. 其他条件控制循环

在很多情况下，循环的次数事先并不知道，无法写出像 i<=100 这样的条件，这时应

该用其他条件来代替。

例 6.4 从键盘输入一个纯小数，它乘以多少次 2 它才能超过 1?

代码如下：

```
#include<stdio.h>
int main()
{
    float x;
    int num=0;
    scanf("%f",&x);
    while(x<=1)                          //循环条件: x<=1,与循环变量无关
    {
        x*=2;
        num++;
    }
    printf("%d\n",num);
    return 0;
}
```

在这段代码中，循环条件是 x<=1，这个条件不是用来规定循环变量的终值，而是一个与循环变量无关的其他条件，它可以是任何类型的表达式。

一般地，计数器控制循环多用于 for 语句，而其他条件控制循环多用于 while 或 do-while 语句。

这段程序用 for 循环也能实现：

```
#include<stdio.h>
int main()
{
    float x;
    int num;
    scanf("%f",&x);
    for(num=0;x<=1;num++)          //循环条件: x<=1,与循环变量无关
        x*=2;
    printf("%d\n",num);
    return 0;
}
```

提示： 把 while 改写成 for 的方法就是把 num=0 移到括号里作为第一个表达式，把 num++ 移到括号里作为第三个表达式，第二个表达式还是原来的循环条件不变。把 do-while 循环改写为 for 循环的方法与此相同。

6.3.2 break 和 continue

程序中，有时候并不需要把设定的循环次数都执行完，而是需要提前结束循环或跳过

一部分代码直接进入下一轮次的循环,这时候就需要用到 break 或 continue 语句。

1. break

先看一个例子。

例 6.5 找出 100～200 之间第一个能被 3 和 5 都整除的数。

程序解析：

100～200 之间的数,不都能被 3 和 5 整除,若要找出所有能被 3 和 5 都整除的数,可以用穷举法,即把 100～200 之间的每一个都拿出来检验,先检验 100,再检验 101、102…,这种逐个数检验的算法可以用循环来实现：

```
for(i=100;i<=200;i++)
    if(i%3==0&&i%5==0)
        printf("%d\n",i);
```

但是,本例不是把所有符合条件的数都找出来,而是只输出第一个。因此,当循环中遇到一个能使表达式 i%3==0&&i%5==0 为真的数时,就应该停止循环。例如,当检验到 105(即 i=105)时,上述表达式成立,此时就应该停止循环直接输出 105,后面的 106、107…直至 200 都无须再检验。

要想使程序终止循环,可以使用 break 语句。

C 语言中的 break 语句可以用在两个地方。

(1) 用在 switch 语句中,其作用是终止 switch 的执行,使程序流程转到 switch 语句之后。

(2) 用在循环体中,其作用是终止循环语句的执行,使程序流程转到循环语句之后。

因此,本例的代码便可以写成：

```
#include<stdio.h>
int main()
{
    int i;
    for(i=100;i<=200;i++)
        if(i%3==0&&i%5==0)
            break;
    printf("%d\n",i);
    return 0;
}
```

编程经验：也可以先输出 i 的值然后再用 break 终止循环,即把代码中输出一行挪到 for 循环中：

```
for(i=100;i<=200;i++)
    if(i%3==0&&i%5==0)
    {
        printf("%d\n",i);
```

```
        break;
    }
```

但这样需要多打一对大括号，不如原代码简洁，故不推荐。

想一想：退出循环之后再输出 i 的值，i 的值还是 105 吗？

说明：对于 break 语句，需要注意：如果 switch 语句或循环语句是嵌套的，那么 break 只能使程序跳出它所在的 switch 或循环，而不是跳出所有 switch 或所有循环。例如：

```
for(i=1;i<=10;i++)
    for(j=1;j<=10;j++)
        if(i==j)
            break;
```

代码中的 break 在内循环中，它使程序跳出内循环，外循环将继续进行。

再如：

```
for(i=0;i<=24;i++)
{
    switch((i-1)/12)
    {
        case 0: printf("现在是上午%d点\n", i); break;
        default:printf("现在是午后%d点\n", i-12);
    }
    ...
}
```

上面代码中，break 既在 for 循环中，又在 switch 语句中，但 switch 在内层，所以 break 作用于 switch，它使程序跳出 switch 而不是循环。

2. continue

continue 只能用在循环中，其作用是跳过**本次循环**剩下的部分，转去执行**下一轮次**的循环。对于 for 循环，只要遇到 continue，便转到 for 后面括号里的第三个表达式。

下面是用 break 和 continue 的一个例子。

例 6.6 从键盘输入两个整数，求它们的最小公倍数。

```
#include<stdio.h>
int main()
{
    int m,n,i;
    scanf("%d,%d",&m,&n);
    for(i=1;i<=m*n;i++)
    {
        if(i%m!=0)
```

```
            continue;               //若除以 m 不尽,则转回到 i++换下一个数
        if(i%n==0)
            break;                  //若除尽,意味着已找到最小公倍数,跳出循环
    }
    printf("%d 和%d 的最小公倍数是:%d\n",m,n,i);
    return 0;
}
```

说明：这个例子仅是为了说明 break 和 continue 的用法才这样设计的，实际上用下面的代码来求解效率会更高。

```
#include<stdio.h>
int main()
{
    int m,n,i,t;
    scanf("%d,%d",&m,&n);
    if(m<n)                         //如果 m<n 则交换 m、n
    {
        t=m;
        m=n;
        n=t;
    }
    for(i=m;i<=m*n;i+=m)            //i 的取值都是 m 的倍数
        if(i%n==0)
            break;                  //若除尽,意味着已找到最小公倍数,跳出循环
    printf("%d 和%d 的最小公倍数是:%d\n",m,n,i);
    return 0;
}
```

注意：continue 不能用在单纯的 switch 语句中，除非 switch 在循环中或循环在 switch 中，这种情况下 continue 是对循环而不是对 switch 起作用。如果没有循环，单纯的 switch 中出现 continue 是一个语法错误。

6.3.3　循环结束后循环变量的值与终值的比较

循环变量是循环的一个重要因素，尤其在固定次数的循环中，循环变量的 3 个要素决定着循环的次数。

下面讨论一个重要的问题，就是循环结束后循环变量的值是多少？是否等于终值？

无论何种循环，循环的结束不外乎两种情况：自然结束和中途提前结束。

1. 循环自然结束

循环自然结束是指原本设定的循环次数全部都执行完了，没有中途退出的情况发生，例如：

```
for(i=1;i<=10;i++)
    sum+=i;
printf("%d\n",i);
```

这个循环共进行10次，最后一次循环开始时i＝10，把变量10加到sum中后，程序还要返回到表达式3执行i＋＋，使i变为11，然后判断条件i＜＝10是否成立。由于条件不再成立，所以结束循环，转去执行printf()一行。程序的输出结果是11，这个结果已超过终值。

显然，自然结束的循环，循环后循环变量的值总是超过终值的，不然循环不会结束。

2. 循环因中途退出而结束

break语句会使循环提前结束，例如：

```
for(i=1;i<=m*n;i++)
    if(i%m==0&&i%n==0)
        break;
printf("%d\n",i);
```

假设m＝15，n＝20，则循环变量i的终值m＊n为300，但是当i递增到60的时候，if后面的条件就已经成立了，故要执行break退出循环，此时i的值是60，所以循环结束后程序输出的结果是60。

由于break在循环体内，因此，执行break的时候循环条件i＜＝m＊n应该是成立的(若不成立根本就进不了循环体)，即i并未超过终值。此时执行break退出循环后，循环变量的值肯定也不会超过终值(循环变量保持break那一刻的值)。

上面讨论的结果很有用，因为程序中经常需要根据循环变量的值是否超过终值来判断循环是如何结束的，如本书6.5节中的例6.10和例6.11。

6.4 多重循环

一个循环的循环体中可以包含着另一个循环，即大循环包含小循环，这便构成了多重循环(也称为嵌套循环)。其中，大循环和小循环的类型不限，都可以是3种循环语句中的任何一种。

按照循环的嵌套层数，多重循环可分为二重循环、三重循环等。

一般单重循环只用一个循环变量，而多重循环则需要用多个循环变量，每个循环变量控制一重循环。

例6.7 编程找出所有水仙花数(水仙花数是三位数，它的3个数字的立方和等于它本身，如153＝1×1×1＋5×5×5＋3×3×3)。

题目分析：

本题有两种解法：一种是把100～999之间的每一个数都判断一下，若是水仙花数则输出，若不是，继续判断下一个数……，用单重循环；另一种解法是针对个位、十位、百位上的3个数字的可能性来编程，需要用多重循环，本例采用后一种方法。

假设三位数的 3 个数字分别是 i、j、k(分别是百位、十位、个位数字),i 不可能为 0,否则就不是三位数,故 i 肯定是 1～9 之间的数,而 j 和 k 都可能是 0～9 之间的任何一个数字。因此由 i、j、k 组成的三位数总共有 9×10×10 种可能的值。

要想找出所有水仙花数,需要对每个数都进行判断。判断的顺序是,先把 i 为 1 的数都判断一遍,然后再判断 i 为 2 的所有数……,直至把 i 为 9 的所有数都判断完。

程序应该是如下结构:

```
for(i=1; i<=9; i++)
    …                    //判断由 i 开头的三位数是否是水仙花数,是则输出
```

问题是,当 i 确定时,如何取遍所有由 i 开头的三位数?方法是先把 j 为 0 的所有数(只有 10 个)都判断一遍,然后再判断 j 为 1 的数……,故程序结构应是

```
for(i=1; i<=9; i++)
    for(j=0;j<=9;j++)
        …                //判断由 i 开头、中间数字为 j 的三位数是否是水仙花数,若是则输出
```

至于怎么取遍 i、j 都确定之后的 10 个数,再用一个循环即可。

完整的代码如下:

```
#include<stdio.h>
int main()
{
    int i,j,k,m;
    for(i=1;i<=9;i++)
        for(j=0;j<=9;j++)
            for(k=0;k<=9;k++)
                if((m=i*100+j*10+k)==i*i*i+j*j*j+k*k*k)
                    printf("%5d",m);
    printf("\n");
    return 0;
}
```

6.5　循环编程举例

例 6.8　从键盘输入任意 10 个整数,找出最大数。

题目分析:

这个题目可以用前面介绍的打擂台的方法来做:先输入一个数作为擂主,然后,从第二个数开始,每输入一个数都跟擂主比较,如果大于擂主,则记住该数,使该数成为新擂主,否则擂主不变……,从第二个数开始,对每个数所做的操作都一样,所以写成循环。

程序代码如下:

```
#include<stdio.h>
int main()
```

```
{
    int n,max,i;
    scanf("%d",&n);                      //输入第一个数
    max=n;                               //第一个数作为擂主
    for(i=2;i<=10;i++){
        scanf("%d",&n);
        if(n>max)                        //若n是更大的数
            max=n;                       //n成为擂主
    }
    printf("最大数是:%d\n",max);
    return 0;
}
```

说明：为节省篇幅，本例及本书后面的所有代码都用Kernighan风格（即行尾风格）编写。

例6.9 从键盘输入任意10个数，找出最大数的序号。比如，若键盘输入以下数据：4 6 7 3 5 9 8 0 1 2，则程序输出6（第6个数最大）。

题目分析：

这个题目与例6.8类似，唯一不同的是要求输出最大数的序号而不是最大数的值。程序依然可以用打擂台的方法，但是在每个数与擂主比较的时候，若新数大于max，则要进行如下操作。

(1) 记住这个数，使它成为擂主（以便后面的数跟这个"新擂主"比较）。

(2) 记住这个新擂主的序号。

程序代码如下：

```
#include<stdio.h>
int main()
{
    int n,max,k,i;                       //k用来记录最大数的序号
    scanf("%d",&n);
    max=n;                               //第一个数作为擂主
    k=1;                                 //目前第一个数最大,记录其序号
    for(i=2;i<=10;i++){                  //从第二个数开始打擂
        scanf("%d",&n);
        if(n>max){
            max=n;
            k=i;                         //记录新擂主的序号
        }
    }
    printf("最大数的序号是:%d\n",k);
    return 0;
}
```

说明：本程序的关键点在于，若新数大于擂主，既要记录这个数，又要记录它的

序号。

例 6.10　随机生成一个 0～100 之间的数(含 0 和 100)，让用户猜，允许猜 5 次，每次猜大了或猜小了，都要给出提示。最后，无论猜对或猜错，都给出正确答案。

题目分析：

现实生活中很多时候需要用到随机数，例如，随机抽奖，随机生成试卷等。程序中的随机数，需要调用系统提供的随机函数来生成，常用的随机函数有 rand()、srand()、random()和 randomize()，它们都是在 stdlib.h 中定义的，其原型及作用分别如下。

(1) int rand();

作用：生成一个随机数，范围：0～32 767(含 0 和 32 767)。

(2) void srand(unsigned seed);

作用：用 seed 作为种子初始化随机数发生器，一般用系统时间作为种子，如 srand(time(NULL))。

说明：若不用 srand()函数，则每次运行程序生成的随机数都是相同的。为了每次运行程序都能得到不同的随机数，需要在程序中先用 srand()函数撒上一粒种子。撒的种子不同，生成的随机数才能不同。

说明：若用系统时间作为种子，则需要包含头文件 time.h。

(3) int random(int num);

作用：生成一个随机数，范围 0 ～ num －1。

(4) void randomize();

作用：用系统时间做种子初始化随机数发生器，需要包含 time.h 头文件。

说明：上述 4 个函数 TC 都支持，但 VC 仅支持前两个。

4 个函数中，仅用前两个或仅用后两个都可以生成符合题目要求的随机整数，为使程序能在 VC 中运行，本例使用前两个。

rand()生成的整数在 0～32 767 之间，为了使随机整数在 0～100 之间，可以把 rand()的返回值对 101 求余。

生成随机整数后，开始由用户猜数，猜数的过程可用循环，最多 5 次，若某次猜中则用 break 跳出循环。

下面是程序代码：

```
#include<stdio.h>
#include<stdlib.h>
#include<time.h>
int main()
{
    int n,i,k;
    srand(time(NULL));
    n=rand()%101;
    for(i=1;i<=5;i++){
        printf("\n请输入一个数,您还有%d次机会:",6-i);
        scanf("%d",&k);
```

```
        if(k==n)
            break;
        if(k>n)
            printf("\n不对,大了!");
        else
            printf("\n不对,小了!");
    }
    if(i<=5)            //因break而退出
        printf("\n恭喜您猜对了!答案正是%d\n",n);
    else                //循环自然退出
        printf("\n抱歉,没猜对!正确答案是%d\n",n);
    return 0;
}
```

例 6.11 从键盘输入一个大于1的正整数m,判断它是不是素数。所谓素数,就是除了它本身和1,不能被其他任何数整除。

题目分析:

判断m是不是素数,可以用这样的方法:先用2去除m,若除不尽,再用3除,还除不尽,用4去除,……,直至用m－1去除,若2～m－1之间的数都除不尽m,则m是素数,若中间某个数去除m能除尽了,则m不是素数。

这个算法的关键:一是要知道用循环,使程序分别自动地取2、3、4、…、m－1这些值去除m;二是要知道,一旦某个数去除m能除尽,比如用5去除能除尽,则不需要再用6、7、8…去除了,因为已经可以确定它不是素数了,因此需要用break提前结束循环。

上面的思路可用下面的代码实现:

```
for(i=2;i<=m-1;i++)
    if(m%i==0)
        break;
    else
        continue;
```

代码中的else分支可以省略,因为省略和不省略,程序的执行过程相同,故后面的最终代码中把它去掉了。

说明:可以证明,其实只需要用2～$\sqrt{m}$之间的数去除m就可以了,不需要循环到m－1。

上面的循环,存在两种退出的可能。

(1) 循环过程中,有一个数去除m除尽了,因此执行break,跳出循环。

(2) 循环过程中,没有一个数能除尽m,循环自然退出。

对于第一种情况,应该得出m不是素数这个结论;对于第二种情况,应该得出m是素数这个结论。

那么,如何知道循环是怎样退出的呢?

本书在6.3.3节中讨论过,若循环因break而退出,循环变量的值通常是不会超过终值的,而若是自然退出,循环变量的值通常都超过终值。因此,程序中可以根据循环变量的值是否超过终值，得出 m 是不是素数的结论。

程序代码如下：

```
#include<stdio.h>
#include<math.h>                    //因为用到开平方函数 sqrt()
int main()
{
    int m,i,k;
    scanf("%d",&m);
    k=sqrt(m);                      //求出循环变量的终值
    for(i=2;i<=k;i++)
        if(m%i==0)
            break;
    if(i==k+1)                      //若 i 超过终值
        printf("%d 是素数\n",m);
    else
        printf("%d 不是素数\n",m);
    return 0;
}
```

例 6.12　编程找出所有水仙花数。水仙花数是三位数，它的 3 个数字的立方和等于它本身，如 153＝1×1×1＋5×5×5＋3×3×3。

题目分析：

本题目在例 6.7 中已经介绍过，当时在代码中针对每一位数字取遍了所有的可能，用的是三重循环。这里介绍的是另一种方法：把 100～999 之间的每一个数都判断一下，若是水仙花数则输出，若不是，继续判断下一个数，……，直到所有的数都判断完。

说明：把所有可能的数据(情况)都拿出来一一操作(判断)从而求得结果的方法被称为穷举法。

很显然，程序中需要对 100～999 之间的每一个数做完全相同的操作，即判断每个三位数数字的立方和是否等于三位数本身。这个操作要重复进行，因此需要写成循环。

程序代码如下：

```
#include<stdio.h>
int main()
{
    int i,a,b,c;
    for(i=100;i<=999;i++){
        a=i%10;                     //求出个位上的数字
        b=i/10%10;                  //求出十位上的数字
        c=i/100;                    //求出百位上的数字
        if(a*a*a+b*b*b+c*c*c==i)
            printf("%5d\n",i);
    }
    return 0;
}
```

考考你：若有一个5位数，如何求得每一位上的数字？

例6.13 求两个整数m、n的最大公约数。

题目分析：

这是一个用辗转赋值法求解的问题。数学上，最大公约数的求法是先用大数作为被除数，小数作为除数，求余。如果余数不为0，则将原来的除数作为被除数，原来的余数作为除数，继续求余，……，直到余数为0，最后一次求余时的除数便是最大公约数。例如，对于20和12两个数，求解过程如下：

20/12＝1……8

12/8＝1……4

8/4＝2……0

则20和12的最大公约数是4。

求解过程中需要反复求余，同样的操作重复若干次，很显然，这个程序要用循环，而且循环中要用辗转赋值法来实现“把上一次的除数作为被除数，把上一次的余数作为除数”这一操作。

程序代码如下：

```
#include<stdio.h>
int main()
{
    int m,n,k;                          //k用来存储余数
    scanf("%d%d",&m,&n);
    if(m<n){                            //若m<n则交换
        int t;                          //在复合语句中也可定义变量
        t=m;
        m=n;
        n=t;
    }
    k=m%n;
    while(k!=0){
        m=n;                            //上一次的除数作为被除数
        n=k;                            //上一次的余数作为除数
        k=m%n;                          //求余数
    }
    printf("最大公约数是:%d\n",n);  //最后一次的除数便是所求
    return 0;
}
```

说明：其中的循环部分也可以写成：

```
for(k=m%n;k!=0;k=m%n){
    m=n;
    n=k;
}
```

例 6.14 求表达式 $1-\frac{1}{2}+\frac{2}{3}-\frac{3}{5}+\frac{5}{8}-\frac{8}{13}+\frac{13}{21}-\cdots$前 20 项的和,保留 6 位小数。

题目分析:

该表达式有两个特点。

(1) 从第二项开始,每一项的分子等都于前一项的分母,每一项的分母都等于前一项分子和分母之和。

(2) 一正一负,正负号交错。

对于第一个特点,可以采用上例所用的辗转赋值的方法得到下一项的分子和分母:先定义变量 a、b,分别为第一项的分子分母,待用 a/b 计算出第一项值之后,先用 b=a+b 计算下一项的分母,再用 a=b-a 算出下一项的分子,然后继续用 a/b 计算分数的值,……,如此循环,即可得到每一项。

对于第二个特点,可以设一个变量 sign=1,每循环一次,对 sign 乘以-1,这样 a/b * sign 便是需要累加的值,其符号恰好一正一负。

程序代码如下:

```
#include<stdio.h>
int main()
{
    float sum=0;
    int a=1,b=1,sign=1,i;
    for(i=1;i<=20;i++){
        sum+=((float)a/b) * sign;
        b=a+b;                      //计算下一项的分母
        a=b-a;                      //计算下一项的分子
        sign *=-1;                  //sign 变号
    }
    printf("%.6f\n",sum);
    return 0;
}
```

注意:程序中"sum+=((float)a/b) * sign;"一行若不进行强制类型转换,则每一项结果都是 0,最终结果也是 0。

例 6.15 一堆桃子,猴子第一天吃了总数的一半,不过瘾,就又吃了一个,以后每天都这样,先吃前一天剩下桃子数的一半,再多吃一个,第 10 天想吃时,发现只剩一个桃子了。问:最初有多少个桃子?

题目分析:

这是一个递推问题。由最后一天只有一个桃子可以推算出前一天的桃子数:m=(1+1)×2,进而推算出更前一天的桃子数:m=(m+1)×2……

每天的桃子数都是后一天的数量加 1,再乘以 2,所以,可以反复用下面的公式求出:m=(m+1)×2。

程序代码如下:

```
#include<stdio.h>
int main()
{
    int i,m=1;
    for(i=1;i<=9;i++)
        m=(m+1)*2;
    printf("%d\n",m);
    return 0;
}
```

例 6.16 编程序找出100～200间的所有素数。

题目分析：

对于任意一个大于1的整数，都可以判断它是不是素数(见例6.11)，要找出100～200间的所有素数，只需用穷举法对该范围内的所有数逐个判断一下即可。

程序代码如下：

```
#include<stdio.h>
int main()
{
    int i,j,k;
    for(i=100;i<=200;i++){
        k=sqrt(i);
        for(j=2;j<=k;j++)
            if(i%j==0)
                break;
        if(j>k)
            printf("%4d",i);
    }
    return 0;
}
```

例 6.17 求1!+2!+3!+…+10!。

题目分析：

本题总的来说是求和，把10个阶乘加起来。可以每次加一个阶乘，循环10次。程序框架应为

```
int sum=0;
for(i=1;i<=10;i++)
{
    …                                   //求i阶乘并存入m
    sum+=m;                             //将m累加到sum中
}
```

其中，i的阶乘可用下面的循环得到：

```
int m=1,j;
```

```
for(j=1;j<=i;j++)
    m*=j;
```

所以，最终的程序代码如下：

```
#include<stdio.h>
int main()
{
    int i,j,m,sum=0;
    for(i=1;i<=10;i++){
        m=1;
        for(j=1;j<=i;j++)
            m*=j;
        sum+=m;
    }
    printf("%d\n",sum);
    return 0;
}
```

考考你：把程序改为下面的代码，是否能简单一些？影响结果否？

```
int i,j,m=1,sum=0;                  //在这里将m初始化为1
for(i=1;i<=10;i++){
    //m=1;                          //把该行注释掉
    for(j=1;j<=i;j++)
        m*=j;
    sum+=m;
}
printf("%d\n",sum);
```

本例其实还可以用单重循环求解，循环部分的代码如下：

```
int i,m=1,sum=0;
for(i=1;i<=10;i++){
    m*=i;
    sum+=m;
}
```

想一想：这段代码在算法上有什么巧妙之处？

例 6.18　编程打印如下数列：

```
1
2   4
3   6   9
4   8   12  16
5   10  15  20  25
6   12  18  24  30  36
```

题目分析：

数列共6行，第一行1个数，第二行2个数……第一行的数是1的倍数，第二行的数都是2的倍数……

数列要一行一行地输出，总共输出6行。

可以设一个变量i，用i来记录行数，当i=1时，输出第一行的数据；当i=2时，输出第二行的数据；……；i的取值范围是1～6。

每行输出过程中，可以用一个变量j来记录列数。j的取值范围是1～i。

第i行第j列的数据是i*j。

程序代码如下：

```
#include<stdio.h>
int main()
{
    int i,j;
    for(i=1;i<=6;i++){
        for(j=1;j<=i;j++)
            printf("%4d",i*j);
        printf("\n");
    }
    return 0;
}
```

与循环有关的题目很多，这里只能举有限的几个例子，但只要把循环的特点和规律掌握了，任何用循环求解的题目都可以迎刃而解。

习　题　6

一、选择题

1. 关于while和do-while，以下说法正确的是(　　)。
   (A) while后面有分号，do-while后面没有分号
   (B) 都不能省略while后面括号中的表达式
   (C) 循环条件必须是一个关系表达式或逻辑表达式
   (D) 循环体中，一定要有能使while后面表达式的值变成零("假")的操作
2. 与while(! x){…}中的循环条件等价的是(　　)。
   (A) x>0　　(B) x==0　　(C) x<0　　(D) x!=0
3. 关于for(i=1;i<=10;i++){…}的叙述，错误的是(　　)。
   (A) 省略i=1，可能引起死循环　　(B) 省略i<=10，可能引起死循环
   (C) 省略i++，可能引起死循环　　(D) 3个都省略，可能引起死循环
4. 关于while(a>b>c){…}，以下说法正确的是(　　)。
   (A) 当a>b且b>c时，条件成立　　(B) 当a>b且c>0时，条件成立

(C) 当 a＜b 且 c＜0 时,条件成立　　　(D) 循环条件有语法错误

5. 下面程序段的功能是从键盘输入一串字符并输出,键盘输入回车时循环结束,则______处的内容应为(　　)。

```
char c;
while ______
    printf("%c",c);
```

(A) ((c=getchar())!='\0')　　　(B) (c=getchar()!='\n')

(C) ((c=getchar())!='\n')　　　(D) ((c=getchar())=='\n')

6. 以下循环的执行次数是(　　)。

```
int s=0,i=5;
while(s+=i,i-=2)
    printf("%d",s);
```

(A) 5　　　(B) 9　　　(C) 15　　　(D) 死循环

7. 下面程序段的功能是找出 3～100 之间的素数,程序中所缺的两处应为(　　)。

```
int x,i;
for(x=3;x<=100;x++){
    if(x%2==0)
        ________;
    for(i=2;i<=x-1;i++)
        if(x%i==0)
            ________;
    if(i==x) printf("%d",x);
}
```

(A) break break　　　(B) continue continue

(C) continue break　　　(D) break continue

8. 以下不是死循环的是(　　)。

(A) for(; ;x+=k);

(B) for(;(c=getchar())!='\n';) printf("%c",c);

(C) while(1) {x++;}

(D) for(k=10;　;k--) sum=sum+k;

9. 关于 for 语句,正确的说法是(　　)。

(A) for 语句只能用于循环次数已经确定的情况

(B) for 循环是先执行循环体语句,后判断表达式

(C) for 循环中,不能用 break 跳出循环体

(D) for 语句的循环体只能是一条语句

10. 下列程序段中是死循环的是(　　)。

(A) i=100; while (1) { i=i%100+1; if (i==20) break; }

(B) for (i=1; sum<1000 ;i++) sum=sum+1;

(C) k=0; do ++k; while (k<=0);

(D) s=3379; while (s++%2+3%2) s++;

二、写出每个程序段的运行结果

1.
```
int s=0,i=1;
do
    s=s+i++;
while(++i<10);
printf("%d",s);
```

2.
```
int s,i;
for(s=0,i=0;i<=100;s=s+i++);
    printf("%d",s);
```

3.
```
int s,i;
for(s=0,i=0;++i<=100;s=s+i);
    printf("%d",s);
```

4.
```
int s,i;
for(s=0,i=0;i++<=100;s=s+i);
    printf("%d",s);
```

5.
```
int x=0,s=0;
while(x<=6){
    x++;
    switch(x%2){
        case 0:s=s*x;continue;break;
        case 1:s=s+x;
    }
}
printf("%d",s);
```

6.
```
int x,s;
for(x=0,s=0;x<=10;x++){
    if(x%3==0) continue;
    else{
        if(x%4==0)
            continue;
        else
            s+=x;
        if(s%5==0) break;
    }
}
printf("%d",s);
```

7.
```
int a=1,b=2,c=3;
while(a<b<c)
    c--,b--;
printf("%d",c);
```

8.
```
int a=3,b=2,c=1,t=0;
while(a>b>c)
    t=b;b=c;c=t;
printf("%d,%d,%d",a,b,c);
```

9.
```
int x=012;
do
    printf("%d",x--);
while(--x);
```

10.
```
int x,s=0;
for(x=1;x<=5;x++)
   switch(x%3){
        case 0:
        default:s+=3;
        case 1: s+=1;break;
        case 2: s+=2;
   }
printf("%d",s);
```

11.
```
char c1,c2;
for(c1='0',c2='9';c1<c2;c1++,c2--)
    printf("%c%c",c1,c2);
```

12.
```
int i,j;
for(i=3;i>=1;i--){
    for(j=1;j<=2;j++)
        printf("%d",i+j);
    printf("\n");
}
```

13.
```
int i=5;
do{
    if(i%3==1)
        if(i%5==2){
            printf("%d",i);
            break;
        }
    i++;
}while(i!=0);
```

14.
```
int x=-1;
do
    x=x*x;
while(!x);
printf("%d",x);
```

15.
```
int i,s=0,p=1;
for(i=1;i<=5;i++){
    p*=i;
    s+=p;
}
printf("%d\n",s);
```

三、编程题

1. 编制歌手大奖赛评分程序，评委人数及评委的打分均从键盘输入，去掉一个最高分，去掉一个最低分，求选手的最后得分(平均分)，不允许用数组。

2. 求1+2+4+7+11+16+22+29+37+…前n项的和。

3. 楼梯问题：一个楼梯，若每次跨7个台阶，则最后剩6个；若每次跨6个；最后剩5个，……，每次跨2个，最后剩1个，问有多少个台阶？

4. 假设我国工农业总产值以每年9%的速度增长，问多少年后翻一番？

5. 编程计算1－2!＋3!－4!＋5!…前n项的值。

6. 一个球从100m高空落下，每次落地后都反弹到原高度的一半，再落下反弹……问：第10次落地时，共经过了多少米的路程？第10次反弹多高？

7. Fibonacci数列是这样的数列：1,1,2,3,5,8…前两项都是1，从第三项开始，每一项都是它前面两项的和。编程输出数列的前10项。

8. 有一头小母牛(0岁)，它从第四年(3岁)开始，每年都生一头小母牛(一年只生一头)，而且，所有的小母牛也都会在第四年开始生育。假设所有的母牛都不会死，请问：第n年，此牛群共有多少母牛？

9. 从键盘输入一个十进制整数，求出其二进制值(不允许使用数组)。

提示：若整数为107，可以看看里面是否包含64、32、16、8、4、2、1这些数。

10. 求s＝a＋aa＋aaa＋…＋aaa…a。其中a代表一个数字，表达式共有n项。

11. 从键盘输入一行字符，统计其中英文、数字、空格及其他字符的个数。

12. 一个4位数，若分成两个2位数(如2025分为20和25)，并且这两个两位数的和的平方等于该4位数本身($(20+25)^2=2025$)，则该4位数称为平方数。从键盘输入一个4位整数n，求n以内的最大平方数，若没有，输出No。

13. 找出1000～9999之间所有满足以下条件的数：

(1) 偶数。

(2) 个位数和百位数之和，等于十位数和千位数之差(十位数减千位数)。

14. 程序中用 c＝getchar()可以从输入设备取回一个字符，若用三次则可以取回 3 个字符，请编程将用户输入的 3 个数字字符转化为整数。要求：程序中输入数据只能用 getchar()，不允许用 scanf()，也不允许用数组。

提示：用户若输入 352 回车，实际送入缓冲区的是'3'、'5'、'2'、'\n' 4 个字符，转为整数则为 352（三百五十二）。

15. 打印九九乘法口诀。

16. 一块钱用 1 分、2 分、5 分的硬币兑换，共有多少种换法？

17. 圆心在原点、半径为 100 的圆，其中有多少个横坐标和纵坐标都是整数的点（不含圆周上的点）？

18. 40 块钱买苹果、梨和西瓜，3 种水果都要，总数为 100kg。已知苹果价格是 0.4 元/kg，梨 0.2 元/kg，西瓜 4 元/kg，问每种水果买多少？请给出所有可能的方案。

19. 已知 xyz＋yzz＝532，其中 x、y、z 都是数字。编程求出 x、y、z 各是多少。

20. 利用循环打印以下图形：

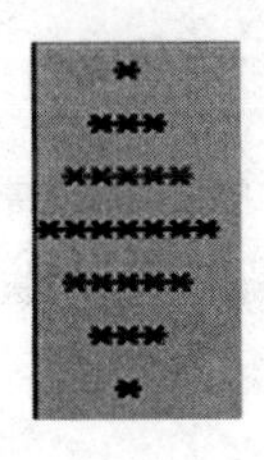

第7章 函 数

本章内容提要

(1) 函数的作用。
(2) 函数的定义和调用。
(3) 函数的参数传递。
(4) 嵌套调用和递归函数。
(5) 内部函数和外部函数。

函数是C语言中极其重要的一部分内容,函数的定义和使用也是C程序员必须掌握的一项基本技能。在程序中使用函数,可简化书写、方便编译和调试、增加程序可读性、提高代码利用率。

本章所说的函数,是指除主函数以外的其他函数。

7.1 函数的作用

为讲述函数的作用,先看下面的例子。

例 7.1 分别找出(12,20)、(30,42)、(18,12)三组数的最小公倍数。

程序一:

```
#include<stdio.h>
int main()
{
    int i;
    for(i=20;i<=12 * 20;i+=20)
        if(i%12==0)
            break;
    printf("%d\n",i);
    for(i=42;i<=30 * 42;i+=42)
        if(i%30==0)
            break;
    printf("%d\n",i);
    for(i=18;i<=18 * 12;i+=18)
        if(i%12==0)
```

```
            break;
    printf("%d\n",i);
    return 0;
}
```

可以看出，上面的代码中，有三段代码几乎相同，区别只是数据的大小，几乎相同的代码重复了三次。

程序二：

```
#include<stdio.h>
int LCM(int m,int n)          //求最小公倍数
{
    int i;
    for(i=m;i<=m*n;i+=m)
        if(i%n==0)
            break;
    return i;
}
int main()
{
    printf("%d\n", LCM(12,20));
    printf("%d\n", LCM(30,42));
    printf("%d\n", LCM(18,12));
    return 0;
}
```

程序二把程序一中需要反复执行的部分（即求最小公倍数的代码）提取出来，单独写成一个 LCM()函数，然后主函数调用了它三次。

很明显，使用函数后代码的长度缩短了，简化了书写，而且，编译、连接后的可执行文件也会跟着缩短。

把求最小公倍数的代码单独写成函数还有一个好处：程序中的任何地方，只要需要求最小公倍数，就可以调用该函数，并且可多次调用，从而提高了代码利用率。

可以把 LCM()函数单独存成一个源文件，单独编译。若出现语法错误，只需要在本源文件中找错误，这样便缩小了错误的范围，方便了编译和调试。

由于使用函数具有上面这些优点，因此，编程中遇到稍微复杂一些的程序时，通常都是把任务分解给若干函数，让每个函数完成一项任务。

把程序分解成若干函数时应遵循以下原则。

(1) 每个函数都自成一体，只做一件事，功能简单、独立。

(2) 函数之间的关系安排得当，函数的功能分配合理。

(3) 函数与外界的耦合性要弱，尽量少用或不用全局变量。

(4) 函数要有较高的适用性，能满足尽量多的调用方法和场合，能被尽量多的程序调用。

7.2 函数的定义

7.2.1 函数定义的格式

函数定义的格式如下：

```
函数返回值的类型  函数名(函数参数列表)        //此行无分号
{
    定义数据、声明函数(可以没有)
    输入数据(大多不需要)
    计算或其他操作
    结果返回或输出
}
```

例如，7.1节程序二中的LCM()函数定义。

其中函数头：

```
int LCM(int m,int n)
```

也可以写成如下两行：

```
int LCM(m,n)
int m,n;
```

即括号中只写参数名，参数的类型在下面一行(或几行)中再声明。

第一种写法称为现代风格，第二种写法称为传统风格。

说明：函数必须先定义，后调用。

注意：C语言中，所有函数的定义都是平等的，不能嵌套定义，必须把一个函数定义完，才能再开始定义另一个函数。任何函数的定义都不能出现在大括号中。

注意：函数不能单独运行，函数可以被主函数或其他函数调用，也可以调用其他函数，但不能调用主函数。

函数定义的格式很简单，但还是有很多初学者不会定义函数，其原因并不是函数体中的代码有多难，而是不知道怎么确定下面两项内容。

(1) 返回值：把函数设计成有返回值还是无返回值？有的话，是什么类型？

(2) 参数：函数要不要参数？要几个？

下面对这两个问题分别进行讨论。

7.2.2 函数的返回值

1. 返回类型的确定

定义一个函数的首要问题，就是确定函数的返回类型，而确定返回类型的前提是先确定函数到底需不需要返回值。

众所周知，定义函数的目的是提供给其他函数调用的，因此，被调函数怎么设计通常都要考虑主调函数的要求和意愿，看主调函数希望不希望它返回一个值。

主调函数调用被调函数的目的无非有3种。

(1) 主调函数仅仅让被调函数输出一些信息，没有什么需要计算，比如打印一个图形，或输出一句话，因此也就没有什么结果需要返回，这样的被调函数返回类型通常写成void。

说明：void被称为空类型。不属于任何已有类型的数据，就属于空类型。严格来说，空类型不是一种类型，空类型的数据也不允许直接使用。因此，函数返回void数据实际上就等于没有返回值。返回void数据的函数通常被称为无返回值的函数。

(2) 主调函数让被调函数计算一个结果，并且希望它直接把结果输出。

注意：这里的输出是被调函数完成的，而不是主调函数。

这种情况下，是由被调函数直接把信息输出给用户，省去了主调函数自己输出的"麻烦"，主调函数不需要知道这个结果，所以被调函数返回类型也应确定为void。

例如，有这样一个函数，函数功能是用主调函数给的3个数据做三角形的边长，画出三角形并标上3个夹角的角度。

很显然，该函数除了画图之外，还应该计算出3个角的度数，并且直接把3个角度输出。若把程序设计成被调函数只负责画图，计算出的角度交由主调函数输出，则破坏了"功能独立、自成一体"这一函数设计原则。

(3) 主调函数希望被调函数计算出结果后，不要"自作主张"地输出，而是由主调函数"亲自"来处理它。很显然，在结果怎么处理这个问题上，主调函数希望自己说了算——可以输出，可以存起来，还可以让它参与运算，或者让它作为参数……有多种处理方法可供主调函数选择。

这时候，就应该把被调函数设计成有返回值，至于返回的类型，若是返回字符那就是char，若是返回整数那就是int……

注意：若一个函数不写返回类型，C语言默认它的返回类型是int。

例7.2　编写函数用来找出两个整数中的大数。

```
#include<stdio.h>
int max(int m,int n)            //找出大数,返回
{
    return m>n?m:n;
}

int main()
{
    int a,b,m;
    scanf("%d%d",&a,&b);
    m=max(a,b);                 //调用函数 max()找出大数,返回值存入 m
    printf("%d\n",m);
    return 0;
}
```

2. 设不设返回值对函数适用性和灵活性的影响

上面的函数 max(),有人喜欢设计成无返回值形式,结果直接在 max()中输出,即:

```
#include<stdio.h>
void max(int m,int n)          //找出大数,并输出
{
    printf("%d\n",m>n?m:n);
}
int main()
{
    int a,b;
    scanf("%d%d",&a,&b);
    max(a,b);                  //调用函数 max()计算并输出
    return 0;
}
```

哪种设计更好呢?

对于第一种设计(有返回值),主调函数除了例 7.2 中的调用方式外,还可以这样调用:

```
printf("%d\n", max(a,b));  //直接把返回值输出
```

但如果设计成第二种形式,能这样调用否?

又如,求 a、b、c 3 个数中的最大数,对第一种设计,可以这样调用:

```
printf("%d\n", max(max(a,b),c));
```

或:

```
m=max(max(a,b),c);
printf("%d\n",m);
```

对第二种设计,怎样求? max()函数还有用吗?

可见,把函数设计成有返回值比没有返回值更好一些,表现在应用范围更广、用法也更灵活。因为第二种设计方案对于计算结果的处理没有别的选择,只能输出,而第一种设计给主调函数留下了多种选择的余地。

下面的例子也能说明这一点。

例 7.3 设计一个函数,判断一个数是不是素数。

解法 1:将函数设计成没有返回值。

```
#include<math.h>
void prime(int m)
{
    int i,k;
    k=sqrt(m);
```

```
    for(i=2;i<=k;i++)
        if(m%i==0)
            break;
    if(i==k+1)
        printf("%d是素数\n",m);
    else
        printf("%d不是素数\n",m);
}
```

解法2：将函数设计成有返回值。

```
#include<math.h>
int  prime(int m)
{
    int i,k;
    k=sqrt(m);
    for(i=2;i<=k;i++)
        if(m%i==0)
            return 0;                    //不是素数返回0
    return 1;                            //是素数返回1
}
```

若有题目需要判断100～200之间每一个数是不是素数，则两个prime()都可以满足要求。

(1) 对于第一个prime()，主函数这样调用：

```
for(i=100;i<=200;i++)
    prime(i);
```

(2) 对于第二个prime()，主函数这样调用：

```
for(i=100;i<=200;i++)
    if(prime(i))                         //相当于if(prime(i) !=0)
        printf("%d是素数\n",i);
    else
        printf("%d不是素数\n",i);
```

但是，若将题目改为求100～200之间的所有素数之和，则第一个prime()便无法使用了，而第二个prime()仍旧可以很好地完成任务。下面是主函数调用第二个prime()的代码段。

```
int sum=0;
for(i=100;i<=200;i++)
    if(prime(i))
        sum+=i;
```

编程经验：设计一个函数时，不仅要考虑它是否能满足当前题目的要求，还要考虑其他题目会怎样使用它，以使函数能被更多程序调用，提高其利用率。

提示：一个函数设计成有返回值后，主调函数调用它的时候，可以用它的返回值，也可以不用它的返回值——即把它当作无返回值函数来调用，这相当于把它的返回值丢弃了。

3. return语句

返回值的返回是用return语句来实现的。

对于有返回值的函数，return后面必须写表达式（含常量和变量），表达式类型一般应与函数类型一致，若不一致，则返回时自动转化为函数类型。

对于不需要返回值的函数，可以不写return语句，或者写“return ;”，但return后面不能出现任何表达式。不管是不写return还是写成“return;”，函数最终都将返回一个不确定值。为了防止该不确定值被误用，通常把这类函数的返回类型写成void。

一个函数中可以有不止一个return语句，但执行到其中任何一个return语句时，都将结束被调函数的执行，转去执行当初发生函数调用的地方继续执行原函数的代码。

考考你：一个函数能否返回两个以上的值？例如，写两个return语句或“return max,min;”。一个函数会不会不返回值？

7.2.3 函数参数的设置

这里说的参数是指形式参数（或虚拟参数），即函数定义时括号里写的参数，也称为**形参或虚参**。

1. 参数是什么

参数就是变量。一个函数要完成给定的任务，可能需要从主调函数那里得到一些数据作为已知条件，参数便是用来存储这些已知数据的。函数定义时对形参的声明，其实就是变量定义，只不过，这些定义写在函数头之中，以区别于其他变量。

注意：用现代风格定义函数，每个形参前面都必须写类型。

2. 如何设置参数

若被调函数需要从主调函数那里得到一些已知数据，则被调函数必须设参数以便存储它们，有几个已知数据就应该设几个参数。有些函数不需要从主调函数那里得到数据，那就不需要存储，也就没必要设参数。

比如，函数sum()的功能是计算两个整数之和。该函数要完成这个计算，必须要知道这两个整数是多少，因此，该函数就需要设两个参数来存储这两个整数，故函数原型应是int sum(int,int)。

3. 参数设置时常犯的一个错误

例7.2中的程序，有人设计成如下样子：

```
#include<stdio.h>
int max()                                //找出大数,返回
{
    int m,n
    scanf("%d%d",&m,&n);
    return m>n?m:n;
}

int main()
{
    int m;
    m=max();
    printf("%d\n",m);
    return 0;
}
```

设计者的想法是不必设置参数,将两个整数改在 max()中输入,程序的运行结果相同。这个设计非常不合理。试想,主调函数在什么情况下才调用 max()? 通常都是主调函数已经有了两个数,想找出最大数,才调用 max()函数,而不是任由 max()自己去找两个数。如果数据是被调函数自己输入的,其结果对主调函数来说,没有任何意义。

4. 参数个数对函数应用范围和灵活性的影响

有时候,函数可以设参数,也可以不设,可以多设一个,也可以少设一个。一般来说,设参数比不设参数、多设比少设,都会使函数用起来更灵活,使函数的应用范围更广。当然,参数越多,程序员考虑的问题就会越多,程序代码的复杂度也会越高。

例如,求 1!+2!+3!+…+10!的值,若设计成下面的代码:

```
double sum()                        //无参数
{
    int i;
    double s=0;
    for(i=1;i<=10;i++)
        s+=fac(i);                  //fac()是计算阶乘的函数,代码略
    return s;
}
```

则这个函数只能计算 10 项阶乘的和,如果用户需要计算 3 项、8 项、11 项……该函数就无能为力了。

而下面的设计,通用性更好,可以计算到任意项。

```
double sum(int n)                   //设一个参数,表示数据项的个数
{
    int i;
    double s=0;
```

```
    for(i=1;i<=n;i++)
        s+=fac(i);              //fac()是计算阶乘的函数,代码略
    return s;
}
```

多设形参,虽然会增加编程的工作量和难度,但函数的应用面更广,用起来更灵活。

7.3 函数的调用

7.3.1 函数调用前的声明

函数调用前要先声明。声明函数的目的是把函数名、返回值类型以及参数的类型、个数和顺序告诉编译器。有了函数声明,编译器就可以对函数调用进行合法性检查,如果调用格式不正确将给出错误提示。

1. 函数声明的方法

声明函数的方法很简单,就是把函数头复制到需要声明的地方,后面加上一个分号即可。例如:

```
int max(int a,int b);
```

或:

```
int max(int,int);
```

声明函数时形参名可以写也可以不写,但参数类型不能省略。

说明:TC 语法检查不严格,所以 TC 中可以省略参数类型。

编程经验:写上形参名虽然在编译时将被忽略,但这样做有助于阅读者理解程序。

注意:函数声明和函数定义的区别是,函数定义包括函数体,而函数声明没有函数体,且后面带分号。

说明:函数声明也称为函数原型。

2. 函数声明的位置

函数声明的位置可以在主调函数的函数体之内(执行语句之前),也可以在主调函数的函数体之外。

两种声明的区别:在函数体内的声明,属于局部声明,只在该函数体内有效,离开该函数体,就不能再调用所声明的函数了。而在函数外的声明,属于全局声明,自声明处到源文件结束,任何地方都可以调用。

C 语言中函数声明通常都是放在函数体外——源文件的开头,这样做的好处是只需声明这一次,源文件中任何函数就都可以调用了。

下面代码中有三处函数声明,处于不同位置,作用也不同。

```
void f1();          //函数声明
int main()
{
    int i,j,f2(int); //函数声明可以和变量定义放在一起
    //略
}
void f1()
{//略}
int f2(int)
{//略}
int f5(int,int,int); //函数声明
float f3(float,float)
{//略}
int f4(int c)
{//略}
int f5(int a,int b,int c)
{//略}
```

其中：

(1) f1()可以被所有函数调用，因为它的声明是在文件开头。

(2) f2()可以被 f3()、f4()、f5()调用，因为它的定义在这 3 个函数之前。另外，f2()还可以被 main()函数调用，因为在 main()函数中声明了它。

注意：f1()不能调用 f2()。

(3) f3()可以被 f4()和 f5()调用。

(4) f4()只可以被 f5()调用。

(5) f5()可以被 f3()和 f4()调用，因为在 f3()和 f4()的定义之前声明了 f5()。

3. 缺少函数声明时的默认处理方式

如果程序中忘记对函数进行声明，则编译器将在第一次碰到函数名出现的时候，自动为它生成一个函数原型。函数名第一次出现的地方可能是函数的定义，也可能是函数调用。

(1) 如果先出现的是函数定义，则根据函数头自动生成函数原型。

例如，若首先看到的是这样的函数定义：

```
float average(float x,float y)
{
    …
}
```

则自动生成函数声明：

```
float average(float,float);
```

这个自动生成的函数原型正是程序员所需要的(程序员自己声明，也是写成这样)。因此，如果函数定义在前，调用在后，函数声明可以省略。

（2）如果先出现的是函数调用（主调函数定义在前，被调函数定义在后），则编译器将默认被调函数的返回类型是 int，但是对参数的个数和类型，将不做任何假设。当编译器遇到后面的函数定义，发现函数头 float average(float x, float y)时，便马上给出错误提示："Type mismatch in redeclaration of average"，即函数 average 的两次声明类型不一致（一次是自动生成的，一次是函数头）。

编程经验：虽然先定义被调函数然后再定义主调函数的做法可以使程序员少写一行函数声明，但是有经验的程序员一般都不这样做。每次调用函数前先显式地写出函数原型是一个良好的习惯，可以避免忘记声明所带来的诸多麻烦。

7.3.2 函数调用的方式

1. 函数调用的格式

函数调用的格式：

函数名([实参列表])

说明：函数调用时，括号中写的数据称为实际参数，简称实参。

注意：除函数定义和函数声明外，其他任何地方出现的函数名([参数])，都是函数调用，都将引起程序流程的跳转。

2. 函数调用的 3 种方式

1）直接用函数调用作语句

例如：

```
getchar();
putchar('A');
```

2）函数调用出现在表达式中

例如：

```
c=getchar()+32;
m=max(a,b);
```

3）函数调用作另外一个函数的参数

例如：

```
printf("%d\n",max(a,b));
m=max(max(a,b),c);
```

说明：上面代码中的粗体部分都是函数调用。

3. 关于函数调用的说明

1）对于无返回值的函数，只能使用第一种调用方式

把函数的返回类型写成 void，并不代表函数没有返回值，C 语言中的所有函数都有返

回值。只不过，void 函数的返回值不可用，故只能用第一种方式调用。

说明：void 数据不属于任何类型，这样的数据不能赋值给任何变量，也不能参与运算（因为不知道它是什么类型，不知道怎样赋值或运算），故不可用。

2）对于有返回值的函数，3 种调用方式都可用

（1）若是第一种方式调用，则仅执行函数体代码所规定的操作，函数的返回值丢弃不用。

（2）若是第二种方式调用，则先执行被调函数的代码，得到返回值，然后用返回值替换表达式中的函数调用部分（前面代码中的粗体部分）以求解表达式。

（3）若是第三种方式调用，也是先执行被调函数，得到返回值，然后用返回值替换掉函数调用部分（返回值作为参数）。

下面的两行代码存在着一个对函数调用的错误理解：

```
max(a,b);                        //调用 max(),求返回值
printf("%d\n",max(a,b));         //错误地认为是把上面一行得到的返回值输出
```

程序设计者认为，必须先用第一行代码调用一下函数，第二行中的 max(a,b)才有返回值。岂不知，其实第二行中的 max(a,b)也会调用 max()，也会有返回值。程序输出的其实是第二次调用的返回值。上面的两行代码共调用了两次 max()函数，第一次调用无意义，徒增运行时间。

重申一遍：除函数定义和函数声明外，其他任何地方出现的函数名([参数])，都将引起函数调用。

7.4　函数的参数传递

7.4.1　形参与实参

定义函数时，函数名后面括号中声明的参数称为形参。

形参是变量，是为了存储实参的值而设的。定义函数时，每个形参前面都必须指定类型。

调用函数时，函数名后面括号中写的参数称为实参。

实参可以是常量、变量或表达式，实参前面不需要、也不允许指定类型。

函数调用时，实参与形参的个数必须相同，类型必须一致或兼容。

7.4.2　参数的传递

1. 形参的空间分配和释放

如前所述，形参是变量，是为了存储数据才设置的。因此，当发生函数调用时，系统要给被调函数中的形参分配空间。当函数调用结束时，系统也会自动释放形参所占的内存空间。

注意：形参的空间在函数刚被调用时分配，在函数执行结束时释放。

2. 参数的传递

所谓参数的传递,其实执行的是一个赋值操作,即把实参的值计算出来,然后赋值给形参。

若实参是一个变量,则不需要计算,直接将变量值复制给形参即可。

7.4.3 参数传递的单向性

函数调用时,若实参是变量,则系统给形参分配空间后,会把实参的"值"复制给形参,因此,C语言中的参数传递是"值传递"。

说明:其他语言中还存在着一种传递,称为"地址传递"。C语言中没有地址传递一说,所有的传递都是值传递,都是单向传递。

实参是变量时,形参是对实参的复制,因此它是实参的"副本",也就是说形参和实参并不是同一个东西,而是各自独立的,所以,它们是互不影响的。实参和形参只是在传递那一刻有关系(值相同),此后再无关联,对形参的任何操作都不会影响实参。

例如,甲同学有一本书,乙同学复印了一本。在这个过程中,甲同学的书相当于实参,乙同学复印所需要的复印纸相当于形参,复印相当于参数传递。复印结束,意味着参数传递结束。

复印刚结束时,两本书内容完全一样(形参和实参的值相同),但复印结束之后,乙同学的书与甲同学的书便再无必然联系,乙同学在副本上做的标记,不会出现在甲同学的原件上。

实参和形参的关系与此类似,给形参分配空间并复制了实参的值之后,参数传递就结束了,此后不管形参如何变化,都不会影响实参。实参的值可以传给形参,但形参的值传不回实参,人们把参数传递的这种单向性称为"**单向传递**"。

例 7.4 下面是单向传递的例子,如图7-1所示(图中一格表示一个整数的空间)。

```
#include<stdio.h>
void swap(int x,int y)
{
    int t;
    t=x;
    x=y;
    y=t;
}
int main()
{
    int a=1,b=2;
    swap(a,b);
    printf("%d,%d\n",a,b);
    return 0;
}
```

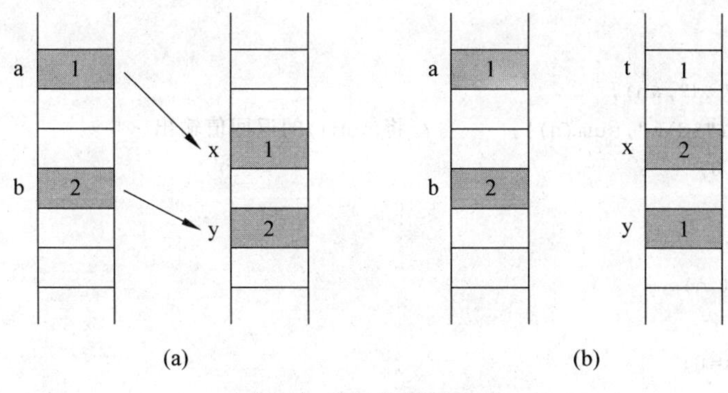

图 7-1　参数的单向传递

程序的运行结果如下：

```
1,2
```

图 7-1(a)是参数传递结束那一刻的状态，可以看出，x、y 分别是 a、b 的副本(复制品)。参数传递之后，x、y 与 a、b 各自独立，所以，x、y 交换之后，a、b 不会发生变化。图 7-1(b)是 x、y 交换之后的状态。

当 swap()函数结束时，x、y、t 都将被释放。

7.5　函数的嵌套调用

函数可以嵌套调用，如甲调用乙，乙调用丙……函数调用允许多层嵌套。

例 7.5　求 1!+2!+3!+…+n!。

题目分析：

本题目的求解过程，既包含求和的操作，又包含求阶乘的操作，还需要输入输出。

在循环一章中曾做过一个类似的题目(例 6.17 求 1!+2!+3!+…+10!)，当时是把所有的这些操作都设计在主函数中，程序结构不是很分明。

在学习函数之后，可以把整个程序分解成 3 个模块，各模块功能分配如下。

(1) 主函数负责输入数据并输出最后的结果，计算工作交由 sum()函数完成。

(2) sum()函数用来求整个式子的值，即求和。求和时若用到阶乘，则调用专门求阶乘的函数 fac()。

(3) fac()函数用来求任意数的阶乘。

函数之间的调用关系是 main()函数调用 sum()函数，sum()函数调用 fac()函数，形成嵌套调用。

程序代码如下：

```
#include<stdio.h>
int sum(int);                          //函数声明
int fac(int);                          //函数声明
int main()
```

```
{
    int n;
    scanf("%d",&n);
    printf("%d\n",sum(n));        //将 sum()的返回值输出
    return 0;
}

int sum(int n)
{
    int i,s=0;
    for(i=1;i<=n;i++)
        s+=fac(i);
    return s;
}
int fac(int n)
{
    int m=1,i;
    for(i=1;i<=n;i++)
        m*=i;
    return m;
}
```

说明：3 个函数中都有变量 n，它们同名，但不是同一个变量，而是 3 个不同的变量。

7.6 递归函数

调用自己的函数称为递归函数。递归分两种：一种是函数直接调用自己，称为直接递归或简单递归；另一种是先调用别的函数，别的函数再调用自己，称为间接递归。这里只讨论直接递归。

7.6.1 递归的条件

一个函数如果在运行过程中调用自己，说明它遇到了一个新问题，而这个新问题需要函数自己来求解，所以才会调用自己。

究竟遇到了什么问题才需要自己来求解？答案就是函数遇到的这个新问题与函数本来要解决的老问题是一样的问题。比如，编写一个求阶乘的函数 int fac(int n)以便求 n!，而 n!＝n×(n－1)!，要计算 n!，必须先求(n－1)!。

(n－1)!由谁来求呢？

请注意，我们所设计的函数 fac()，可以求出任何非负数的阶乘。既然 fac()可以求任何非负数的阶乘，那它自己就可以计算出(n－1)!，因此，fac()就调用自己来求解(n－1)!，所以该函数的代码可写为

```
int fac(unsigned n)
{
    return n * fac(n-1);
}
```

从上面的讨论得知，只有满足以下条件，函数才能调用自己：函数本来要解决一个老问题，但是，要解决这个老问题必须先解决一个新问题，而新问题的解决方法和老问题相同，所以需要调用自己。

但是只有这一个条件还不够。下面以求 3! 为例来说明这个问题。按照前面所说的思路，要得到 3!，需要先调用 fac(2)去计算 2!，而要计算 2!，又需要调用 fac(1)去计算 1!，以此类推，还需要调用到 fac(0)、fac(−1)、fac(−2)……显然这是一个永远也执行不完的程序，是一个无限递归，更何况，负数是没有阶乘的。

其实，1 的阶乘是已知的结果，不需要再去调用 fac(0)求解。

递归调用过程中，必须存在一种能停止调用自己的情况或称结束递归的条件。函数碰到这种情况，不需要再调用自己，因为其结果是已知的。就像上面的 fac()函数，当需要 fac(1)时，不需要调用 fac(0)。

递归调用必须存在一种结束递归的情况，这是把函数写成递归调用的第二个条件。

因此，上面的 fac()函数中，必须增加一个 if 或 switch 语句，以判断是否出现了结束递归的情况：

```
int fac(unsigned n)
{
    if(n>1)
        return  n * fac(n-1);
    else
        return 1;
}
```

或者：

```
int fac(unsigned n)
{
    int m=1;                        //0 和 1 的阶乘都是 1
    if(n>1)
        m=n * fac(n-1);
    return m;
}
```

7.6.2 递归函数的执行过程

下面以主函数调用 fac()函数为例，说明递归调用的执行过程。

例 7.6 用递归法求 3!。

设 fac()函数还是上面的代码，主函数代码如下：

```
int main()
{
    int n=3,m;
    m=fac(n);
    printf("%d\n",m);
    return 0;
}
```

则程序的执行过程如图7-2所示。

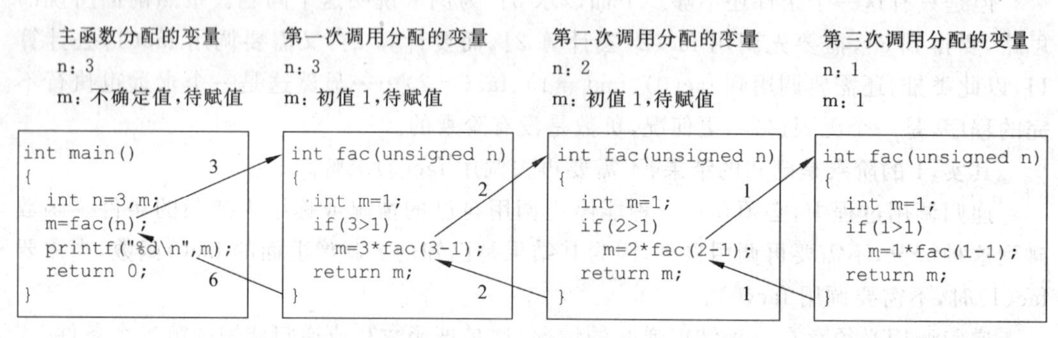

图7-2 递归调用的执行过程

程序从主函数开始执行,给m、n分配空间并且对n初始化。当执行到"m=fac(n);"一行时,要调用fac(),即转去执行fac()函数的代码以计算3的阶乘。主函数调用fac()时,传给形参的值是3。于是,递归调用开始。

说明:主函数剩下的代码(包括给m赋值这一操作),需要等fac()函数把fac(3)的值计算出来后才能继续进行,即等到步骤(5)之后才能继续执行。

以下为递归调用过程。

(1) 执行fac()函数的第一次调用。fac()函数刚被调用时,要给形参n以及函数体内的变量m分配空间并完成参数传递,然后再执行fac()函数的代码以求出fac(3)。

注意:此时内存中有两个n,两个m。有一对n和m是主函数的,另一对n和m是fac()函数的。它们虽同名,但却是不同的变量。

当函数执行到"m=3*fac(3-1);"一行时,要第二次调用fac()函数的代码以计算2的阶乘,第二次调用fac()时,传给fac()形参的值是2。

说明:第一次调用中剩下的代码(包括给m赋值这一操作),需要等第二次调用把fac(2)的值计算出来后才能继续进行,即等到步骤(5)才能继续执行。

(2) 执行第二次调用,其过程与第一次调用相似。

注意:此时内存中有3个n、3个m。有一对n和m是主函数的,有一对n和m是第一次调用的fac()函数的,还有一对n和m是第二次调用的fac()函数的。

当函数执行到"m=2*fac(2-1);"一行时,要第三次调用fac()函数以计算1的阶乘,第三次调用fac()时,传给形参的值是1。

说明:第二次调用中剩下的代码(包括给m赋值这一操作),需要等第三次调用把 fac(1)的值计算出来后才能进行,即等到步骤(4) 才能继续执行。

(3) 执行第三次调用。过程与前面两次调用类似。

第三次调用时,内存中共有四对 n 和 m,图 7-2 所示正是此时它们的值。

由于第三次调用时 n=1,if(n>1)中的条件不成立,故不再调用 fac(),而是直接执行“return m;”,返回 1,释放 n 和 m,程序跳转回第二次调用。

(4) 继续执行第二次调用——即步骤(2) 剩下的操作,先执行“m=2 * 1;”,然后执行“return m;”,返回 2,释放 n 和 m,程序跳转回第一次调用。

(5) 继续执行第一次调用——即步骤(1) 剩下的操作,先执行“m=3 * 2;”,然后执行“return m;”,返回 6,释放 n 和 m,程序跳转回主函数。

至此,递归调用结束,继续执行主函数剩下的操作,先执行“m = 6;”,然后输出 m 的值。

当主函数执行结束时,也要释放 n 和 m。

注意:图 7-2 中 fac()的代码画了三次,表示被调用三次。但不要以为有三个 fac()函数,内存中只有一份 fac()函数的代码,只不过执行了三遍。

想一想:程序执行过程中调用了三次 fac(),三次调用中哪一次最先结束的? 调用顺序和结束的顺序有什么关系?

7.6.3 递归与迭代

上面的例子中,函数 fac(3)调用了 fac(2),fac(2)又调用 fac(1),反复调用了自己。这里的反复调用看起来像是循环调用,但这种循环不是我们显式地写出来的,因为程序中根本没有循环语句,而是利用函数递归调用的机制去实现的。

如果不用递归,把 fac()函数写成:

```
int fac(unsigned n)
{
    int m=1;
    int i;
    for(i=1;i<=n;i++)
        m*=i;
    return m;
}
```

这种方式我们显式地写出了循环,没有调用函数自身,称为迭代。

迭代基于循环结构,而递归基于选择结构(递归中肯定有一个 if 或 switch 语句)。递归和迭代都必须有结束的时刻。对于迭代,它控制循环变量一次次变化,当循环条件不再成立时,迭代结束;对于递归,它总是不断把问题规模缩小,直到出现结束递归的条件,递归结束。

递归有很多负面效应,它需要不断执行函数调用机制,每调用一次都要对主调函数进行现场保护,存储一些临时变量,同时也要给被调函数中的形参和变量分配空间,因此会产生很多时间和空间上的开销。

而迭代通常只在函数内循环，不会产生函数调用所带来的时空上的消耗。

任何一个可以用递归来求解的问题，都可以用迭代来实现，那么，为什么还要用递归？因为递归更自然地反映了问题的本质，递归更直观，更容易让人理解。

编程经验：在对性能要求较高的场合，不宜采用递归，而当程序员追求程序的可读性和可管理性的时候，通常采用递归。

7.7 函数编程举例

例 7.7 编程序，求直角三角形的斜边长。两直角边从键盘输入（两个整数），由被调函数计算斜边长（保留两位小数）。

题目分析：

根据题意，程序应该在主函数中输入两个整数作为两个直角边的边长，然后调用所编函数去计算斜边长。显然，被调函数需要从主函数处得到这两个边长，因此函数应设两个参数。并且，计算结果（有小数）应该返回给主函数，由主函数完成输出，所以函数返回类型应该是 float。

程序代码：

```
#include<stdio.h>
#include<math.h>
float hypotenuse(int a,int b)
{
    return (float)sqrt(a * a+b * b);
}
int main()
{
    int a,b;
    float hptn;
    scanf("%d%d",&a,&b);
    hptn=hypotenuse(a,b);
    printf("%.2f\n",hptn);
    return 0;
}
```

例 7.8 一个 4 位数，若分成两个 2 位数（如 2025 分为 20 和 25），并且这两个两位数的和的平方等于该 4 位数本身（如(20＋25)×(20＋25)＝2025），则该 4 位数称为平方数。编写函数，用来判断一个数是不是平方数，然后编写主函数输出所有的平方数。

题目分析：

根据题意，要编写的函数用来判断“一个数”是不是平方数，而题目要求找出所有平方数，所以，应该在主函数中用穷举法对每一个 4 位数都调用所编函数去判断一下，根据被调函数给出的结论，决定输出还是不输出。

被调函数参数的设定问题：主调函数选取一个数后，才调用函数对它进行判断，即被调函数所判断的数是主函数给的，因此，被调函数应该设一个参数。

返回值问题：被调函数经过判断之后，需要把判断结果反馈给主函数，所以函数需要有返回值。但是函数无法返回“是”或者“不是”这样的汉字。为此，函数约定：如果是平方数，返回 1；如果不是平方数，返回 0。所以返回类型应是 int。

下面是程序代码：

```
#include<stdio.h>
int judge(int n);                              //函数声明
int main()
{
    int i;
    for(i=1000;i<=9999;i++)
        if(judge(i))                           //相当于 if(judge(i)!=0)
            printf("%5d",i);
    printf("\n");
    return 0;
}
int judge(int n)
{
    int a,b;
    a=n%100;
    b=n/100;
    return (a+b) * (a+b)==n;                   //返回表达式的值,1 或 0
}
```

想一想：有人这样设计，在主函数中先把每个 i 都分成两个数 a 和 b，然后传递 a 和 b 给 judge()函数来判断，这样设计好不好？这样的设计就好比是领导让秘书打印一份文件，秘书却让领导先给她打开机器调出文件并且准备好打印纸。显然，这样的设计违背了函数“独立、自成一体”的设计原则。

例 7.9 设计一个函数，用来打印图 7-3 所示星号塔的前 n 行(n<7)。

题目分析：

函数返回类型：根据题意，函数只是用来输出 n 行信息，不需要返回值，故返回类型应是 void。

函数参数：函数可以打印前 n 行，即主调函数规定打多少行，就打多少行，故函数应设一个参数。

```
      *
     ***
    *****
   *******
  *********
 ***********
*************
```

图 7-3　星号塔

函数代码如下：

```
void draw(int n)
{
    int i,j;
    for(i=1;i<=n;i++){
```

```
        printf("%*c",7-i,' ');         //打印 7-i 个空格
        for(j=1;j<=2*i-1;j++)          //打印 2*i-1 个星号
            printf("*");
        printf("\n");
    }
}
```

例 7.10 汉诺塔问题。这是一个古典的数学问题：如图 7-4(a)所示，有一个塔，上有三根柱子 A、B、C，A 柱上有 N 个盘子，从下往上盘子越来越小。今欲把 A 柱上的所有盘子挪到 C 柱上(可以利用 B 柱)，挪动过程中，只能小盘子压大盘子，不允许大盘子压小盘子，请给出挪动方法和步骤。

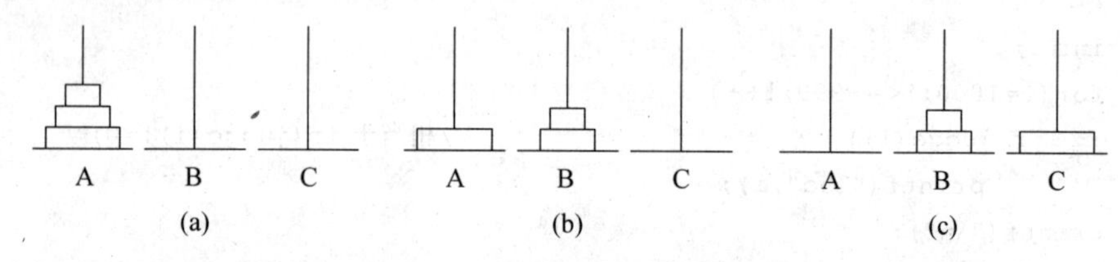

图 7-4 汉诺塔移动过程图示

题目分析：

要移动 N 个盘子，必须先把上面的 N－1 个盘子拿走放在 B 上，如图 7-4(b)所示，然后把 A 柱剩下的最大的盘子挪到 C，如图 7-4(c)所示，最后再把 B 柱上的 N－1 个盘子挪到 C 即可。这样，原来如何挪动 N 个盘子的问题，就转化成了如何挪动 N－1 个盘子的问题，这正是典型的递归调用问题。

根据题意，盘子的数目是任意的，因此需要一个参数存储盘子数。另外，为了使函数的通用性更好，可以把函数设计成允许用户指定 3 个柱子的名称，即允许盘子从任意柱挪到任意一个另外的柱子上。故函数设 4 个参数，原型如下：

```
void hanoi(int n,char one,char two,char three);
```

其中，n 是盘子数目，one 代表盘子最初所在柱，three 代表最终要挪到的柱子。例如，若函数调用格式是 hanoi(5,'A','B','C')，则表示把 5 个盘子从 A 挪到 C，若调用格式是 hanoi(3,'Y','Z','X')，则表示把 3 个盘子从 Y 挪到 X。

按照上面的思路，函数可初步设计成如下样子：

```
void hanoi(int n,char one,char two,char three)
{
    hanoi(n-1,one,three,two);            //把 n-1 个盘子从 one 挪到 two
    printf("%c-->%c\n",one,three);       //把最大盘子从 one 挪到 three
    hanoi(n-1,two,one,three);            //把 n-1 个盘子从 two 挪到 three
}
```

但是，这样的函数是一个无限递归，永远执行不完。其实，只有当盘子数量超过 1 的时候才需要分三步操作，当只有一个盘子的时候，只需一步即可完成。因此，需要给前面

的代码加限制条件：

```
void hanoi(int n,char one,char two,char three)
{
    if(n>=2){
        hanoi(n-1,one,three,two);
        printf("%c-->%c\n",one,three);
        hanoi(n-1,two,one,three);
    }
    else
        printf("%c-->%c\n",one,three);
}
```

这便是函数的最终代码。

7.8　内部函数和外部函数

一个 C 语言的程序可以分为几个源文件，每个源文件存储一个或几个函数。处于不同文件之中的函数可以互相调用，也可以禁止它们互相调用。究竟是允许还是禁止取决于被调函数的属性，即要看被调函数是内部函数还是外部函数，若是外部函数则允许，若是内部函数则禁止。

1. 内部函数

内部函数在定义时前面有 static 关键字。例如：

```
static int max(int a,int b)
{
    //代码略
}
```

内部函数的特点：只允许被本源文件之中的函数调用。当然，在本源文件中调用时，也可能需要声明。

2. 外部函数

外部函数在定义时前面或有 extern，或者没有，但一定没有 static。例如：

```
extern int max(int a,int b)         //extern 可以省略
{
    //代码略
}
```

外部函数的特点：既允许被本源文件之中的函数调用，也允许被别的源文件中的函数调用。若是前者，可能需要在本源文件中声明它；若是后者，一定要在主调函数所在的

源文件中声明它(一般都在源文件开头声明)。

不管是内部函数还是外部函数,声明时 static 或 extern 可写可不写。

例如,下面的两个源文件:

```
//源文件 1
int min(int,int);
int max(int a,int b)
{
    return a>b?a:b;
}
static void f()
{
    printf("%d",max(2,5));
    printf("%d",min(2,5));
}
static int min(int a,int b)
{
    return a<b?a:b;
}
extern int sum(int a,int b)
{
    return a+b;
}
```

```
//源文件 2
#include <stdio.h>
int max(int,int);
int sum(int,int);
void f();
int main()
{
    int a=1,b=2,m,s;
    m=max(a,b);
    s=sum(a,b);
    printf("%d,%d",m,s);
    f();
    return 0;
}
static void f()
{
    printf("End\n");
}
```

源文件 1 中的 4 个函数中,min()是内部函数,源文件 1 中的函数 f()调用它是合法的(文件开头已经做了声明),但源文件 2 中的任何函数都不能调用它。

源文件 1 中的 max()和 sum()都是外部函数,既可以被源文件 1 中的函数调用,也可以被源文件 2 中的函数调用(需要声明)。

由于在源文件 2 中对源文件 1 中的函数 max()和 sum()进行了声明,故源文件 2 中的函数 main()可以调用这两个函数。

源文件 1 和源文件 2 中都有一个 f()函数,且都是内部函数,源文件 1 中的 f()函数不允许源文件 2 中的函数调用。因此,源文件 2 中 main()调用的是源文件 2 中的 f()。由于该 f()的定义在调用之后,故需要在前面加以声明。

习 题 7

一、选择题

1. 以下对函数的描述,错误的是(　　)。

(A) 调用函数时,只能把实参值传给形参,形参值不能传给实参

(B) 函数可以嵌套定义,也可以嵌套调用

(C) 主函数之外的函数都可以互相调用

(D) 函数可以直接调用自己,也可以通过别的函数再调用自己

2. 若定义函数时未写出函数类型,则(　　)。

(A) 语法错误　　(B) 默认是 int 型

(C) 默认是 void 型　　(D) 表示函数没有返回值

3. fun()函数定义如下,则其返回值类型是(　　)。

```
fun(float x)
{
    float y;
    long z;
    y=x * x;
    z=(long)y;
    return(z);
}
```

(A) void　　(B) int　　(C) long　　(D) float

4. 关于函数返回值的说法,错误的是(　　)。

(A) 函数必须有 return 语句

(B) return 后面,可以不写表达式

(C) 函数中可以写两个 return 语句,但不会返回两个值

(D) 函数中可以没有 return 语句,但不会没有返回值

5. 关于函数的参数,下面说法正确的是(　　)。

(A) 实参前面必须写出类型

(B) 必须对形参类型进行说明

(C) 形参是代表实参的一个符号

(D) 形参在内存中不分配空间

6. 下面说法恰当的是(　　)。

(A) 计算结果应尽量在被调函数中输出

(B) 数据应尽量在被调函数中输入

(C) 函数可以返回也可以不返回结果时,一定要选择不返回

(D) 函数可以带参数也可以不带参数时,应选择带参数

7. 关于函数调用,下面说法正确的是(　　)。

(A) void 型函数的调用不能直接出现在表达式中,也不能直接作为参数

(B) 非 void 型函数的调用,必须出现在表达式中,或者作为参数

(C) void 型函数没有返回值,所以不能出现在表达式中

(D) 函数调用不能再作为自己的参数

8. 关于函数声明,下面说法错误的是(　　)。

(A) 函数定义中包含着函数声明

(B) 函数不声明,系统默认它是 int 型

(C) 改变函数声明的位置不会影响程序的执行

(D) 函数声明必须写形参类型,除非函数不带参数

二、改错题

下面的程序是想从两个数中找一个大数输出,但有很多错误,不改变程序的思路和框架,找出其中的错误并改正。

```
int main()
{
    float x,y;
    scanf("%f,%f",&x,&y);
    max(float x,float y);
    printf("%f\n",max);
    return 0;
}
void max(x,y);
{
    float x,y;
    float max;
    if(x>y) max=x;
    else max=y;
    return max;
}
```

三、写出下面程序的运行结果

```
#include<stdio.h>
void sub(int m,int n)
{
    m++;
    --n;
}
int main()
{
    int a=1,b=3;
    sub(a,b);
    printf("%d,%d\n",a,b);
    return 0;
}
```

四、编程题

1. 编写函数,用来判断一个数是否为水仙花数,主函数找出所有的水仙花数。

2. 编写函数,用来判断一个数是否为水仙花数,主函数统计水仙花数的个数并求所有水仙花数之和。

3. 编写函数,用来求两个整数的最大公约数。

4. 编写函数,用来打印九九乘法口诀。

5. 编写函数,用来打印九九乘法口诀的前 n 行。

6. 编一个递归函数,用来求斐波那契数列的任意一项。

7. 编一递归函数,用来求 1+2+3+…+n。

8. 用递归的方法将从键盘输入的非负整数化为二进制。

第8章 变量的作用域和存储类别

本章内容提要

(1) 变量的作用域、局部变量和全局变量。

(2) 同名变量的辨析。

(3) 变量的存储类别和生存期。

本章主要讲述变量的作用域、存储位置、存储特性以及生存期。

8.1 变量的作用域

变量的作用域是指变量的有效作用范围或变量的可见性。换句话说,一个变量的作用域就是允许使用该变量的程序范围。C语言中的变量依照作用域的不同可以分为局部变量和全局变量。

注意:本章所说的变量,包括数组中的下标变量,即本章针对变量所讲的内容,对数组也同样适合。

8.1.1 局部变量

局部变量是指只能在某大括号内使用的变量。

以下变量都属于局部变量。

(1) 在函数体开头定义的变量。这种变量只能在函数体内使用。

(2) 在复合语句内定义的变量。这种变量只限于复合语句中使用。

(3) 函数的形参。形参也是局部变量,只限于函数体内使用。

说明:函数形参其实也是变量,与在函数体内定义的变量地位相同。在讨论变量作用域时可以把形参与函数体内定义的变量同等看待。所以,可以这样说:局部变量都是在大括号内定义的,其作用域就是包含它的那对大括号所表示的范围。

注意:不同大括号中定义的变量可以同名,因为它们的作用域不同。程序运行时它们在内存中占据不同的内存单元,代表不同的变量。

8.1.2 全局变量

1. 全局变量及其作用域

不在任何大括号中定义的变量(形参除外)都是全局变量。全局变量的作用范围是从

定义它的地方开始，到整个源文件的结束，在此范围内的任何地方，任何函数都可以使用它，因此，全局变量又称为公共变量。

说明：全局变量的定义可以在所有的函数定义之前，可以在函数定义之间，也可以在所有的函数定义之后。

下面的源文件中定义了若干全局变量和局部变量，它们各自的作用域如大括号所示。

```
int a=1;                                            ┐
void sort_out(int m,int n)                          │
{                                   ┐               │
    if(m>n){                        │               │
        int t;  ┐                   │               │
        t=m;    │                   │               │
        m=n;    ├ t 的作用域         ├ m、n 的作用域   │
        n=t;    ┘                   │               │
    }                               │               ├ a 的作用域
}                                   ┘               │
int b=2;                                  ┐         │
int main()                                │         │
{                                         │         │
    int a=1,b=2;     ┐                    │         │
    sort_out(a,b);   ├ a、b 的作用域        ├ b 的作用域 │
    return 0;        ┘                    │         │
}                                         │         │
int c=3;         } c 的作用域               ┘         ┘
```

想一想：在源文件最后定义的全局变量有无意义？

2. 全局变量作用域的扩展

全局变量的作用域可以扩展。

(1) 在本源文件中。

上面的代码，若在主函数之前增加一行代码“extern c;”，则全局变量 c 的作用域就变成了从“extern c;”所在处到源文件结束，这样主函数就可以使用变量 c 了。增加的这行代码称为全局变量的声明。

注意：声明不是变量定义，可以不写变量类型。

提示：何必在后面定义、在前面声明？直接把定义写到前面即可。

(2) 若程序还有别的源文件，且在别的源文件中对全局变量 c 进行了声明，则 c 的作用域就可以扩展到别的源文件，使别的源文件也能使用 c。

(3) 若只想让本源文件使用全局变量 c，不允许别的源文件访问它，则在定义该变量时前面要冠以 static，即“static int c;”。

提示：与函数相似，全局变量也分内部和外部。内部的前面有 static，外部的前面有 extern(可省)，两者的区别等同于内部函数和外部函数的区别。

说明：把全局变量声明成内部的，可以避免它和别的源文件中的同名全局变量互相混淆。

3. 全局变量的作用

因为全局变量是公共变量，在变量定义之后，任何函数都可以使用它，所以全局变量可用来在函数之间交换数据。

提示：全局变量就相当于是一个公共场所。

例如，函数f()的功能是在若干数中找一个最大值、找一个最小值，但是，它只能返回一个值给主函数，剩下一个值可以放在公共变量(即全局变量)中，让主函数自己去取用这个值。可以这样设计：

```
int min;                          //全局变量，供f()存结果，它也能被主函数输出
int f(…)
{
    int my_max,my_min;
    ⋮                             //找最大、最小值并存放于my_max和my_min中
    min=my_min;                   //把最小值存入公共变量
    return my_max;                //返回最大值
}
int main()
{
    int max;
    ⋮
    max=f(…);
    printf("%d,%d\n",max,min);    //min是全局变量
    return 0;
}
```

想一想：能否设两个全局变量，分别存储最大、最小值，函数不设返回值？

注意：程序中应尽量不用或少用全局变量，因为全局变量占用内存时间长，而且有副作用，会使函数之间的数据互相影响。在未学指针之前，有时不得不用全局变量，但在学习了指针之后，就可以完全不用全局变量。

8.2 同名变量的辨析

在程序中经常会出现这种情况：全局变量和局部变量具有相同的名字，而且，用到该变量的地方既属于全局变量的作用范围，又属于局部变量的作用范围，那它是局部变量还是全局变量？

判别的方法是，先看出现变量名的地方最里层括号内有无该变量的定义(或声明，下同)，若有，则可以确定它就是这个变量(局部的)；若无，向外扩大一层括号，继续寻找变量定义，若找到了，也可确定，若还找不到，继续扩大范围……直到找遍源文件。

有时候,找遍了源文件,既未找到变量的定义也未找到外部变量的声明,那一定是写错变量名或忘记定义变量了。

可以认为,变量的作用域越小,其级别越高,作用域越大其级别就越低,在作用域重合的情况下,编译器总是先认定它是作用域小的变量。

例如,下面代码中有若干变量同名,怎样区分它们?

```
#include<stdio.h>
int a=1,b=2,c=3;
int main()
{
    int a,b;
    a=4;                          //函数内的局部变量
    b=5;                          //函数内的局部变量
    c=6;                          //全局变量
    if(a>b){                      //a、b 都是函数内的局部变量
        int b,c;
        c=a;                      //c 是复合语句内的局部变量,a 是函数内的局部变量
        a=b;                      //a 是函数内的局部变量,b 是复合语句内的局部变量
        b=c;                      //b、c 都是复合语句内的局部变量
    }
    c=b;                          //c 是全局变量,b 是函数内的局部变量
    //以下代码略
}
```

程序解析:

该源文件中有内外两层大括号。

(1) "a=4;"一行中的 a,处在外层大括号内,在外层括号内可以找到 a 的定义,因此,它是函数内的 a,而不是最外面的全局变量 a。

(2) "b=5;"同上。

(3) "c=6;"一行中的 c,也处在外层括号内,但是外层括号内没有 c 的定义,扩大范围到函数外面可以找到全局变量定义,因此它是全局的。

(4) "c=a;"一行中的 c,处在内层括号内,且在内层括号中有定义,因此它是复合语句级别的局部变量。而 a 在复合语句内无定义,扩大一层括号后可以找到定义,因此它是函数级别的局部变量。

(5) "a=b;"一行中的 a 和 b,都处在内层括号内,但 a 在内层括号中没有定义,扩大范围到外层可以找到定义,因此它是函数级别的局部变量。对于 b,在内层括号中就能找到定义,所以它是复合语句级别的局部变量。

(6) "b=c;"一行,b 和 c 都是复合语句级别的局部变量。

(7) "c=b;"一行,c 是全局变量,b 是函数级别的局部变量。

注意:查找变量定义或变量声明时,只能在变量出现的位置之前查找,且遇到内层大括号时,不能进入。例如,对最后一行"c=b;",查找 c 和 b 的定义时,不能进入复合语句内查找。

8.3 变量的存储类别和生存期

根据变量的作用域可以把变量分为局部变量和全局变量，而根据变量的存储类别又可以把变量分为静态存储变量和动态存储变量，简称静态变量和动态变量。

两种变量的区别如下。

(1) 静态变量：在把程序(可执行文件)装载到内存的时候就在内存中开辟了空间，到程序运行结束时释放空间。程序运行期间，其空间只开辟一次，也只释放一次。

(2) 动态变量：程序运行期间根据需要临时分配空间，用完即释放，下次需要时再分配，用完再释放……可能会多次分配，多次释放。

8.3.1 内存的存储区域

计算机管理内存有一套规则，不同存储类别的数据存放在不同的区域，相同存储类别的数据存放在一起。

如图8-1所示，程序运行时，用于执行程序的内存区域大致可分为以下4个部分。

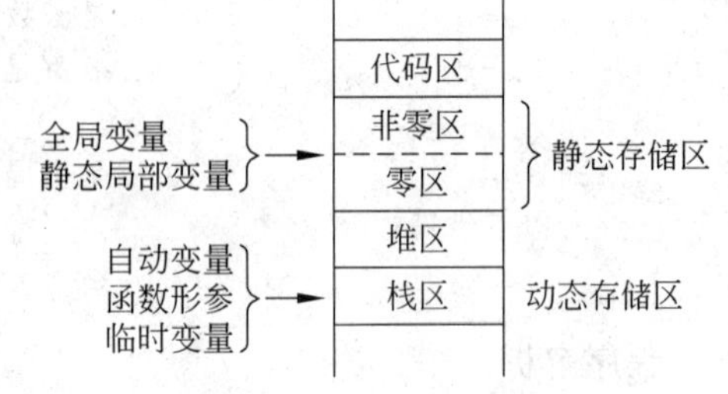

图8-1 运行程序所用区域

(1) 代码区：存储可执行文件(.exe文件)的代码。

(2) 静态存储区：存储静态变量(包括全局变量和静态局部变量)。

其中静态存储区又可以分为两部分：一部分存储已经初始化为非零值的静态变量(静态数组)，一部分存储未初始化或初始化为0的静态变量(静态数组)。

(3) 堆区：供用户进行动态内存分配。用户可以用malloc()等函数自行开辟空间存储数据，但用完后也必须用free()函数释放。

(4) 栈区：用来存储动态数据。局部自动变量(局部自动数组)、函数形参以及函数调用时所需的临时变量都在栈区分配空间。

8.3.2 动态变量

1. 动态变量的种类

动态变量包括两类。

(1) 自动变量(局部变量，用auto声明或省略auto)。

(2) 寄存器变量(局部变量，用register声明)。

动态变量一定都是局部的。下面是一个函数的定义，其中所有的变量(包括形参)都是动态变量。

```
int f(int n)
{
    auto int a,b;              //自动变量
    float x;                   //自动变量,省略了 auto
    register int m;            //寄存器变量
    //省略
}
```

自动变量和寄存器变量的区别：自动变量是在内存栈区分配空间来存储数据，而寄存器变量是借用 CPU 中的寄存器来存储数据，不占内存。后者在进行运算时可以省去从内存中取出数据、计算出结果后再存回内存这两段时间的开销，可以提高程序的运行效率。

说明：CPU 中的寄存器有限，故不宜过多定义寄存器变量。其实在微机中根本没有多余的寄存器供程序使用，所以即便在程序中定义了寄存器变量，实际上编译器还是把它当作自动变量来对待，还是在内存中给它分配空间。

说明：因几乎用不成寄存器变量，所以下面的叙述中所说的动态存储变量都是指自动变量。

2. 动态变量的特点

动态变量的特点如下。

(1) 每次程序执行到变量的作用域时就给变量分配空间，离开作用域时释放空间。若变量定义所在的程序段被执行了两次，则会给变量分配两次空间，并且也会释放两次空间，分配空间的次数和释放空间的次数总是相等的。

(2) 若定义变量时规定了初值，则每次分配空间时，都用该值对变量初始化，分配几次空间，就进行几次初始化。

(3) 若变量定义时未规定初值，则变量的值不确定。

编程经验：每当定义变量时，都考虑一下需不需要初始化，这是一个良好的编程习惯。尽可能给变量赋初值可以避免变量值不确定所带来的非预期之结果。

8.3.3　静态变量

1. 静态变量的种类

静态变量包括两种。

(1) 全局变量(包括 static 和 extern 两种)。

(2) 静态局部变量(用 static 声明的局部变量)。

它们都是在内存的静态存储区分配空间。

2. 静态变量的特点

(1) 静态变量在程序开始运行之前(装载.exe 文件时)分配空间，到整个程序结束后才

释放空间。从程序装载到运行结束的整个过程中，只分配一次空间，也只释放一次空间。

(2) 若定义变量时规定了初值，则给变量分配空间时，要用该值对变量进行初始化，且整个程序运行期间只初始化这一次。若变量定义时未规定初值，则变量的值为0。

3. 静态变量的作用和适用场合

关于全局变量的定义和作用，前面已经介绍了，不再赘述。下面用例8.1的程序来说明静态局部变量的定义方法和作用。

例8.1 编程求1!、2!、3!、4!、5!。

```
#include<stdio.h>
int main()
{
    int i,fac(int);
    for(i=1;i<=5;i++)
        printf("%d\n",fac(i));
    return 0;
}
int fac(int n)
{
    static int f=1;          //定义了一个静态局部变量,初值为1
    f*=n;
    return f;
}
```

程序解析：

程序运行前，系统已经给静态局部变量f分配空间且置初值为1。

主函数第一次循环时，要调用fac(1)，程序跳转到fac()函数执行，这时需要给形参n分配空间，但不需要给f分配(因已经分配了)。fac()函数执行完返回时，形参n释放，但f不释放，f中存储的是计算结果，即1!。

第二次循环时，调用f(2)，又要给形参n分配空间，但不需要给f分配空间，f还是上次调用时的f，里面还是存的1!，此时执行f*=n得到2!，然后释放n，并且返回2!。

第三次调用过程中，还是只给n分配空间，不需要给f分配空间，f中依然保留上次调用时所存的值，即2!，在此基础上再乘以3，得到3! ……

由此可见静态局部变量的作用，它可以保留上次调用时留下的数据，以便后面调用时继续使用。

想一想：全局变量也是静态存储的，为什么不把f定义为全局变量？

考考你：若把代码中的static去掉，会得到什么结果？

8.4 变量的作用域和生存期

这里用两个表对本章所讲内容做一个小结。表8-1和表8-2分别列出了局部变量和全局变量的作用域、生存期及其他一些特点，请读者对照两个表学习、记忆。

表8-1　局部变量的作用域和生存期

变量类型	存储类型	生存期		作用域			若不赋初值,其值:
		分配时机	释放时机	定义它的大括号内	定义它的大括号外	其他函数和文件	
auto	动态	执行到作用域时	离开作用域时	可用	不可用	不可用	不确定
register	动态	执行到作用域时	离开作用域时	可用	不可用	不可用	不确定
static	静态	主函数执行前	主函数结束时	可用	不可用	不可用	为0

表8-2　全局变量的作用域和生存期

变量类型	存储类型	生存期		作用域			若不赋初值,其值:
		分配时机	释放时机	本文件,变量定义后	本文件,变量定义前	其他源文件	
extern	静态	主函数执行前	主函数结束时	可用	声明后可用	声明后可用	为0
static	静态	主函数执行前	主函数结束时	可用	声明后可用	不可用	为0

习　题　8

一、选择题

1. 若在一个函数的复合语句中定义了一个变量,则该变量(　　)。
   (A) 只在该复合语句中有效　　(B) 在该函数中有效
   (C) 在本源文件范围内有效　　(D) 定义非法
2. 某源文件中定义了一个全局变量,其作用范围是(　　)。
   (A) 整个源文件的范围　　(B) 所有源文件
   (C) 从定义处到本源文件结束　　(D) 不知道有无声明,所以不确定
3. 某源文件定义了一个 static 型的全局变量,则错误的说法是(　　)。
   (A) 在本源文件中在该变量的定义之后可以使用它
   (B) 其他源文件需要声明才能使用它
   (C) 在本源文件中在该变量定义之前也可以使用它,但需要声明
   (D) 它的作用域与 extern 型全局变量不同,但生存期相同
4. 在函数体中定义的局部变量,其作用范围是(　　)。
   (A) 定义它的函数内　　(B) 定义它的大括号内
   (C) 定义它的源文件内　　(D) 所有源文件

5. 函数形参的声明不在任何大括号内，关于形参，下列说法正确的是(　　)。
(A) 形参是全局变量　　(B) 形参只是一个符号，不是变量
(C) 形参是动态局部变量　　(D) 形参是静态局部变量
6. 函数中未指定存储类型的局部变量，其存储类型是(　　)。
(A) static　　(B) extern　　(C) auto　　(D) register
7. 关于静态局部变量，正确的说法是(　　)。
(A) 程序装载时分配空间，程序结束时才释放空间
(B) 执行到它的作用域时分配空间，离开它的作用域时释放空间
(C) 从分配空间到程序结束，它一直存在，期间在任何地方都可以使用它
(D) 上面说法都不对
8. 定义了一个变量但未赋初值，关于它的初值，下面说法正确的是(　　)。
(A) 若是 static 型的全局变量，为 0；若是 extern 型的全局变量，则不确定
(B) 若是全局变量，则为 0；若是局部变量，则不确定
(C) 若是静态局部变量，则为 0；若是自动变量或寄存器变量，则不确定
(D) 若是动态存储，则为 0；若是静态存储，则不确定
9. 关于全局变量的生存期，下面说法正确的是(　　)。
(A) 从程序开始运行到程序运行结束
(B) 取决于它定义的位置
(C) 取决于它所在的函数
(D) 从源文件开始执行到源文件执行结束
10. 若全局变量定义时未规定属性，则它的属性是(　　)。
(A) static　　(B) extern　　(C) auto　　(D) register

二、写出下面程序的运行结果

1.
```
int func(int a)
{
    int b=1;
    b++;
    return (a+b);
}
int main()
{
    int a=4,x;
    for(x=0;x<3;x++)
        printf("%d\n",func(a));
    return 0;
}
```

2.
```
int func(int a)
{
```

```
    static int b=1;
    b++;
    return (a+b);
}
int main()
{
    int a=4,x;
    for(x=0;x<3;x++)
        printf("%d\n",func(a));
    return 0;
}
```

3.
```
int a=1,b=2,c=3,d=4;
void sub(int a)
{
    int c;
    c=a+b;
    d+=c;
    printf("%d,%d,%d,%d\n",a,b,c,d);
}
int main()
{
    int a,b;
    a=4,b=5,c=6;
    printf("%d,%d,%d,%d\n",a,b,c,d);
    sub(a);
    printf("%d,%d,%d,%d\n",a,b,c,d);
    if(a<b){
        int c;
        c=a,a=b,b=c;
        printf("%d,%d,%d,%d\n",a,b,c,d);
    }
    printf("%d,%d,%d,%d\n",a,b,c,d);
    return 0;
}
```

三、编程题

1. 在主函数中输入 4 个整数，由被调函数找出最大值、最小值并在主函数中输出。要求：只编一个被调函数。

2. 编写一个函数，每次它被调用时，都可以输出这是第几次被调用。要求：所有程序中均不允许使用全局变量。

第9章 用指针变量访问变量

本章内容提要

(1) 指针和指针变量的概念。

(2) 指针变量的定义和赋值。

(3) 通过指针变量访问变量。

(4) 指针变量作为函数形参。

指针是C语言的特色和灵魂。利用指针可方便地使用各种数据,可像汇编语言一样处理内存地址,从而编出精练、高效的程序。能否正确理解和使用指针,是衡量是否掌握C语言的一个重要标志。

本章主要讲述指针和指针变量的概念及指针变量的定义、赋值和作用。

9.1 指针和指针变量

9.1.1 指针和指针变量的概念

1. 指针的概念

计算机要访问一个对象(变量、数组等),必须知道对象的地址,但是,仅有地址还不够,还需要知道对象的类型。地址用来确定对象在内存中的位置,类型用来确定对象占用的字节数以及数据的存储方式,两者缺一不可。对象的地址和类型,这种能导引操作系统引用对象的信息,称为**指针**。

2. 指针变量

C语言中,有一种变量专门用来存放地址。例如,下面定义的变量p就是这样一种变量:

```
int *p;
```

由于定义中已经写明了数据类型,如果p再存放一个变量的地址,则它就具备了指针的两个属性——地址和类型,因此,这种存地址的变量就是**指针变量**。

上面定义的指针变量p,其类型是int *,其基类型是int。

说明:指针类型是一种派生类型,派生出指针类型的类型,叫基类型。

3. 关于指针和指针变量的说明

指针变量具有指针的两个属性，因此指针变量是指针，但指针绝不仅仅只限于指针变量，它还包括非对象形式的指针。例如，对于整型变量 a，&a 就是一个指针，但它不是变量，它是一种不可变的指针。

说明：之所以把 &a 称为不可变指针，是因为它一直指向 a，即它指的对象是固定不变的，但又不能称它为常量，因为 C89 标准规定常量必须是编译期的，不能是运行期的。C99 无此规定。

注意：严格来讲单目运算符 & 不是取地址运算符，而是取指针运算符。看以下代码的运行结果：

```
int a;
double b;
printf("%p,%p\n",&a,&a+1);
printf("%p,%p\n",&b,&b+1);
```

运行结果：

```
0012FF44,0012FF48
0012FF3C,0012FF44
```

可以看出，&a+1 比 &a 增加了 4 字节，&b+1 比 &b 增加了 8 字节。

上面程序的运行结果表明，&a 和 &b 都是带类型的地址，都是指针。

C89 和 C99 标准中有明确说明：当运算符 & 后面的操作数具有类型时，它得到的是一个指向该类型数据的指针。

由于 C 语言的创始人 Dennis Ritchie 在他写的《C 程序设计语言》(第 2 版) 中有这样一句话："指针是一种存放地址的变量"，所以许多教材都错误地认为指针就是指针变量。还有些教材是为了行文方便，把指针变量简称为指针。在行文上，使用术语"指针"的确比使用"指针变量"更方便，例如，"指向指针的指针"和"指向指针变量的指针变量"相比，前者更简洁明了，但省略变量两个字容易让读者弄不清"指针"所指究竟是广义的指针还是指针变量，故本书不采用这种叫法，仍然把指针变量称为指针变量。

关于指针的概念，有些教材说指针就是地址，地址就是指针，是不准确的，地址只描述了对象的位置，未包含对象的类型信息，无法导引操作系统去引用对象，所以地址不是指针。地址是指针的重要组成部分，但不是全部。

说明：目前国内几乎所有的教材对指针部分的讲述都存在着这样那样的错误，建议阅读时要注意判别。

9.1.2 直接寻址和间接寻址

任何变量都有值和地址两个属性，程序运行过程中，一旦给变量分配了空间，则这两个属性便确定了。

设有变量定义：

```
int a=1;
```

则在程序执行过程中，要给变量a分配空间，并且赋初值为1。若变量所分配的空间是从内存的1324单元开始的4个字节，如图9-1所示，则变量a的值是1(即变量中所存的内容是整数1)，变量的地址是1324。

在给变量a分配空间时，计算机会把a的地址(1324)、类型记录下来，以便将来去存取它(可以想象成系统内有一个表格，里面存有变量的名字、地址和类型)。

内存	
00000001	**1324**
00000000	1325
00000000	1326
00000000	1327

图9-1　变量的属性

1. 直接寻址

在变量的作用域内，可以通过变量的名字去访问变量，例如：

```
a=5;
```

或

```
b=a;
```

上面两个语句中都用到了变量a，前者是向a中存数据，后者是从a中取数据。不管是存还是取，执行时都要根据程序中所写的变量名a查到a的地址和类型(分配时有记录)，然后到内存中去存取a。这种在变量地址已知的情况下直接到内存中找变量的寻址方式，称为**直接寻址**。之前我们使用变量的方式，全都是直接寻址。

2. 间接寻址

所谓间接寻址，就是：若变量a的地址已然存放在另一个变量(比如p)之中，则可以先到内存中找到p，从p中取出a的地址，然后再按照取出的这个地址到内存中找到a。

注意：上面所描述的过程中，访问a的方式是间接寻址，但访问p的方式仍然是直接寻址。

说明：间接寻址的过程比直接寻址曲折，故间接寻址效率低。

若变量p中已存有变量a的地址，则下面两行代码：

```
a=5;
b=a;
```

就可以写成：

```
*p=5;
b=*p;
```

说明：这里的*是间接访问运算符，有些教材称为指针运算符。*p的含义是指p对应的那个变量。因p存有a的地址，p对应着a，所以*p就是a。

写成前两行，则访问a时用的是直接寻址方式；若写成后两行，则访问a用的是间接寻址方式。

提示：要操作一个变量，若代码中直接写出该变量的名字，是直接寻址，若通过别的变量名来表示它，则是间接寻址。

9.1.3　指针变量的值、地址及类型

存地址的变量，称为指针变量。前面所说的变量p，就是指针变量。

指针变量是变量，它跟普通变量的区别是：它是用来存地址的，它的值是一个地址。如图9-2所示，指针变量p存有整型变量a的地址(1324)，故p的值就是1324。

指针变量作为变量，它本身也有地址，因为它也要在内存中分配空间。若p在内存中的位置如图9-2所示，则p的地址是2356。

说明：指针变量占内存空间的大小通常与int型变量相同，在VC中是4个字节。

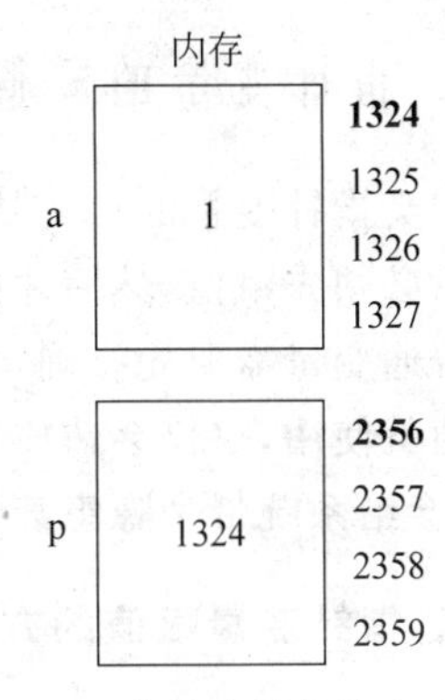

图9-2　指针变量的值和地址

指针变量也是分类型的，它的类型决定着它所对应的对象是什么类型、占多少字节、用什么方式存储数据。例如，若定义了一个指针变量：

```
int *p;
```

则p的类型就确定了，是int *类型，该类型表示它是用来存储整型变量的地址的，而且它只能存储整型变量的地址。如果非要给它存储一个其他类型的地址不可，则编译器会先将该地址转换为整型变量的地址然后再存入(在编译时会给出警告)。因此，在编译器看来，p中存的总是一个整型变量的地址，*p总是一个整型变量。

9.2　通过指针变量访问变量

本节介绍如何在程序中利用指针变量去间接地访问一个普通变量。

要用间接寻址的方式访问一个变量，必须先有一个指针变量，并且需要把要访问的变量的地址存到指针变量中。因此，必须在程序中定义指针变量，还要给它赋值，之后才能利用它去访问别的变量。

9.2.1　指针变量的定义

指针变量的定义方法如下：

```
int *p1;            //定义一个指针变量，用来存整型变量的地址
float *p2,*p3;      //定义两个指针变量，都可以存float变量的地址
char c1,*p4,c2;     //定义两个字符变量和一个指针变量p4，p4用来存字符变量地址
```

说明：

(1) 指针变量是分类型的。上面代码中p1的类型是int*，或说，p1的基类型是int，

表示 pl 只能存 int 型变量的地址，pl 所对应的对象是一个 int 型变量。

(2) 若定义多个指针变量，每个指针变量的名字前都要有 * 号，* 出现在数据定义中时，是一个表示类型的符号，即凡是前面带 * 的变量都是指针变量。

提示：指针变量的定义可以和普通变量定义以及函数声明放在一起，例如：

```
int a, * p,sub(int,int);
```

9.2.2 指针变量的赋值

定义指针变量的目的是为了让它存地址以便通过它找到别的变量，因此指针变量定义之后必须先赋值，然后才能使用。

普通变量需要先有确定的值，才能使用，对指针变量来说，更是如此。因为普通变量不赋值就使用，仅仅会造成结果不正确，对系统没有危害。而指针变量若没有确定的值就使用，会给系统带来隐患甚至有可能使系统崩溃。

1. 指针变量赋值的方法

给指针变量赋值的方法如下：

```
int a, * p;
p=&a;                        //指针变量的赋值
```

说明：指针变量赋值时，只能把与指针变量同类型的指针赋给它。

上面两行代码也可以简化成一行：

```
int a, * p=&a;
```

第一种写法是给 p 赋值，第二种写法是给 p 赋初值，两种作用等价。

注意：不要把第二种写法中的赋初值理解成(* p)=&a；数据定义中的 * 只是用来说明 p 是一个指针变量，是一个表示类型的符号。赋初值时要忽略星号，实际执行的是 p=&a。

若已用上面的代码把变量 a 的地址(指针的值就是地址)存入指针变量 p，则 p 和 a 便建立了一种对应关系：p 对应着 a，这种对应关系称为**"指向"**，即 p 指向 a。

说明：&a 是指针，包含地址和类型，但是赋值时只取它的值(大小)，即地址，因为指针变量自己有类型。故可以说把地址赋值给了指针变量。

想一想：若指针变量定义后不赋值，它指向谁？是否不指向任何对象？

注意：指针变量是存地址的，不能把整数赋值给指针变量，除非先经过强制类型转换，例如，p=(int *)(2345)。

2. 指针变量赋值的意义

给指针变量赋一个地址，是让指针变量指向一个确定的对象。如在上面代码中，p 存的是变量 a 的地址，故 p 指向了 a。

让 p 指向 a 的目的是为了能通过 p 访问 a。

若 p 已经指向 a，则可以用以下两种方法使用变量 a：

① a=5；　　　（直接寻址访问 a）

② * p=5；　　（间接寻址访问 a）

如果只是定义了指针变量但没有对它赋值，那么指针变量的值将是一个不确定的地址，这意味着指针变量指向内存中不确定的某处（俗称野指针），此时如果通过指针变量读取该处的数值将使程序得到不确定的结果，而改写此处的数据则是危险的甚至是致命的。

提示：为了避免指针变量不赋值就使用所带来的隐患，可以在定义指针变量的时候给它赋初值为 NULL，表示它不指向任何实际对象。

注意：指针变量必须在赋值之后再使用，才是安全的。

9.2.3　通过指针变量间接访问一个变量

在指针变量 p 已指向变量 a 的情况下，程序中若用到 a，可以用 * p 来表示，例如：

```
int a, * p;                 //定义指针变量 p,这里的 * 是表示类型的符号
p=&a;                       //给指针变量 p 赋值,让它指向一个确定的对象(即 a)
 * p=3;                     //给 a 赋值,这里的 * 是间接访问运算符
```

最后一行中的 * 是间接访问运算符，代表“指向”、“所指”的意思。

最后一行代码所表示的意思：(p 所指的对象)=3；即 a=3；

例 9.1　用直接寻址和间接寻址两种方式给一个变量各赋值一次，每次赋值后都输出它的值。

程序代码如下：

```
#include<stdio.h>
int main()
{
    int a=1, * p=&a;
    a=2;                    //直接寻址访问 a
    printf("%d\n",a);
     * p=3;                 //间接寻址访问 a
    printf("%d\n",a);
    printf("%d\n", * p);
    return 0;
}
```

至此，我们访问变量就有了两种方法——直接访问和间接访问，前者直观、简单，且效率比后者高。

9.3　指针变量在函数传递中的作用

本节介绍的是如何利用指针变量在被调函数中访问主调函数中的变量。

如前所述，访问一个变量可以用直接访问的方式，也可以用间接访问的方式，前者直

观、简单且效率高，那为什么还要学习后者？原因是：有时候程序中不允许直接访问一个变量，只能使用间接访问的方式。这便是指针变量最重要的作用，也是学习本章内容的主要目的。

例 9.2 主函数中有一变量 score 已存储某同学的考试成绩，今欲通过被调函数将其改为 60(直接改，函数不返回值)，请编程。

先考虑把程序写成下面的代码：

```
#include<stdio.h>
void func(int n)
{
    n=60;
}
int main()
{
    int score=59;
    func(score);
    printf("%d\n",score);
    return 0;
}
```

程序虽可以运行，但运行结果还是 59。因为参数传递具有单向性，将形参 n 改为 60，实参 score 的值不变。

若改成下面的代码：

```
#include<stdio.h>
void func()
{
    score=60;          //对 main()函数中的 score 直接赋值
}
int main()
{
    int score=59;
    func();
    printf("%d\n",score);
    return 0;
}
```

则编译错误，错误信息是'score'：undeclared identifier。

考考你：为什么说 score 未定义？

因为 score 是在主函数中定义的局部变量，只能在主函数中使用，func()函数不属于它的作用域，无法使用它。通常说 score 对外是不可见的，即 main()函数之外看不见这个变量(被大括号屏蔽了)，不知道这个变量的名字，因此不能使用变量名来直接访问它。

既然直接访问不行，只好退而求其次，用间接访问的方式来操作 score。方法是把变量 score 的地址当作实参，传递给 func()函数，func()有了这个地址，就可以找到 score 并且把 60 存入了。

说明：实际上是以指针 &score 作为实参的。因为指针中包含有地址，指针的值（大小）就是地址。形参只需要指针的值，即地址，不需要实参的类型，因为形参自己有类型。故可以认为实参只是传递了一个变量的地址。本书后面一律把指针作参数称为是地址作参数。

程序代码如下：

```
#include<stdio.h>
void func(int *p)              //参数传递后,p 指向 score
{
    *p=60;
}
int main()
{
    int score=59;
    func(&score);
    printf("%d\n",score);
    return 0;
}
```

程序运行结果如下：

```
60
```

程序解析：

(1) 因为实参是一个地址，所以 func()的形参必须是一个指针变量，因为只有指针变量才能存地址。

(2) 函数调用时，给形参 p 分配空间并且把实参 &score 的值（地址）存入，“相当于”执行了 p=&score 这样一个赋值操作。因此，参数传递后，p 已指向主函数中的 score。

(3) 因为 p 指向 score，所以可以用间接寻址的方式访问 score，将其改为 60。

本例在函数调用时，是用变量的地址作为实参。与之前常用的变量作为实参相比，具有以下不同。

(1) 对于变量作为实参，被调函数得到的是变量的副本，被调函数可以把该副本当原件来使用（因为副本的值与原件的值相同），但是若修改了副本，原件不受影响。

(2) 对于变量的地址作为实参，则被调函数得到的是变量地址的副本，如果修改这个副本（地址），原件（变量地址）同样也不受影响。但是，如果被调函数根据这个副本找到变量，则既可以使用变量，也可以修改变量。就好比一个抽屉有一把钥匙（原件），后来又配了一把（副本）给别人，别人拿着副本（配出来的钥匙）也能打开抽屉存取东西。

注意：在本例中，变量 score 不是实参，变量地址 &score 才是实参，而形参是指针变量 p。参数传递的主体是 &score 和 p。被调函数执行过程中，既没有修改形参(p)，更不可能修改实参 &score，而是修改了实参和形参都对应的变量 score，score 是参数传递的两个主体（实参和形参）之外的第三方。

本例是指针变量的一个非常重要的应用，即被调函数用指针变量作为形参存储主函数中变量的地址，然后在被调函数中使用或修改主函数中的变量。在后面章节中，我们还会用这样的方法去间接访问数组中的数据。

想一想：若主函数中有两个变量都需要被调函数去改变，怎么办？

例 9.3 从键盘输入 4 个整数，由被调函数找出最大值和最小值并且存入主函数定义的变量 max 和 min 中，最后由主函数输出这两个值。

题目分析：

由题意可知，max 和 min 都是主函数中定义的变量，需要让被调函数去存入一个值，显然，直接传递这两个变量是不行的，因为参数传递的单向性决定了被调函数不可能改变实参，因此，需要以这两个变量的地址作为实参。

另外，主函数中的 4 个整数也要传递给被调函数，以便找出最大、最小值，但被调函数只需要得到它们的副本就可以找出最大、最小值，因此这 4 个数据不需要用地址作为实参。

程序代码如下：

```
#include<stdio.h>
void func(int,int,int,int,int *,int *);          //函数声明，注意最后两个类型
int main()
{
    int a,b,c,d,max,min;
    scanf("%d%d%d%d",&a,&b,&c,&d);
    func(a,b,c,d,&max,&min);
    printf("%d,%d\n",max,min);
    return 0;
}
void func(int a,int b,int c,int d,int *p1,int *p2)
{
    *p1=*p2=a;          //第一个数存入 max 和 min，作为两个擂台的擂主
    if(*p1<b)
        *p1=b;
    if(*p2>b)
        *p2=b;
    if(*p1<c)
        *p1=c;
    if(*p2>c)
        *p2=c;
    if(*p1<d)
        *p1=d;
    if(*p2>d)
        *p2=d;
}
```

上面的被调函数中，*p1 就是主函数中的 max，*p2 就是主函数中的 min，a、b、c、d 分别是主函数中 a、b、c、d 的副本。

可以看到，借助于指针变量，一个函数可以把两个值存储到主函数的两个变量中，相

当于“返回”了两个值，所以在学习了指针变量之后，程序中完全可以不用全局变量。

例 9.4　主函数中有两个变量，想交换它们的值，程序框架如下，请编写被调函数swap()，并在主函数中写出合适的函数调用语句。

```
int main()
{
    int a=1,b=2;
    ________;                    //调用 swap()函数，使 a、b 的值互换
    printf("%d,%d\n",a,b);
    return 0;
}
```

题目分析：

被调函数的作用是交换两个变量的值，能否把swap()设计成这样？

```
void swap(int x,int y)
{
    int t;
    t=x;
    x=y;
    y=t;
}
```

很显然，这样是改变不了a、b的值的，因为参数传递具有单向性，形参交换了，实参并不会跟着变化。

交换两个变量的值，实际上就是修改它们，而要修改它们，必须传递它们的地址。swap()得到地址后，便可以将a的值改成b的值，将b的值改成a的值。

完整的程序代码如下：

```
#include<stdio.h>
void swap(int *,int *);
int main()
{
    int a=1,b=2;
    swap(&a,&b);                     //调用 swap()函数，使 a、b 的值互换
    printf("%d,%d\n",a,b);
    return 0;
}
void swap(int *p1,int *p2)           //参数传递后，p1 指向 a,p2 指向 b
{
    int t;
    t= *p1;
    *p1= *p2;
    *p2=t;
}
```

习 题 9

一、选择题

1. 关于指针的概念,下面说法正确的是(　　)。

(A) 指针就是存地址的变量　　(B) 一个指针通常对应着内存中的一个对象

(C) 指针是不分类型的　　(D) 指针就是地址

2. 要定义两个指针变量,下面代码正确的是(　　)。

(A) int *(p1, p2);　　(B) int *p1, int *p2;

(C) int* p1,p2;　　(D) int *p1, *p2;

3. 若有定义 int *p;,则下面说法正确的是(　　)。

(A) p是一个整型变量　　(B) p可以指向一个整型变量

(C) p指向一个地址　　(D) p未指向任何变量

4. 要定义指针变量p并使之指向变量a,下面代码正确的是(　　)。

(A) int a, *p=&a;　　(B) int a, *p; *p=a;

(C) int a, *p; *p=&a;　　(D) int a,p; *p=&a;

5. 变量不赋值就使用,一般会造成结果错误,关于会不会给系统带来隐患,下面说法正确的是(　　)。

(A) 若是普通变量,不会;若是指针变量,可能会

(B) 若是指针变量,不会;若是普通变量,可能会

(C) 两者都可能会

(D) 两者都不会

6. 若有定义"int x, *p=&x;",则与表达式 &*p 等价的是(　　)。

(A) &x　　(B) *x　　(C) &p　　(D) *p

7. 若有定义"int x, *p=&x;",则与表达式 *&p 等价的是(　　)。

(A) *x　　(B) *p　　(C) &p　　(D) p

8. 关于对变量a的直接访问和利用指针变量p对a的间接访问,下面说法正确的是(　　)。

(A) 直接访问要求在变量a的作用域内,间接访问要求在p的作用域内

(B) 直接访问要求在变量a的作用域内,间接访问也要求在a的作用域内

(C) 直接访问和间接访问都要求既在a的作用域内,又在p的作用域内

(D) 直接访问要求在a和p的共同作用域内,间接访问都不需要

9. 关于变量作为实参和变量的地址作为实参,下面说法错误的是(　　)。

(A) 若想让被调函数改变变量a,则a不能作为实参

(B) 若想让被调函数只能使用a的副本,不能改变a,应该用&a作为实参

(C) 若想让被调函数只能使用a的副本,不能改变a,应该用a作为实参

(D) 若想让被调函数使用a且能改变a,应该用&a作为实参

10. 若调用函数时用变量 a 的地址作为实参，则形参必须是指针变量（假设是 p），以下关于参数传递的说法正确的是（　　）。

(A) 参数传递相当于执行 * p=a　　(B) 参数传递相当于执行 p=&a

(C) 参数传递相当于执行 p=a　　(D) 参数传递相当于执行 * p=&a

二、写出下面程序的运行结果

1.
```
void swap(int * a,int * b)
{
    int * c;
    c=a;a=b;b=c;
}
int main()
{
    int a=1,b=2;
    swap(&a,&b);
    printf("%d,%d\n",a,b);
    return 0;
}
```

想一想：将 swap() 函数中的代码改为 int * c; * c= * a; * a= * b; * b= * c; 可否？

2.
```
void swap(int * a,int * b)
{
    int c;
    c= * a; * a= * b; * b=c;
}
int main()
{
    int a=1,b=2;
    swap(&a,&b);
    printf("%d,%d\n",a,b);
    return 0;
}
```

三、编程题

1. 在主函数中输入一个整数，由被调函数（不返回值）使之变为绝对值，然后主函数输出它。要求：输入输出都由主函数完成。

2. 写一个被调函数，它可以对主函数中的两个变量做如下操作。

(1) 将大数的一半给小数，如 12 和 4，操作后两个数分别是 6 和 10。

(2) 将新的大数的一半给小数，比如上面的 6 和 10，操作后变为 11 和 5。

3. 主函数中定义了4个整型变量a、b、m、n，其中a、b用来存储键盘输入的两个正整数，m、n分别用来存储a、b的最大公约数和最小公倍数，但是主函数只负责输入数据和输出结果，求最大公约数和最小公倍数的任务需要另外一个函数去完成，请编写这个被调函数。

说明：只有一个被调函数。

4. 编写一个函数，该函数可以交换主函数中两个字符变量的值。

第10章 数组

本章内容提要

(1) 一维数组的定义、引用和初始化。

(2) 二维数组的定义、引用和初始化。

(3) 字符数组和字符串处理函数。

C语言中,相同类型的数据可以组成数组。使用数组可以一次性定义若干变量,可以简化编程,方便操作。

10.1 一维数组

当程序中需要若干变量,且这些变量类型相同时,便可以把它们定义成数组。

10.1.1 一维数组的定义

一维数组的定义格式如下:

```
类型名 数组名[常量表达式];
```

例如:

```
int  a[4];                    //定义了一种数组类型及该类型的变量 a
char name[10-1];
float x[3],y[5*2];
```

关于数组定义的说明。

(1) 数组也是一种类型,称为数组类型。

上面代码中的“int a[4];”定义了一个数组类型的对象a,该数组类型是int [4]。a代表整个数组,它的空间大小在VC下是16字节。

“char name[10－1];”定义了一个char[9]类型的对象name,name的空间大小是9字节。

“float x[3],y[5*2];”分别定义了一个float [3]类型和float[10]类型的对象x、y,x和y在内存中分别占12字节和40字节。

(2) 数组名(即数组类型的对象名)由程序员命名,需遵守标识符的命名规则。

(3) 数组名后面[ ]中是一个常量表达式，其中不允许含有变量。常量表达式的值代表数组含有的元素个数，其类型应为整型或字符型。

例如，下面定义是错误的。

```
int n=4;
int a[n];
```

又如，下面的定义也是错误的。

```
int n;
scanf("%d",&n);
int a[n];
```

但可以使用符号常量，例如：

```
#define N 4
int a[N*4+1];
```

(4) 数组元素的下标从0开始计数。

例如，若定义"int a[4];"，则数组a共有4个元素，分别是a[0]、a[1]、a[2]、a[3]。因为这些元素可以排列成一行，故称数组是一维的。

(5) 每个元素都是数组定义所规定类型的一个变量。

例如，若定义"int a[4];"，则a[0]、a[1]、a[2]、a[3]是4个整型变量，每个变量都可以存储一个整数。因为这些变量在表示时必须附带一个下标，故称它们为**下标变量**。

提示：数组定义时前面所写的类型，其实是指下标变量的类型。

10.1.2 一维数组的元素构成及一维数组的存储结构

1. 一维数组的元素是什么

因为一维数组是由下标变量组成的，所以一维数组的元素是变量。

说明：下标变量也是变量，除了在书写时附带一个下标外，在其他方面和普通变量没有区别。

2. 一维数组的存储结构

一维数组在内存中占据一段连续的存储空间。例如，若有代码：

```
int a[4];
```

则数组a在内存中的存储状态如图10-1所示(VC下)。

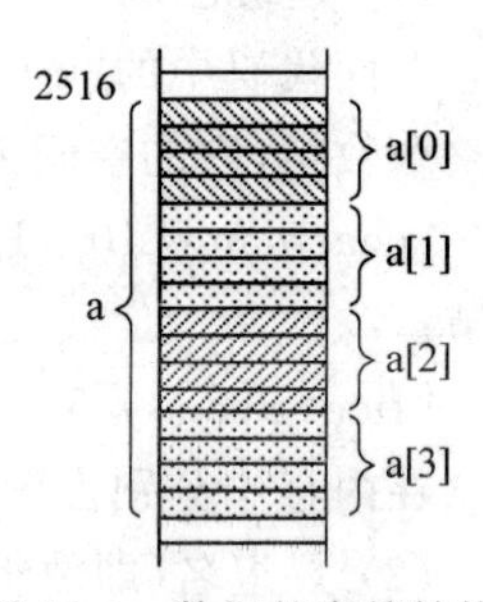

图10-1 数组的存储结构

10.1.3 数组名的指针类型

数组名代表一个数组类型的对象，在以下3种使用方式中，它都代表整个数组。以一维数组int a[4]为例：

(1) 测试整个数组的空间大小：sizeof(a)。

(2) 获取整个数组的指针：&a。

(3) 对数组初始化：

```
int a[4]={1,2,3,4};
```

但除了上面 3 种使用方式以外，数组名若出现在其他地方，将不再代表整个数组，而是退化为一个指向数组首元素的指针。比如 a+1、*(a-2)等，此时 a 被用作一个指向变量 a[0]的不可变指针。

注意：有些教材称数组名是一个常量，是不对的。数组名代表一个对象，即整个数组，不是常量。只有被用作指针时，它才是一个指向数组首元素的不可变指针(C99 下可以称为指针常量)。

数组名被用作指针时，是一个指向数组首元素的指针。请记住这句话，本书后面会经常用到它，不管数组是一维的还是多维的。

对一维数组来说，数组名被用作指针时，是一个指向变量的指针。

10.1.4　数组元素的表示方法

由于数组名作为指针使用时，指向它自己的第 0 个元素，所以，数组名常被用来寻址数组中任意一个元素，因为数组元素的存储是连续的。

设数组的定义是"int a[4];"，若程序中用到 a[i]，则寻址 a[i]的过程是：在 a 的基础上，增加 i 个 int 型变量所占的字节数，即 sizeof(int) * i，得到的便是 a[i]的地址。

在程序中这个地址可以直接表示为 a+i，不需要写成 a+sizeof(int) * i，因为系统在计算地址 a+i 时会自动对 i 乘以 sizeof(int)，然后再与 a 相加。

说明：看下面程序的运行结果。

```
#include<stdio.h>
int main()
{
    int a[10];
    char b[10];
    double c[10];
    printf("%p,%p\n",a,a+1);  //%p 表示用十六进制打印一个地址
    printf("%p,%p\n",b,b+1);
    printf("%p,%p\n",c,c+1);
    return 0;
}
```

运行结果：

```
0012FF20,0012FF24
0012FF14,0012FF15
0012FEC4,0012FECC
```

可以看出,a+1 比 a 多了 4 字节,b+1 比 b 多了 1 字节,c+1 比 c 多了 8 字节。

说明:若在 TC 中运行,a+1 比 a 多 2 字节。

由此可见,表达式 a+i 的值(大小)就是 a[i]的地址。

另外,表达式 a+i 还有类型,a 的类型决定着表达式的类型。

因此,表达式 a+i 是一个指针,指向 a[i],如图 10-2 所示。

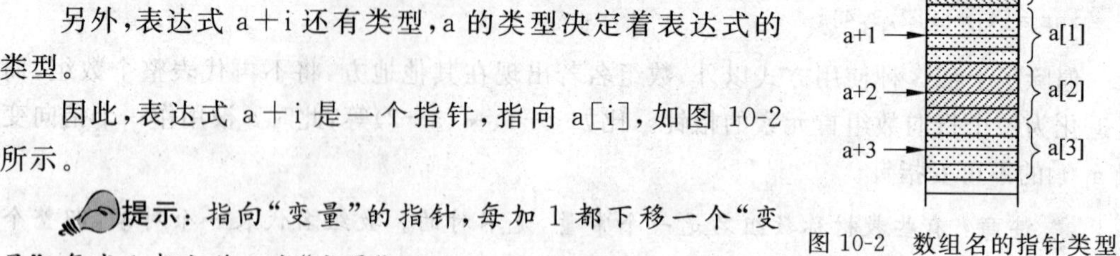

图 10-2　数组名的指针类型

提示:指向"变量"的指针,每加 1 都下移一个"变量",每减 1 都上移一个"变量"。

因为 a+i 指向 a[i],所以可以用 *(a+i)表示 a[i]。由此,一维数组的任何一个元素(下标变量),都可以用两种方法表示。

1. 下标法

a[0]、a[1]、a[2]…

2. 指针法

a、(a+1)、*(a+2)…

说明:其实即便在程序中写成下标法,编译器还是会把它当作指针法来处理的。

说明:下标法比指针法直观,且输入时更方便,故程序中多采用下标法。

10.1.5　一维数组的引用

只有 3 种引用方式是对数组整体的引用:sizeof(a)、&a、对数组初始化。除此以外,对数组的引用全都是对数组中下标变量(数组元素)的引用。

但引用数组元素要注意以下几点。

(1) 使用数组元素,可以用上面介绍的两种方法中的任意一种方法。数组元素的下标可以是变量或表达式,但必须是整型或字符型。

例如,a[3]、a[i]、a[2*i-1]、*(a+i+1)…

说明:设 i 是整型变量,已赋值。

(2) 每次只能使用数组中的一个下标变量。

C 语言中无法做到一次对两个以上的下标变量进行操作。不管是赋值,还是输入、输出,每次都只能操作其中一个下标变量。

设有定义"int a[5];",以下两种写法都试图从键盘给整个数组输入数据,都是错误的:

```
scanf("%d",a);              //其实只能给 a[0]存入一个数据,因 a 不代表整个数组
scanf("%d",a[5]);           //语法上有错误,因 a[5]不是地址且下标越界
```

说明:上面两行代码中,数组名 a 已经不代表整个数组,其作用已变成一个指向

a[0]的指针。

正确的写法应该如下：

```
scanf("%d%d%d%d%d",&a[0],&a[1],&a[2],&a[3],&a[4]);
```

或：

```
for(i=0;i<=4;i++)
    scanf("%d",&a[i]);
```

操作多个下标变量时，需分多次，一次一个，允许使用循环。

例如，定义一个含有 10 个元素的整型数组，将所有元素均赋值为 1，代码如下：

```
int a[10],i;
for(i=0;i<=9;i++)
    a[i]=1;
```

(3) 使用数组元素时，下标不要越界。

所谓下标越界，就是下标变量的下标超出了合理的范围。C 语言对下标是否越界不做语法检查，由程序员保证程序的正确性。如果下标越界，不会提示语法错误，但会造成意想不到的后果。下面的程序就出现了下标越界。

```
int a[10];                      //此定义决定了数组元素的下标范围是 0~9
for(i=0;i<=10;i++)              //当 i=10 时下标越界
    scanf("%d",&a[i]);
```

在 TC 中执行这段程序，将会把 11 个整数存储到内存中，其中最后一个整数存到了 a[9]之后，使用了本不属于数组的内存。而在 VC 中运行这段程序，会出现运行错误。

下面是正确引用数组的一个例子。

例 10.1　从键盘输入 20 个整数，找出其中最大数并输出所有元素的值。

题目分析：

这个题目在循环一章中曾经介绍过，当时用的是简单变量。本题要求找出最大值并输出所有整数，因此需要定义数组，用数组来存储这些整数。

下面是用数组求解本题目的程序代码：

```
#include<stdio.h>
int main()
{
    int a[20],i,max;
    scanf("%d",&a[0]);
    max=a[0];
    for(i=1;i<=19;i++){
        scanf("%d",&a[i]);
        if(max<a[i])
            max=a[i];
    }
    printf("%d\n",max);
    for(i=0;i=19;i++)
```

```
        printf("%5d",a[i]);
    return 0;
}
```

考考你：程序中的 scanf("%d",&a[i])可否写成 scanf("%d",a+i)？

10.1.6 一维数组的初始化

变量在定义时可以初始化，数组亦然。

注意：数组也分为局部数组和全局数组，它们的区别等同于局部变量和全局变量的区别。

说明：全局数组很少使用，故下面的讲解都是针对局部数组的。

下面是几种常见的数组初始化的用法。

(1) 对所有下标变量初始化。

```
int a[5]={3,2,1,6,0};          //将所有数据都写在一对大括号中
```

或：

```
int a[]={3,2,1,6,0};           //可省略中括号中的元素个数
```

当省略元素个数时，系统自动以数据个数作为元素个数。

(2) 对部分元素初始化。

```
int a[10]={1,2,3,4,5};         //对部分元素初始化
```

这里只给数组的前5个元素赋初值，未赋初值的5个元素自动被置成0。

注意：初值个数可以少于元素数，但不能多于元素数，否则是语法错误。

想一想：若代码写成“int a[10]={0};”，则数组各元素的值分别是多少？

考考你：若只定义数组不初始化，数组各元素的值分别是多少？

试一试：在程序中定义一个全局数组、一个局部数组，都不进行初始化，输出数组元素的值，看结果是什么。

10.1.7 一维数组应用举例

例 10.2 体操比赛有8位评委，从键盘输入8位评委的打分，找出最高分和最低分。

题目分析：

从8个分数中找出最高分和最低分，可以用打擂台的方法。

8位评委的打分都需要从键盘输入，鉴于数据较多，因此定义数组来存储。

说明：其实可以不用数组，用数组的目的是为了练习数组的使用。

本题可用的算法有3种：第一种是先用一个循环把数据全部输入，然后再用一个循环找出最高分，最后再用一个循环找出最低分；第二种是先用循环输入数据，然后再用一

个循环同时找最高、最低分；第三种是只用一个循环既完成输入，又找出最高、最低分。本例采用第三种方法。

代码如下：

```
#include<stdio.h>
int main()
{
    float a[8],max,min;
    int i;
    scanf("%f",&a[0]);
    max=min=a[0];
    for(i=1;i<=7;i++){
        scanf("%f",&a[i]);
        if(max<a[i])
            max=a[i];
        if(min>a[i])
            min=a[i];
    }
    printf("%.2f,%.2f\n",max,min);
    return 0;
}
```

例 10.3　定义一个数组并初始化，然后用两种方法输出数组中的所有数据。

题目分析：

本例有两个目的：一是练习数组的初始化，二是学习用两种方法访问数组元素。

程序代码如下：

```
#include<stdio.h>
int main()
{
    int a[10]={1,2,3,4,5},i;
    for(i=0;i<=9;i++)
        printf("%d\n",a[i]);                //下标法
    for(i=0;i<=9;i++)
        printf("%d\n", * (a+i));            //指针法
    return 0;
}
```

例 10.4　从键盘输入一个年月日，计算该日期在一年中是第几天。

题目分析：

这是第 5 章中的一个例题(例 5.9)，在例 5.9 中是用 switch 语句来编程的，这里用数组的方法。

程序设计的思路：用一个数组存放 12 个月份的天数(实际上第 12 月的数据无用)，假设 month=5，则需要先把前 4 个月的天数(即下面数组的第 1～4 个元素)加起来，再加

上5月份的日期(即 day),若是闰年,再加1。

程序代码如下:

```
#include<stdio.h>
int main()
{
    int year,month,day;
    int m[13]={0,31,28,31,30,31,30,31,31,30,31,30,31};
    int i,n=0;
    scanf("%d%d%d",&year,&month,&day);
    for(i=1;i<month;i++)
        n+=m[i];
    n+=day;
    if((year%4==0&&year%100!=0||year%400==0)&&month>=3)
        n++;
    printf("%d\n",n);
    return 0;
}
```

例 10.5 冒泡法排序:从键盘输入5个整数,按从大到小顺序排列输出。

说明:排序是很重要的一类算法。常见的排序方法有冒泡法排序、选择法排序、插入排序和快速排序等,这些排序方法在后续课程中会详细讲解,本书在这里只简单介绍冒泡法和选择法排序。

题目分析:

题目中的输入数据部分与前面几例相同,不再赘述。问题的关键是如何排序。

冒泡法排序的思路如下。

(1) 从第一个数开始,每个数都与后面一个数比较,若前面的数小于后面的数,则交换两个数的位置。

例如,设最初的5个数是2 1 5 3 6,如图10-3所示。先比较2和1,由于2>1,故不需交换它们,5个数还是2 1 5 3 6。然后比较1和5,由于1<5,故交换它们,5个数变成2 5 1 3 6,再比较1和3,也需要交换位置,5个数变成2 5 3 1 6,最后比较1和6,还需要交换位置,5个数变成2 5 3 6 1。

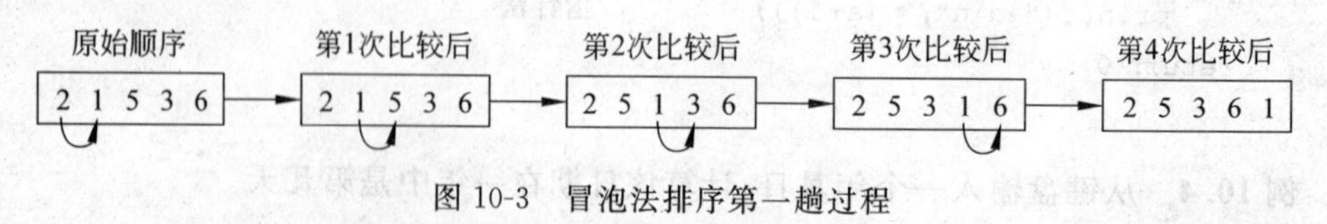

图10-3 冒泡法排序第一趟过程

从第一组数开始,直到最后一组数为止,总共进行了4次比较,这4次比较,通常称为“一趟”。

图10-3表示的,就是第一趟的比较过程。

想一想:若总共有n个数,第一趟需要比较多少组数?

经过第一趟的比较后，最小数 1 就肯定排在最后了。

注意：此时前面的数并没有排好序，所以需要继续比较第二趟、第三趟……

(2) 将最后一个数 1 排除在外，对前面 4 个数进行一趟与第一趟类似的操作。图 10-4 是第二趟操作的过程示意图。由于第二趟只有 4 个数，因此只需要比较 3 次。

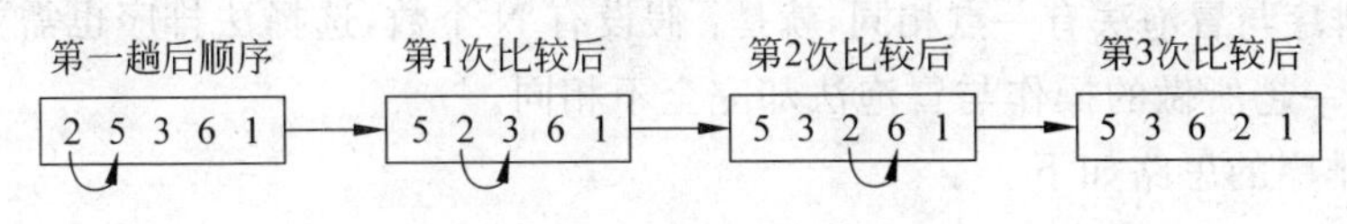

图 10-4　冒泡法排序第二趟过程

第二趟比较结束后，最小的两个数就都排在右边了。

(3) 继续比较第三趟，第三趟只需比较两次。第三趟结束时，最后 3 个数已经排好序。第三趟的过程如图 10-5 所示。

(4) 第四趟，此时只有两个数没有排好序，故只需比较一次，整个数组就全部排好序了。图 10-6 是第四趟的比较过程。

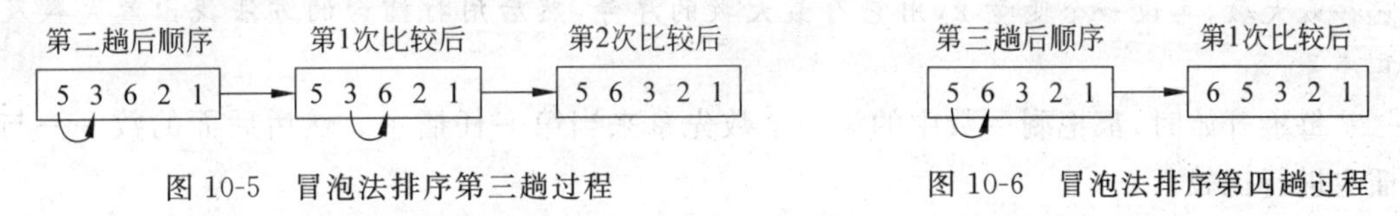

图 10-5　冒泡法排序第三趟过程

图 10-6　冒泡法排序第四趟过程

至此，对于一个有 5 个元素的数组，进行了 4 趟操作，数组排序结束。

想一想：假设总共有 n 个数，需要比较多少趟？

按照上面的思路，可写出冒泡法排序的程序代码。

说明：为了程序的通用性，下面的程序代码中定义了符号常量代表数组元素的个数。

```
#include<stdio.h>
#define N 5
int main()
{
    int a[N],i,j,t;
    for(i=0;i<=N-1;i++)
        scanf("%d",&a[i]);
    for(i=0;i<=N-2;i++){            //N 个数,要进行 N-1 趟
        for(j=0;j<=N-i-2;j++)       //每趟要进行 N-i-1 次比较
            if(a[j]<a[j+1]){        //若前面数小于后面数,交换
                t=a[j];
                a[j]=a[j+1];
                a[j+1]=t;
            }
    }
    for(i=0;i<=N-1;i++)
        printf("%4d",a[i]);
```

```
    return 0;
}
```

例 10.6 选择法排序：从键盘输入5个整数，按从大到小顺序排列输出。

题目分析：

选择法排序与冒泡法有一点相同，就是：假设有N个数，选择法排序也需要进行N−1趟。但是，每一趟所做的操作与冒泡法却完全不相同。

选择法排序的思路如下。

(1) 第一趟，在所有数中找出最大数，记住它的序号，然后把它和a[0]交换，即换到最前面。第一趟后，最前面的数已经是最大数。

(2) 第二趟，在剩下的数(最大数除外)中再找一个最大数，记住它的序号，把它和a[1]交换，即把它换到剩下数的最前面。第二趟后，前两个数已经排好序。

……

说明：每一趟的操作，都要先找最大数的位置，为此，我们先设一个变量max，用它存最大数，再设一个变量k，用它存最大数的序号，然后用打擂台的方法找出最大数及其序号。

每趟开始时，都把剩下数中的第一个数先拿来当第一任擂主。然后后面的数一一与擂主进行比较。

注意：每进行一趟，剩下的数就会少一个。

第一趟时，擂主要跟4个数进行比较，第二趟要跟3个数进行比较……

图10-7表示的便是选择法排序的算法。

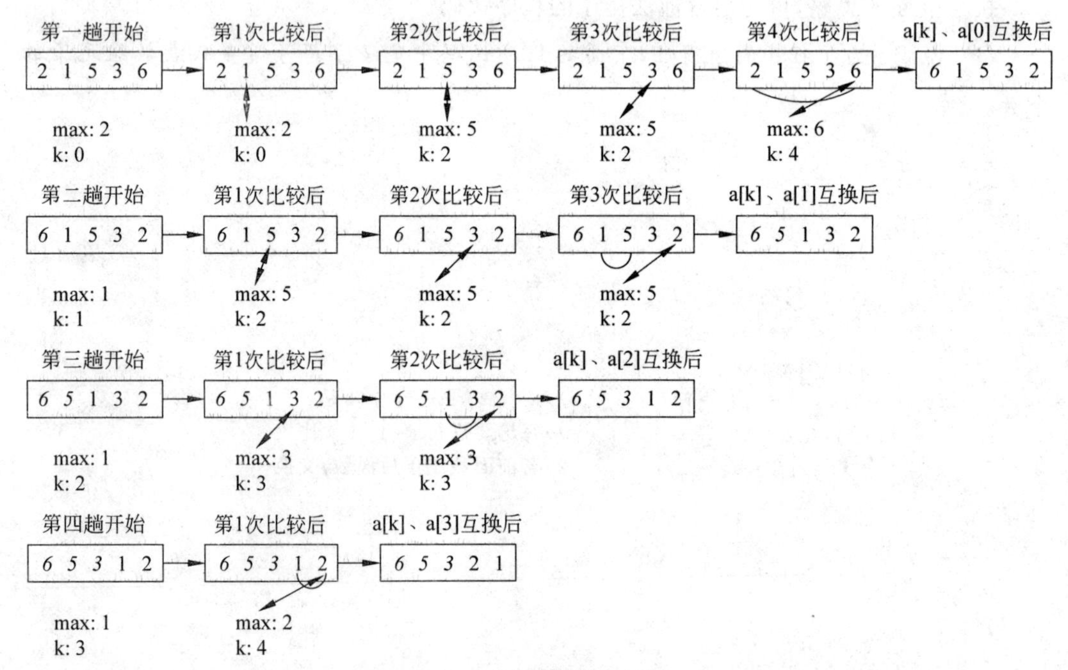

图10-7 选择法排序过程

每趟比较过程中，k 用来记录剩下数中最大数的序号，而 max 用来记录剩下数中最大数的值，它们之间其实有必然的联系，即 a[k]就是 max。因此，程序中不必设 max 变量，a[k]即是 max。

每趟开始时，k 都要记录第一任擂主的序号，k 在每趟开始时的值分别是 0、1、2、3。

每趟结束时，都要把最大数 a[k]与剩下的第一个数交换，每趟与最大数 a[k]交换的分别是 a[0]、a[1]、a[2]、a[3]。

有了上面的讨论，便可以给出选择法排序的关键代码了：

```
for(i=0;i<=N-2;i++)                 //N 个数，要进行 N-1 趟
{
    k=i;                            //记下临时擂主的序号
    for(j=i+1;j<=N-1;j++)           //从剩下的第二个数开始上台打擂
        if(a[j]>a[k])               //若后面某数大于擂主 a[k]
            k=j;                    //记下它的序号，继续小循环
    t=a[k];a[k]=a[i];a[i]=t;        //小循环结束后，交换 a[i]和 a[k]
}
```

说明：选择法排序的每趟操作中，每次比较若条件成立就执行一次赋值，本趟操作最后只进行一次交换。而冒泡法排序的每趟操作中，每次比较若条件成立就交换数据，交换数据需要三次赋值，故选择法排序比冒泡法效率高。

10.2　二维数组

C 语言中，相同类型的数据可以组成数组。当程序中需要若干同类型的一维数组时，可以把它们“再”合并成一个数组——二维数组。

一维数组是由变量组成的，二维数组是由一维数组组成的。

10.2.1　二维数组的定义

二维数组的定义格式如下：

类型名　数组名[常量表达式][常量表达式]；

例如：

```
int a[3][4];
```

上面的定义中，int [3][4]是二维数组的类型，a 是该数组类型的对象，代表整个二维数组所占的内存。

定义中的[3]表示 a 有 3 个元素，即 a[0]、a[1]、a[2]，它们都是一维数组。a[0]、a[1]、a[2]相当于是一维数组的名字。见图 10-8。

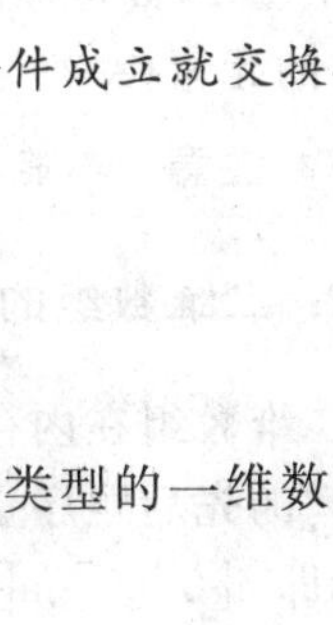

a
a[0]: a[0][0] a[0][1] a[0][2] a[0][3]
a[1]: a[1][0] a[1][1] a[1][2] a[1][3]
a[2]: a[2][0] a[2][1] a[2][2] a[2][3]

图 10-8　二维数组的组成

说明：定义一个二维数组“int a[3][4];”，相当于定义了 3 个一维数组，即：int a[0][4]，a[1][4]，a[2][4];。a[0]、 a[1]、a[2] 都是一维数组的名字。

定义中的[4]表示 a 的每个元素(a[0]、a[1]、a[2])又有 4 个元素,即每个一维数组都有 4 个元素。

二维数组中共有 12 个下标变量。逻辑上,通常都是把这 12 个下标变量想象成 3 行 4 列,呈二维表格的形式,故称它是二维数组。

关于二维数组定义的说明:

(1) 数组名后面两个[]中都应该是整型或字符型常量表达式,不允许含有变量。

(2) 两个[]中常量表达式的值分别代表二维数组的元素个数及二维数组中的一维数组的元素个数,也可以认为它们分别代表二维数组的行数和列数。

(3) 数组元素的行列下标都从 0 开始计数。

说明:其他未提及的说明与一维数组相同。

10.2.2 二维数组的元素构成及二维数组的存储结构

1. 二维数组的元素是什么

从图 10-8 可以看出,二维数组是由一维数组组成的,因此,二维数组的元素是一维数组,它的元素(一维数组)的元素是下标变量。

注意:不能把下标变量称为二维数组的元素。

2. 二维数组的存储结构

二维数组在内存中也是占据一段连续的存储空间,以 int a[3][4]为例,各个下标变量排列的先后顺序是:先是 a[0]的 4 个变量,再是 a[1]的 4 个变量,最后是 a[2]的 4 个变量,即 a[0][0]、a[0][1]、a[0][2]、a[0][3]、a[1][0]、a[1][1]、a[1][2]、a[1][3]…

说明:二维数组中的下标变量在内存中的实际存储结构是线性的,不是二维的。想象中有行有列的二维表格形式,只是它们之间的逻辑关系。

10.2.3 二维数组名的指针类型

二维数组的数组名也是数组类型的对象,当退化为指针时,它指向数组的首元素,即指向一维数组 a[0],因为二维数组的元素是一维数组。

因为 a 指向一维数组,所以 a+1(与 a 类型相同)指向下一个一维数组,即 a+1 指向a[1],同理 a+2 指向 a[2]。

图 10-9 表示的是二维数组的数组名 a 以及 3 个一维数组的数组名 a[0]、a[1]、a[2]作为指针时与所指对象的关系。图中 a+1 和 a+2 不是数组名,但也是指针。

其中,3 个指针 a、a+1、a+2 都指向一维数组,另 3 个指针 a[0]、a[1]、a[2]都指向下标变量。

不同类型的指针,加(减)1 运算所增加(减少)的字节数不同,即跨度不同。如 a 指向 a[0],a+1 指向 a[1],加 1 表

```
a   ──► a[0] ──► a[0][0]
                 a[0][1]
                 a[0][2]
                 a[0][3]
a+1 ──► a[1] ──► a[1][0]
                 a[1][1]
                 a[1][2]
                 a[1][3]
a+2 ──► a[2] ──► a[2][0]
                 a[2][1]
                 a[2][2]
                 a[2][3]
```

图 10-9 数组名的指针类型

示指向下一个一维数组,地址增加 16 字节。而 a[0]指向a[0][0],a[0]+1 指向 a[0][1],加 1 表示指向下一个变量,地址增加 4 字节。

提示:对指针加 1,相当于向后跨过一个它所指的对象;对指针减 1,相当于向前跨过一个对象。这里所说的对象,可能是变量,也可能是一维数组或多维数组。

例 10.7　数组名用作指针时的类型验证。

```
#include<stdio.h>
int main()
{
    int a[3][4]={1,2,3,4,5,6,7,8,9,10};
    printf("%p,%p\n",a,a+1);          //%p 表示用十六进制输出地址
    printf("%p,%p\n",a[0],a[0]+1);
    return 0;
}
```

程序运行结果:

```
0012FF18,0012FF28
0012FF18,0012FF1C
```

可以看出,a+1 比 a 增加了 16 字节,而 a[0]+1 比 a[0]只增加了 4 字节。

运行结果表明,尽管 a 和 a[0]在大小上相同,都等于数组的首地址,但它们的类型不同:一个指向一维数组,另一个指向变量。可见,指针不仅仅是一个地址,它还包含有类型信息。

10.2.4　二维数组中下标变量的表示方法

设有定义:

```
int a[2][3];
```

则数组中每个下标变量都可以用以下几种形式表示出来。

1. 下标法

如 a[1][2]。a[1][2]所表示的意思是,a 的第 1 个元素中的第 2 个元素。也可以这样认为:a[1][2]是 a[1]这个一维数组中的第 2 个元素,其中 a[1]是一维数组的名字。

2. 指针法

如 *(*(a+1)+2)。这个表示法可以从 a[1][2]得来。如前所述,编译器是把下标法处理成指针法的,x[2]与 *(x+2)等价。根据[]的结合性,a[1][2]相当于是(a[1])[2],由于 x[2]与 *(x+2)等价,故(a[1]) [2]与 *(a[1]+2)等价(把 a[1]当作 x,因为 a[1]是一个数组名),将其中的 a[1]再换为 *(a+1),于是得到 *(*(a+1)+2)。

说明:也可以用推导的方法得出上面这个通用式子。推导过程如下。

(1) a是指向一维数组a[0]的,所以a+i指向a[i],因此,*(a+i)就是a[i]。

(2) a[i]是一维数组名,指向变量a[i][0]。

(3) 因为a[i]指向a[i][0],所以a[i]+j指向a[i][j],因此a[i][j]可用*(a[i]+j)表示。

(4) 由(1)可知,*(a[i]+j)中的a[i]可用*(a+i)替换,故a[i][j]可用*(*(a+i)+j)表示。

3. 混合法

如*(a[1]+2)、*(a+1)[2]。

说明:混合法不常用。

总结:对于二维数组,其下标变量a[i][j]常用以下两种方法表示。

(1) a[i][j]。

(2) *(*(a+i)+j)。

10.2.5 二维数组的引用

如同对一维数组的引用一样,对二维数组的引用,也分整体引用和对下标变量的引用,程序中常用的是对下标变量的引用。

引用二维数组中的下标变量要注意以下几点。

(1) 使用下标变量时,下标变量的两个下标都可以是常量、变量或表达式,但必须是字符型或整型,表示方法可以是前面介绍的几种方法中的任何一种。

例如,a[0][2]、a[2*i-1][j+1]、*(*(a+i)+j-1)、*(a[i]+j)…

说明:设i、j都是整型变量,已赋值。

提示:二维数组中的下标变量在表示时,要么有两个*,要么有两对[],要么有一个*和一对[]。*和[]都用来降维,当维数降为0时,就是变量。

(2) 每次只能使用数组中的一个下标变量。

若要操作多个下标变量,需分多次,一次一个,允许使用循环。

例如:

```
int a[2][3],i,j;
for(i=0;i<=1;i++)
    for(j=0;j<=2;j++)
        a[i][j]=0;
```

(3) 使用数组元素时,下标不要越界。

下面的代码段将输出一个不确定的值。

```
int a[2][3],i,j;
for(i=0;i<=1;i++)
    for(j=0;j<=2;j++)
```

```
        a[i][j]=0;
printf("%d\n",a[2][3]);
```

想一想：输出的是内存中哪一位置上的数据？

10.2.6　二维数组的初始化

二维数组在定义时也可以初始化，下面是二维数组初始化的几种用法。

(1) 给所有下标变量赋初值。

```
int a[2][3]={3,2,1,6,0,9};            //将所有数据都写在一对大括号中
```

(2) 可以给每行数据再加一对大括号。

```
int a[2][3]={{3,2,1},{6,0,9}};        //每行数据再加一对大括号
```

(3) 可以省略第一个[]中的表达式，省略时，编译器根据后面数据的个数或内层大括号的个数自动确定其值。

```
int a[][3]={1,2,3,4};                 //相当于 int a[2][3]，因需 2 行才能存 4 个数
int a[][3]={{1,2},{3},{4}};           //相当于 int a[3][3]，因有三对{}
```

(4) 可以只对部分下标变量赋初值。

```
int a[2][3]={1,2,3};                  //下标变量的值依次是 1、2、3、0、0、0
int a[][3]={{1,2},{1}};               //下标变量的值依次是 1、2、0、1、0、0
```

考考你：若代码写成"int a[2][3]={0};"，各变量的值分别是多少？改成"int a[2][3]={1};"，各变量的值又是多少？改成"int a[2][3]={1*6};"呢？上机试一试。

10.2.7　二维数组应用举例

例 10.8　有一个 5×5 的矩阵，如图 10-10 所示，求除了两条对角线之外的所有数据之和。数据由键盘输入。

```
13579
54321
24680
98765
12345
```

图 10-10　5×5 矩阵

题目分析：

矩阵有 5 行 5 列的数据，要处理这些数据需要把它们先存起来，显然应该用二维数组来存储。

数据从键盘输入，由于二维数组有行有列，故输入时需要两重循环。

本题算法的关键是如何把两条对角线上的数据排除，因此需要寻找两条对角线的特点。

通过分析可以发现，自 a[0][0]到 a[4][4]的那条对角线上共有 5 个数据，这 5 个数据有一个共同的特点，就是行号和列号相同。另外一条对角线上也有 5 个数据，它们共同的特点是：行号和列号之和等于 4。

分析至此，就可以写出程序代码了，代码如下：

```
#include<stdio.h>
int main()
{
    int a[5][5],i,j,sum=0;
    for(i=0;i<=4;i++)
        for(j=0;j<=4;j++)
            scanf("%d",&a[i][j]);
    for(i=0;i<=4;i++)
        for(j=0;j<=4;j++)
            if(i!=j&&i+j!=4)
                sum+=a[i][j];
    printf("%d\n",sum);
    return 0;
}
```

运行结果：

```
68
```

10.3 字符数组和字符串处理函数

前面介绍的数组，对字符数组也是适用的，但是，字符数组与其他数组还是有不相同的地方，比如初始化、字符串的比较、复制、输入输出等，故本节对字符数组再做一些补充介绍。

本节讲的字符数组，包括一维的和二维的。

10.3.1 字符数组

1. 字符数组的初始化

对字符数组进行初始化的方法有两种。

1）单字符形式

单字符形式的初始化，与其他类型数组的初始化方法相同。例如：

```
char a[3]={'a','b','c'};            //定义了一个一维的字符数组
char b[][3]={'a','b','c','d','e','f','g'};
char c[5]={65,66,67};               //相当于 char c[5]={'A','B','C'};
```

2）字符串形式

```
char a[10]="string";
char b[]="string";
char c[3][8]={"abc","123","string"};
```

数组a分配10个字节的内存空间，string存入时占用前面的7个(因最后要多存一个'\0')，剩下3个自动置为0(空字符)。

数组b只分配7个字节的空间(按需分配)。

数组 c 共分配 24 个字节的空间，每个一维数组 8 个字节。一维数组 a[0]存储字符串"abc"，一维数组 a[1]存储"123"，一维数组 a[2]存储"string"。

两种初始化方法的区别：字符串形式的初始化，将保证数组中存储的是一个（或几个）字符串，将来可以用 puts()、printf()函数以字符串形式输出它（们）；单字符形式的初始化不能保证数组中所存是一个字符串，也许只是一个字符序列（后面没有空字符），故不能用上面所说的方法输出，只能用循环逐个字符输出。

想一想：单字符形式初始化时，能否也让数组中的内容成为字符串？下面哪些数组中存储的是字符串？哪些不是？

```
char a[]={1,2,3,4,5,6,0};
char b[7]={'s','t','r','i','n','g'};
char c[5]={'A','B','C','D','E'};
```

2. 字符串的存储及字符串结束标志的作用

字符串的存储方式：将字符串中每个字符的 ASCII 码值按顺序存储到内存中一段连续的空间中，最后添加一个空字符'\0'作为字符串结束标志。例如，若有代码：

```
char s[]="ABC 123";
```

则数组 s 的存储状态如图 10-11(a) 所示。字符'3'的后面是结束标志空字符'\0'(即 0)。

在使用字符数组存储字符串时，也可以用逐个字符赋值的方式，例如，若想存储字符串"ABC"，可用以下代码实现：

```
char s[8];
s[0]='A';
s[1]='B';
s[2]='C';
s[3]='\0';          //存储结束标志
```

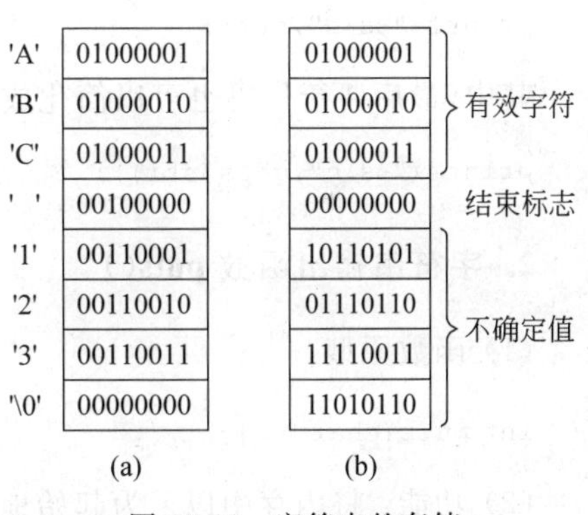

图 10-11　字符串的存储

此时，数组 s 的存储状态如图 10-11(b) 所示。其中，s[4]、s[5]、s[6]、s[7]中的内容不确定。

可以看到，字符数组的容量是 8，但实际上只有 3 个有效字符。通常，人们只关心字符串的实际长度，而不是容量，所以才在有效字符的后面自动添加一个空字符作为结束标志。将来读取字符串时，遇到该结束标志就不再继续，以免把后面的数据也当作是字符串的内容。

想一想：若没有结束标志，输出上面的字符串会是什么结果？

10.3.2　字符串处理函数

C 语言中，字符串的操作是很常见的。为了方便用户，编译器通常都会在头文件

stdio.h 和 string.h 中提供了一些操作字符串的函数，供程序员使用。下面介绍几个常用的字符串处理函数。

1. 字符串输入函数 gets()

(1) 函数原型：

```
char* gets(char* s);
```

(2) 功能：从输入源(键盘缓冲区)读取若干字符(可以含有空格和'\t'，以换行符作为读取的结束标志)，存入 s 所指的内存区域，并自动在最后添写一个'\0'。

注意：用 scanf()读取字符串时，碰到空格、'\t'和'\n'时都认为字符串到此为止，而用 gets()读取字符串时，只有遇到'\n'才认为字符串结束。

想一想：若想从键盘输入一个英文句子作为字符串，应该用哪个函数？

(3) 返回值：输入成功返回指针 s，不成功返回 NULL。

例如，从键盘输入一个字符串，然后输出。

```
char str[10];
gets(str);
printf("%s\n",str);
```

其中，最后两行代码也可以简化成一行：

```
printf("%s\n",gets(str));
```

2. 字符串输出函数 puts()

(1) 函数原型：

```
int puts(char * s);
```

(2) 功能：将内存中以 s 为起始地址、以空字符为结束标志的字符串输出，输出后自动换行。

(3) 返回值：若成功，VC 中返回 0，TC 中返回换行符，若不成功返回 EOF。

例如，输入字符串，然后输出。

```
char str[10];
gets(str);
puts(str);              //等价于 printf("%s\n", str);
```

3. 字符串连接函数 strcat()

(1) 函数原型：

```
char* strcat(char *p1,char *p2);
```

(2) 功能：将内存中以 p2 为起始地址的字符串连接到以 p1 为起始地址的字符串的后面，组成一个字符串(最后有一个空字符)。

(3) 返回值：返回连接后字符串的首地址，即 p1。

例如，若有代码：

```
char s1[15]="He",s2[]="llo world!";
strcat(s1,s2);
puts(s1);
```

则输出结果为

```
Hello world!
```

考考你：s1 数组中原来的字符串结束标志还有没有了？

4. 字符串复制函数 strcpy()

(1) 函数原型：

```
char* strcpy(char *p1,char *p2);
```

(2) 功能：将内存中以 p2 为起始地址的字符串复制到 p1 所指的内存区域，使之成为一个字符串(最后有空字符)，p1 所指区域原有的内容被覆盖。

(3) 返回值：返回 p1。

例如，若有代码：

```
char s1[15]="He",s2[]="world!";
strcpy(s1,s2);
puts(s1);
```

则输出结果为

```
world!
```

说明：还有一个 strncpy()函数，其原型是"char* strncpy(char *p1,char *p2,int n);"，可以只复制字符串前面的 n 个字符，而不是全部。

字符串复制函数的主要用途，是在字符数组定义之后往数组中存字符串。例如，定义一个字符数组，将人名"lisi"存放其中：

```
char name[10];
strcpy(name,"lisi");
```

注意：不能用"name="lisi";"或"name[10]="lisi";"的方法向数组中存字符串，这两种方法都是错误的。

5. 字符串比较函数 strcmp()

(1) 函数原型：

```
int strcmp(char *p1,char *p2);
```

(2) 功能：将内存中以 p1 为起始地址的字符序列与以 p2 为起始地址的字符序列逐个字符进行比较，直到遇到两个不相同的字符或同时遇到两个空字符为止。

(3) 返回值：若遇到不相同的字符，前者大则返回正数；前者小则返回负数；若同时遇到两个空字符，则返回 0。

说明：VC 中 strcmp()函数返回 1、-1、0，TC 中 strcmp()函数返回最后比较的两个字符的 ASCII 码之差。

例如，若有代码：

```
char s1[]="Hello",s2[]="HEll",s3[]="He",s4[]="He";
int a,b,c,d;
a=strcmp(s1,s2);
b=strcmp(s1,s3);
c=strcmp(s2,s3);
d=strcmp(s3,s4);
printf("%d,%d,%d,%d\n",a,b,c,d);
```

则输出结果为

```
1,1,-1,0
```

说明：TC 中运行结果：32,108,-32,0。

注意：若要比较两个字符数组中所存字符串是否相同，应该用 if(strcmp(s1,s2)==0)，不可以用 if(s1==s2)，前者比较的是字符数组中字符串的内容，而后者比较的是两个字符数组的首地址，后者肯定是不成立的。

6. 字符串长度测试函数 strlen()

(1) 函数原型：

```
int strlen(char * str);
```

(2) 功能：测试内存中以 str 为起始地址的字符串中有效字符的个数，即空字符之前有多少个字符。

(3) 返回值：返回字符串长度。

例如，若有代码：

```
char s[]="Hello";
printf("%d\n",strlen(s));
```

则输出结果为

```
5
```

注意：strlen()和 sizeof()的区别：sizeof()测出的是被测对象在内存中占用的字节数，即总空间大小，而 strlen()测出的是实际存储的字符串的长度，是空字符之前的字符个数。例如，若有数组定义“char s[10]="abc";”，则 sizeof(s)的值是 10，而 strlen(s)

的值是 3。

10.3.3　字符数组应用举例

例 10.9　字符数组 b 中存有一个字符串，将它复制到字符数组 a 中，已知数组 a 足以容纳 b 的内容。本题不允许用 strcpy()函数。

题目分析：

设数组是这样定义的："char a[20], b[15]="hello";"，其中 a 数组中都是不确定值，b 数组中是一个字符串，b 中有效字符个数是 5(即结束标志前面有 5 个字符)。要把 b 中的字符串复制到 a 中，只需要复制 6 个字符即可(连同结束标志一起复制)。

想一想：只复制 5 个字符可否？结果怎样？

想一想：只复制 6 个字符，把 a 数组前 6 个字节覆盖，后面 14 个字节怎么办？需要处理否？

提示：复制过去的 6 个字符，最后一个是'\0'。

程序代码如下：

```
#include<stdio.h>
int main()
{
    char a[20],b[15]="hello";
    int i;
    for(i=0;b[i]!=0;i++)        //从第 0 个字符开始复制,直到空字符为止
        a[i]=b[i];
    a[i]=0;                     //循环中未复制空字符,故此处需单独复制
    printf("%s\n",a);
    return 0;
}
```

考考你：程序中的"a[i]=0;"对否？究竟是"a[i]=0;"还是"a[i+1]=0;"？

本程序也可以这样设计：用 strlen()函数测出 b 数组中字符串的长度，然后用固定次数的循环。代码如下：

```
for(i=0;i<=strlen(b);i++)
    a[i]=b[i];
printf("%s\n",a);
```

想一想：上面的循环，有没有复制空字符？

说明：这种方法需要包含头文件 string.h，较麻烦，且代码效率较低。

例 10.10　从键盘输入一个字符串(不超过 20 字符)，将其逆置(逆序存放)。

题目分析：

字符串逆置是指将字符串的头变成尾，尾变成头，例如，字符串本来是 ABCDE，逆置

后内存中的字符串变为 EDCBA,而不是仅仅把字符串倒序输出!

要将字符串逆置,需要将第一个字符与最后一个字符交换,第二个与倒数第二个交换……设字符串有效字符个数为 n,则这样的交换要进行 n/2 次。

程序代码如下:

```
#include<stdio.h>
#include<string.h>
int main()
{
    char s[21],t;                           //数组必须多定义一个字节
    int n,i;
    gets(s);
    n=strlen(s);
    for(i=0;i<n/2;i++){
        t=s[i];
        s[i]=s[n-i-1];
        s[n-i-1]=t;
    }
    printf("%s\n",s);
    return 0;
}
```

例 10.11 从键盘输入一个字符串(不超过 80 字符),统计其中大写字母的个数。

本例可用两种方法编程,第一种方法的代码如下:

```
#include<stdio.h>
int main()
{
    char c;
    int n=0;
    while((c=getchar())!='\n')              //遇到换行符停止循环
        if(c>=65&&c<=90)
            n++;
    printf("%d\n",n);
    return 0;
}
```

第二种方法的代码如下:

```
#include<stdio.h>
int main()
{
    char s[81];
    int i,n=0;
    gets(s);
    for(i=0;s[i]!='\0';i++)                 //空字符作为结束标志
```

```
        if(s[i]>=65&&s[i]<=90)
            n++;
    printf("%d\n",n);
    return 0;
}
```

上面两段程序中，循环结束的标志分别是换行符和空字符。

第一种方法用的是函数 getchar()，它是从缓冲区取字符（而不是从字符数组中），因此碰到换行符就应该结束。

第二种方法中首先调用了函数 gets()，该函数从缓冲区取回一个字符串（一直取到换行符为止），然后将字符串存到字符数组 s 中，并在最后多写一个空字符'\0'。

假设键盘输入的字符串是"abc"，则字符串从键盘输入直至存入数组的过程如图 10-12 所示。

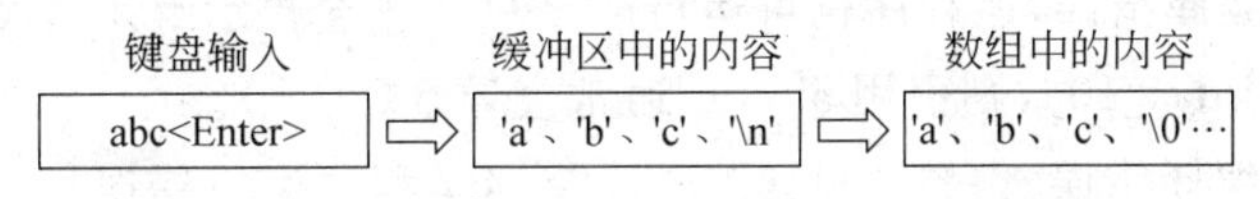

图 10-12　字符串从键盘输入到存入数组的过程

第二种方法在调用 gets()之后开始循环，循环中判断的是数组中的字符而不是缓冲区中的字符，所以遇到空字符即应停止。

综上所述，从缓冲区取字符判断，应以换行符为结束标志，而从数组中取字符判断，应以空字符为结束标志。

想一想：第二段程序中的循环，可不可以写成下面的代码？

```
for(i=0;i<=79;i++)
    if(s[i]>=65&&s[i]<=90)
        n++;
```

提示：可以用下面的方法。

```
for(i=0;i<strlen(s);i++)
    if(s[i]>=65&&s[i]<=90)
        n++;
```

习　题　10

一、选择题

1. C 语言规定，对于一个具有 N 个元素的一维数组，其下标的取值范围是（　　）。
   (A) 0～N　　(B) 1～N　　(C) 0～N－1　　(D) N～1
2. 若有数组定义“int a[10]={1 * 10};”，则以下叙述中正确的是（　　）。
   (A) 数组 a 的所有元素值均为 1

(B) 数组 a 的元素 a[0]初值为 10,其他元素的值均为 0

(C) 数组 a 的元素 a[0]初值为 10,其他元素的值均不确定

(D) 该语句有语法错误

3. 以下定义中,能正确定义一个一维数组的是(   )。

(A) int x=10; int a[x];   (B) int a[0-9];

(C) int [10]a;   (D) int a[2 * 5];

4. 引用数组元素时,数组元素的下标(   )。

(A) 必须是整型常量或变量   (B) 必须是整型表达式

(C) 必须是整型或字符型表达式   (D) 可以是任何类型的表达式

5. 在C程序中,如果引用数组元素时下标取值超过了合理范围,则(   )。

(A) 编译时会提示下标越界   (B) 不会提示编译错误,但程序不能运行

(C) 提示编译错误,但程序仍可运行   (D) 不会提示编译错误,但程序仍可运行

6. 若有定义 int a[10],则引用 a[-1]通常会导致(   )。

(A) 程序编译错误   (B) 程序运行错误

(C) 程序结果错误   (D) 运行错误或结果错误

7. 若有定义"int a[]={1,2,3,4,5,6,7,8,9,10};",则 a[a[8]-a[2] * a[1]]引用的数组元素是(   )。

(A) a[2]   (B) a[3]   (C) a[4]   (D) a[5]

8. 下面程序运行后,数组元素取值为 1 的元素个数是(   )。

```
int main()
{
    int a[]={1,2,3,4,5,6,7,8,9,10},i;
    for(i=0;i<9;i++)
        a[i]=a[i+1]-a[i];
    for(i=0;i<=9;i++)
        printf("%4d",a[i]);
    return 0;
}
```

(A) 7   (B) 8   (C) 9   (D) 10

9. 下面 4 个二维数组的定义中,不正确的是(   )。

(A) int a[3][4]={1,2,3,4,5,6,7,8};

(B) int a[3][4]={{1,2},{3,4},{5,6},{7,8}};

(C) int a[][4]={{1,2,3,4},{5,6,7,8}};

(D) int a[3][4]={{1},{2,3,4,5},{6,7,8}};

10. 若有定义"char s[80];",则不能给 s 输入一个字符串的语句是(   )。

(A) scanf("%s",s[80]);   (B) scanf("%s",s);

(C) scanf("%s",&s);   (D) gets(s);

11. 若有定义“char str[]="abc123\n";”,则 sizeof(str)的值是(　　)。

(A) 6　　(B) 7　　(C) 8　　(D) 9

12. 若有定义“char str[9]="abc123\n";”,则 strlen(str)的值是(　　)。

(A) 6　　(B) 7　　(C) 8　　(D) 9

13. 若有定义“char str[]="C-language\n";”,则 str[10]的值是(　　)。

(A) '\0'　　(B) '\'　　(C) 'n'　　(D) '\n'

14. 若有定义“char str[]="abcd\0e\0f\n";”,则数组所存字符串的长度是(　　)。

(A) 4　　(B) 5　　(C) 6　　(D) 9

15. 若有定义“char str[]="abc\\d\n";”,则 strlen(str)的值是(　　)。

(A) 5　　(B) 6　　(C) 7　　(D) 8

16. 若有定义“char s1[]={'a','b','c'}, s2[]="def";”,则以下叙述中正确的是(　　)。

(A) 两个数组的元素个数都是 3

(B) 两个数组所存都是字符串

(C) 两个数组所存的字符串的长度都是 3

(D) 以上答案都不对

17. 若有定义“char s1[]="abc",s2[]="abc";”,则“if(s1==s2) printf("Yes"); else printf("No");”的执行结果是(　　)。

(A) Yes　　(B) No

(C) 编译错误　　(D) 以上答案都不对

18. 设已定义且初始化了字符数组 s1 和 s2,为保证 strcat(s1,s2)能正确执行,应满足的条件是(　　)。

(A) sizeof(s1)>strlen(s1)+strlen(s2)

(B) sizeof(s2)>strlen(s1)+strlen(s2)

(C) strlen(s1)>sizeof (s1)+sizeof (s2)

(D) strlen(s2)> sizeof (s1)+sizeof (s2)

19. 设已定义了字符数组 s1 和 s2,准备从键盘输入两个字符串,为保证代码 strcpy(s1,s2)总能正确执行,应满足的条件是(　　)。

(A) sizeof(s1)>=sizeof(s2)　　(B) sizeof(s1)>=strlen(s2)

(C) sizeof(s2)>=sizeof (s1)　　(D) s1>=s2

20. 以下程序的输出结果是(　　)。

```
int i,t[][3]={9,8,7,6,5,4,3,2,1};
for(i=0;i<3;i++)
    printf("%d",t[2-i][i]);
```

(A) 753　　(B) 357　　(C) 369　　(D) 751

21. 设有定义“char s[20]={0}; int i=0;”,今欲从键盘输入若干字符存入 s(按回车结束输入)使之成为字符串,并输出字符串中每个字符的 ASCII 码值,则下面代码中所缺的内容分别是(　　)。

```
while((s[i]=getchar())!=________)
    i++;
for(i=0;s[i]!=________;i++)
    printf("%d",s[i]);
```

(A) '\0'、0　　(B) '\n'、0　　(C) '\0'、'\n'　　(D) '\n'、'\n'

22. 设有3个已经定义并初始化的字符串s1、s2、s3,现需要将它们依次连接起来,结果存于s1中,能完成此要求的语句是(　　)。

(A) strcat(strcat(s1,s2),s3);　　(B) strcat(s1,strcat(s2,s3));
(C) strcat(strcat(s3,s2),s1);　　(D) strcat(s3,strcat(s2,s1));

23. 下面代码中,正确的是(　　)。

(A) char a[6]="string";　　(B) char a="string";
(C) int a[]="string";　　(D) char a[]="string";

24. 一维数组的数组名用作指针时,它是(　　)。

(A) 指向一维数组的指针　　(B) 指向一维数组的指针变量
(C) 指向变量的指针　　(D) 指向变量的指针变量

25. 一个指针所包含的信息包括(　　)。

(A) 它所指对象在内存中的位置,即首地址
(B) 它所指对象在内存中的位置以及所指对象的类型
(C) 它所指对象所占的字节数及类型
(D) 它所指对象的数据大小

26. 以下能表示一维数组int a[10]中的下标变量的是(　　)。

(A) *(a+9)　　(B) a[10]　　(C) *(a-1)　　(D) *a+2

27. 二维数组的数组名用作指针时是一个(　　)。

(A) 指向一维数组的指针　　(B) 指向二维数组的指针
(C) 指向下标变量的指针　　(D) 地址

28. 对于二维数组int a[3][4],以下不能表示数组中下标变量的是(　　)。

(A) **(a+1)　　(B) (*a)[2]　　(C) *(a[2]-1)　　(D) *(a+1)

29. 对于二维数组int a[3][4],以下说法正确的是(　　)。

(A) *(a+1)指向a[1]　　(B) *a是变量
(C) *(a[2]-1)是a[1][3]　　(D) *a+1是a[0][1]

30. 对于二维数组int a[3][4],当数组名用作指针时,以下说法正确的是(　　)。

(A) *a指向a[0]　　(B) a和&a[0]等价
(C) a和a[0]等价　　(D) &a[0]指向a[0][0]

二、编程题

1. 从键盘输入10个整数存入一维数组,将其中的最大值与最小值交换位置,其他数据位置不变。

2. 体操比赛有8个裁判打分,去掉最高、最低分各一个,求选手最终得分。结果保留

两位小数。

3. 从键盘输入一行英文字母，将所有字符按字典顺序排列。

4. 数组 int a[10]中已有 9 个整数已排好序(从大到小)，从键盘输入一个整数，将其插入到合适的位置，插入后数组中的数据仍然按从大到小的顺序排列。

5. 从键盘输入 10 个整数，找出其中不重复的数，若没有，输出 No。

6. 找出一维数组中的众数，所谓众数，就是出现次数最多的数(可能不止一个，也可能没有，若没有，输出 No)。

7. 定义数组 int a[10]，接收键盘输入的数，不管用户输入什么数，数组 a 只接收不重复的数(第一次出现的数)，最终，a 中存储的是 10 个不重复的整数。

8. 从键盘输入一个字符串，判断它是不是回文字符串。所谓回文，是指顺读、倒读都相同，即左右对称，比如 abcba。

9. 输入一行英文句子，统计该句子中有多少个单词(单词之间有空格)。

10. n 个人围成一圈从 1 开始报数，报到 3 的人退出圈子，剩下的人继续从 1 开始报数，报到 3 的退出，如此下去，直到圈里只剩一个人。问：剩下的人是谁？

11. 从键盘输入总共 10 个人、每人三门课的成绩，求每人平均成绩、每科平均成绩及总平均。

12. 从键盘输入一个奇数 $n(3\leqslant n\leqslant 19)$，输出 n 阶魔方阵。所谓魔方阵，是指由 1,2,3…n^2 组成的 $n\times n$ 矩阵每行数据之和、每列之和以及对角线之和都相等。例如：

8　1　6

3　5　7

4　9　2

13. 找出二维数组中的鞍点。所谓鞍点，就是该位置上的数在该行最大，在该列最小。若没有鞍点，输出 No。

14. 编程计算两个矩阵相乘的结果。两个矩阵的行数、列数分别是 2、3 和 3、4。

15. 编程将数组所存字符串的前 n 个字符复制到另一个数组中并使之成为一个字符串。

16. 从键盘输入三行英文句子，每行最多 80 字符，分别统计每行中大写字母、小写字母、数字和空格的个数。

17. 80 枚硬币中有一枚假币(略轻)，用天平称 4 次，找出假币。

提示：天平两边都可以放硬币。

18. 从键盘输入一个不超过 80 字符、只有加减乘除运算、不含括号的表达式，先将表达式存入字符数组，然后计算表达式的值。

第11章 用指针变量访问下标变量

本章内容提要

(1) 用指针变量访问下标变量的方法。

(2) 用指针变量访问下标变量的场合。

数组中的下标变量有两种表示方法：下标法和指针法，但下标法最终也要被处理成指针法。用指针法表示下标变量时，既可以使用数组名，也可以使用指针变量。数组一章中介绍的是用数组名表示下标变量，本章介绍如何用指针变量表示下标变量，以及用指针变量表示下标变量的适用场合。

11.1 用指针变量访问下标变量的方法

11.1.1 知识回顾

第9章讲述了通过指针变量访问简单变量的方法，即先让指针变量存储一个简单变量的地址，例如：

```
int a, * p=&a;              //定义指针变量 p,并让它指向 a
```

在指针变量 p 已存储简单变量 a 的地址的情况下，可以通过 p 访问 a，即可以用 * p 表示变量 a：

```
* p=2;                      //相当于 a=2;
```

本节讲述的是如何通过指针变量来存取下标变量。因为下标变量也是变量，自然也可以用上面所用的方法。

11.1.2 用指针变量访问一维数组中的下标变量

假如要访问一维数组 a 的第 0 个元素 a[0]，必须先定义一个指针变量，并且让它存储 a[0]的地址，即：

```
int a[4],b, * p=&a[0];      //p=&a[0]与 p=a 等价
```

此后，程序中用到 a[0]的时候，就可以用 * p 表示 a[0]了。例如：

```
*p=5;                    //相当于 a[0]=5;
b=*p;                    //相当于 b=a[0];
```

但是,这样只能表示 a[0],若程序中用到 a[1]、a[2]、a[3]怎么办? 难道要再定义几个指针变量,分别指向 a[1]、a[2]、a[3]? 当然不需要,因为数组有一个特点: 所有元素都是连续存放的。

而且,指针(包括指针变量)有一个特点: 对指针加 1(减 1),意味着它指向下一个(上一个)对象。例如,若指针 p 指向变量 x,则 p+1 就指向 x 后面的、与 x 相邻且与 x 同类型的变量。

上面的代码,已经让 p 指向了 a[0],那么,p+1 就指向 a[1],如图 11-1 所示。于是便可以用 *(p+1)表示 a[1]。

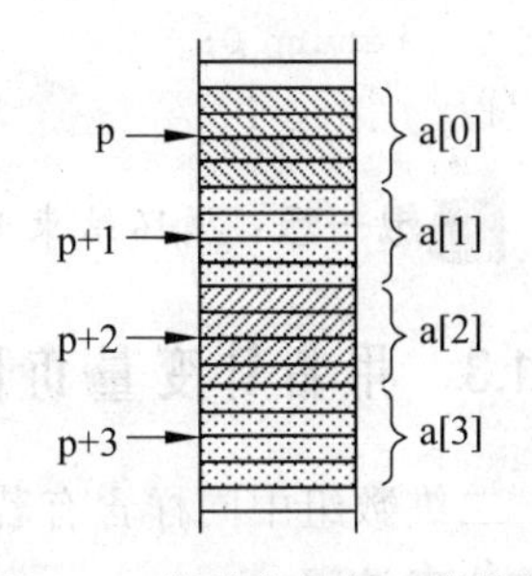

图 11-1　指针变量与一维数组

同样的道理,也可以通过 p 访问到 a[2]、a[3]……

下面的程序可以把数组 a 中的所有元素输出。

```
int a[10]={1,2,3,4,5,6,7,8,9,0};
int *p=a,i;
for(i=0;i<=9;i++)
    printf("%3d",*(p+i));
```

想一想: *是否一定要先让 p 指向 a[0]? 若让 p 开始指向 a[5],还能不能用 p 表示出所有的下标变量?*

上面的程序中,p 在循环过程中始终不变,变的是 i。

下面的代码,也能把所有元素输出,但是循环过程中,p 是变的:

```
int a[10]={1,2,3,4,5,6,7,8,9,0},*p=a,i;
for(i=0;i<=9;i++)
    printf("%3d",*(p++));
```

或:

```
int a[10]={1,2,3,4,5,6,7,8,9,0},*p;
for(p=a;p<=a+9;p++)
    printf("%3d",*p);
```

上面的三段代码,都可以输出数组中的数据,但后两段的执行效率比第一段的效率要高,因为后两段代码比第一段代码少了一个从内存中取 i 的过程。

例 11.1　从键盘输入 10 个整数存入数组,求和。要求: 用指针操作。

程序代码如下:

```
#include<stdio.h>
int main()
{
    int i,a[10],*p=a,sum=0;
```

```
    for(i=0;i<=9;i++){
        scanf("%d",p);    //p指向a[i],p的值就是a[i]的地址
        sum+=*p;
        p++;
    }
    printf("%d\n",sum);
    return 0;
}
```

想一想：循环结束时，p指向哪里？

11.1.3 用指针变量访问二维数组中的下标变量

二维数组中同样含有若干下标变量，而且它们也是连续存放的，故也可以用上面所说的方法来访问。

例如，若有代码：

```
int a[2][3],*p;           //p用来指向变量
p=a[0];                   //不要写成"p=a;",可以写成"p=&a[0][0];"
```

注意：给指针变量赋值时，必须赋予它一个同类型的指针。若不相同，需强制转换后再赋值，例如："p=(int*)a;"，否则将被警告。

则赋值后，p指向a[0][0]。p+1指向a[0][1]，p+2指向a[0][2]，p+3指向a[1][0]……如图11-2所示。

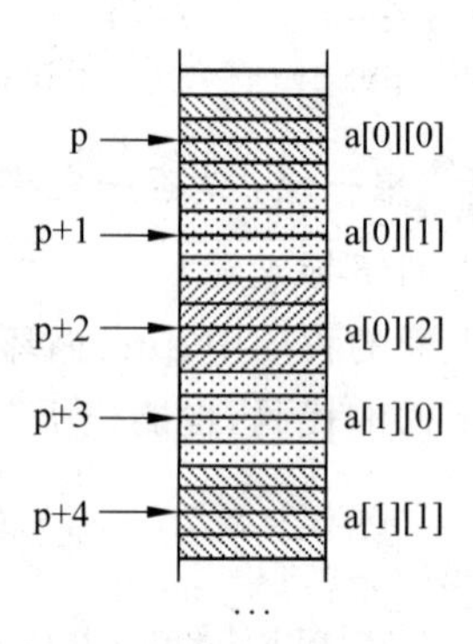

图11-2 指针变量与二维数组

因此，可以在程序中用p表示出二维数组a的所有下标变量。

下面的程序可以将a中所有数据输出：

```
int a[2][3]={1,2,3,4,5,6},i,*p=a[0];
for(i=0;i<=5;i++)
    printf("%3d",*(p+i));
```

也可以写成：

```
int a[2][3]={1,2,3,4,5,6},i,j,*p;
p=a[0];
for(i=0;i<=1;i++)
    for(j=0;j<=2;j++)
        printf("%3d",*(p+3*i+j));
```

还可以写成：

```
int a[2][3]={1,2,3,4,5,6},i,*p;
for(p=a[0];p<=a[0]+5;p++)
    printf("%3d",*p);
```

注意：用指针变量访问数组中的下标变量有一个前提，就是必须先让指针变量指向其中一个下标变量，比如上面程序中的 p=a[0]，让 p 指向了 a[0][0]。

试一试：上面最后一段程序中，循环条件 p<=a[0]+5 可否写成 p<=a+5？上机运行一下看输出几个数据，并解释其原因。

例 11.2　从键盘输入三行字符（每行不超过 80 个字符），统计其中大写字母出现的次数。

程序代码如下：

```
#include<stdio.h>
int main()
{
    char s[3][81], *p;
    int i,j,sum=0;
    for(i=0;i<=2;i++)
        gets(s[i]);
    for(i=0;i<=2;i++)
        for(p=s[i]; *p!=0;p++)
            if(*p>=65&& *p<=90)
                sum++;
    printf("%d\n",sum);
    return 0;
}
```

11.2　用指针变量访问下标变量的适用场合

11.1 节介绍的是如何通过指针变量访问下标变量。其实对于 11.1 节中的几个例子来说，根本不需要指针变量，直接用数组名就可以把下标变量表示出来，为什么还要学习用指针变量来表示它们？

这是因为，数组也有全局和局部之分，而且多数情况下都是局部的（尽量不用全局变量和全局数组）。一个在函数中定义的局部数组，经常需要让别的函数来使用或操作其中的数据，而别的函数是不允许使用数组名的（不属于数组的作用域），此时，就只能通过指针变量来间接访问数组中的下标变量。这是指针变量的另一个重要作用，也是学习本章内容的主要目的。

例 11.3　主函数中定义了数组 int a[5]={3,5,2,8,6}，编写一个 sum()函数求数组中所有数据之和。

题目分析：

sum()函数要对数据进行求和，必须要知道这些数据都是多少，如何让被调函数知道这些数呢？

最容易想到的方法是：把 5 个数据作为参数分别传递给 sum()函数，即这样调用：sum(a[0],a[1],a[2],a[3],a[4])。对于数据量比较大的数组来说，这个方法显然不合适。

还有一种方法，是在9.3节中介绍过的变量地址作为参数的方法：把第一个数据a[0]的地址传递给sum()，sum()便可以找到并使用a[0]了。并且，由于数组中的下标变量是连续存放的，sum()得到a[0]的地址，就相当于知道了所有下标变量的地址，可以访问到所有的数据。本例所用的就是这种方法。

下面是程序代码：

```
#include<stdio.h>
int sum(int * );
int main()
{
    int a[5]={3,5,2,8,6},s;
    s=sum(a);                 //实参a,就是&a[0]
    printf("%d\n",s);
    return 0;
}
int sum(int * p)              //参数传递后,p指向a[0]
{
    int i,s=0;                //这里的s与主函数中的s并不是同一个变量
    for(i=0;i<=4;i++)
        s+= * (p++);
    return s;
}
```

说明：代码中s+=*(p++)的执行过程是先执行s+=*p再执行p++。

例11.4 主函数定义一个数组并初始化，调用一个函数，使数组中的每个数据都变成原来的2倍，最后主函数输出变化后的数据。

程序代码如下：

```
#include<stdio.h>
void db(int * p)              //参数传递后,p指向a[0]
{
    int i;
    for(i=0;i<=4;i++)
        * p= * (p++) * 2;
}
int main()
{
    int a[5]={3,5,2,8,6},i;
    db(a);                    //实参a,就是&a[0]
    for(i=0;i<=4;i++)
        printf("%3d",a[i]);
    return 0;
}
```

上面两例说明,把一个下标变量的地址传递给被调函数后,被调函数不但可以使用整个数组中的数据(见例 11.3),也可以修改这些数据(见例 11.4)。

上面两个例子中,被调函数的形参“int *p”都可以写成 “int p[]”,两种写法等价。写成 int p[]时,[]中也可以写上数组元素的个数,但写了也会被编译器忽略。因为 p 根本就不是一个数组,而是一个指针变量。

说明:下面的程序,可以验证 p 是不是数组。注意分析运行结果。

```
#include<stdio.h>
void sub(int p[])
{
    printf("p的空间大小: %d\n",sizeof(p));        //若 p 是数组,结果应为 40
    printf("p的值: %p\n",p);
    printf("p的地址: %p\n",&p);                     //若 p 是数组,结果应与 p 的值相同
    p++;                                            //若 p 是数组,此处应是语法错误
    printf("p++后的值: %p\n",p);                   //验证 p 是否变了
}
int main()
{
    int  a[10]={1,3,5,2,7,9,6,8,0,4};
    printf("a的空间大小: %d\n",sizeof(a));
    printf("a的值: %p\n",a);                        //输出数组 a 的首地址
    sub(a);
    printf("函数调用后 a 的值: %p\n",a);            //验证是不是单向传递
    return 0;
}
```

程序运行结果:

虽然写成 int p[5]或 int p[]时,p 仍然是一个指针变量,但可以把 p“当作”是一个数组来看待,在被调函数中可以用诸如 p[0]、p[3]的方式访问下标变量。因为这种下标法,最终会被处理成指针法。例如,p[3]会被处理成 *(p+3)。

其实写成 int *p 时,也可以用 p[i]这种下标法的方式访问下标变量,道理同上。

下面再介绍一个二维数组的例子,也是下标变量的地址作为参数。

例 11.5　主函数输入 3 行整数,每行 5 个,请找出最大数和最小数。要求最后结果在主函数中输出,且不允许使用全局变量。

程序代码如下:

```
#include<stdio.h>
void sub(int*,int*,int*);                          //其中 int* 也可以写成 int[]
```

```
int main()
{
    int a[3][5],max,min,i,j;
    for(i=0;i<=2;i++)
        for(j=0;j<=4;j++)
            scanf("%d",&a[i][j]);
    sub(a[0],&max,&min);          //传递a[0][0]的地址及两个简单变量的地址
    printf("%d,%d\n",max,min);
    return 0;
}
void sub(int *p,int *pmax,int *pmin)
{
    int i;
    *pmax=*pmin=*p;
    for(i=1;i<=14;i++){
        if(*pmax<p[i])
            *pmax=p[i];
        if(*pmin>p[i])
            *pmin=p[i];
    }
}
```

想一想：若a是一个三维数组，实参应该怎样写？

提示：参数传递时，应该给形参传递一个同类型的指针。

习 题 11

一、选择题

1. 设有数据定义"int *p,a[3][4];"，则对于表达式p=a，下面说法正确的是(　　)。
   (A) p和a类型不一致，不能赋值
   (B) 能赋值但会被警告，赋值后p指向一维数组a[0]
   (C) 能赋值但会被警告，赋值后p指向变量a[0][0]
   (D) 能赋值但会被警告，赋值后p指向二维数组a
2. 若有定义"int a[3][4][5],*p;"，想要p指向a[0][0][0]，不恰当的赋值是(　　)。
   (A) p=a　　(B) p=*a[0]
   (C) p=a[0][0]　　(D) p=&a[0][0][0]
3. 指针变量指向什么类型的对象，取决于(　　)。
   (A) 指针变量的定义　　(B) 赋值号右侧指针的类型
   (C) 数组的维数　　(D) 与上面所说都有关系

4. 若有数据定义“int *p,a[5];”,则 p=&a[2]后,不能表示 a[0]的表达式是(　　)。

(A) *a　　(B) *p　　(C) *(p-2)　　(D) p[-2]

5. 若有定义“int a[3][4],*p;”,且已执行 p=a[0],则不能表示 a[2][2]的是(　　)。

(A) *(*(a+2)+2)　　(B) *(*(p+2)+2)

(C) *(p+10)　　(D) p[10]

6. 若主函数有定义“int a[3][4];”,被调函数中形参是 int *p,且调用时实参是 a[1],则在被调函数中能表示 a[2][2]的是(　　)。

(A) *(*a+10)　　(B) *(p+10)

(C) *(p+6)　　(D) *(*(a+2)+2)

7. 若主函数有数组定义“int a[2][3];”,被调函数中形参是 int *p,且调用时实参是 a,则在被调函数中输出 *p 的结果是(　　)。

(A) 二维数组 a 的地址　　(B) 一维数组 a[0]的地址

(C) 变量 a[0][0]的地址　　(D) 变量 a[0][0]的值

8. 对于下面的程序结构,以下说法错误的是(　　)。

```
void sub(int x[])
{
    //略
}
int main()
{
    int a[6]={1,2,3,4,5,6};
    sub(a);
    //略
}
```

(A) 可以在被调函数中改变数组 a 中的数据,所以数组名作为参数是双向传递

(B) 数组名是实参,数组中的数据不是实参,数据变了,实参并没有发生变化,所以不能说是双向传递,还是单向传递

(C) 如果在被调函数中改变形参 x 的值,实参 a 不会变化

(D) a 是数组,x 不是数组,而是一个指针变量

9. 关于下标变量的表示,下面说法错误的是(　　)。

(A) 任何时候都可以用数组名来表示

(B) 在数组的作用域内,可以用数组名表示

(C) 必须使指针变量指向其中一个下标变量后才可以用指针变量表示

(D) 设有数据定义“int a[5],*p=a;”,则 *(a+i)比 *(p+i)的执行效率高

10. 下面程序的运行结果是(　　)。

```
void swap1(int c[])
{
    int t;
    t=c[0];c[0]=c[1];c[1]=t;
```

```
}
void swap2(int c0,int c1)
{
    int t;
    t=c0;c0=c1;c1=t;
}
int main()
{
    int a[2]={1,2}, b[2]={3,4};
    swap1(a);
    swap2(b[0],b[1]);
    printf("%d,%d,%d,%d\n", a[0],a[1],b[0],b[1]);
    return 0;
}
```

(A) 1,2,3,4　　(B) 2,1,3,4　　(C) 2,1,4,3　　(D) 1,2,4,3

11. 下面程序段的输出结果是(　　)。

```
int a[]={1,2,3,4,5}, * p=a;
printf("%d", * (p++));
printf("%d", * (++p));
```

(A) 12　　(B) 11　　(C) 13　　(D) 23

12．下面程序段的输出结果是(　　)。

```
int a[2][3]={1,2,3,4,5}, * p=a;
printf("%d%d",**a,**(a+1));
printf("%d%d", * p, * (p+1));
```

(A) 1212　　(B) 1414　　(C) 1214　　(D) 1412

13. 以下程序段的运行结果是(　　)。

```
int a[]={1,3,5,7,9,11}, * p=a;
printf("%d\n", * p+1);
```

(A) 1　　(B) 2　　(C) 3　　(D) 4

14. 以下程序段的运行结果是(　　)。

```
int a[]={1,2,3,4,5,6}, * p=a;
printf("%d\n", * p++);
```

(A) 1　　(B) 2　　(C) 3　　(D) 4

15. 以下程序段的运行结果是(　　)。

```
int a[]={1,2,3,4,5,6}, * p=a;
printf("%d\n", * (p+a[2]));
```

(A) 3　　(B) 4　　(C) 5　　(D) 6

16. 以下程序段的运行结果是(　　)。

```
void sub(int *p)
{
    p[0]=p[-1]+p[1];
}
int main()
{
    int a[]={1,2,3,4,5}, *p=a;
    sub(&a[1]);
    printf("%d\n",a[1]);
}
```

(A) 2　　(B) 3　　(C) 4　　(D) 5

二、编程题

1. 主函数中定义数组并输入数据，由被调函数排序，然后由主函数输出。

2. 一维数组中存有 10 个人的考试成绩，请编写两个被调函数分别用于：

(1) 求平均成绩。

(2) 找出最高成绩。

3. 从键盘输入一行字符，由被调函数统计其中英文字母和数字的个数，主函数输出结果。

4. 总共 10 个人参加考试，每人 3 门课，想计算每门课的平均成绩，主函数框架如下：

```
int main()
{
    int a[10][3],i,j,aver1,aver2,aver3;
    for(i=0;i<=9;i++)
        for(j=0;j<=2;j++)
            scanf("%d",&a[i][j]);
    ________________;          //调用 sub()函数
    printf("%d,%d,%d\n",aver1,aver2,aver3);
    return 0;
}
```

请编写 sub()函数，并在主函数中的横线上填写合适的代码。

指针综述

本章内容提要

(1) 指向数组的指针。

(2) 指针变量与字符串。

(3) 指向变量与函数。

(4) 指针数组和指向指针变量的指针。

(5) 带参数的 main()函数。

(6) 动态内存分配。

本书第 9 章和第 11 章已介绍了指针的概念,并且详细讲述了指向变量(含下标变量)的指针及用法,但是,C 语言中不只一种指向变量的指针,还有很多其他类型的指针,本章重点讲述 C 语言中其他指针类型以及各自的用法。

12.1 指针类型简介

C 语言中,指针的类型有多种,常用的指针类型及指针变量的定义方法如表 12-1 所示。

表 12-1 常用的指针类型举例及指针变量的定义方法

<table>
<tr><td rowspan="7">若有数据定义
(以 int 型为例):
int a;
int b[4];
int c[3][4];
int d[2][3][4];
int * point[5];
函数定义:
int max(int a,int b)
{
    //略
}</td><th>指 针 类 型</th><th>指 针 举 例</th><th>指针变量的定义</th></tr>
<tr><td>指向变量</td><td>&a,b,&b[0],b+1,c[1],d[0][2]…</td><td>int * p;</td></tr>
<tr><td>指针数组(指向变量)</td><td></td><td>int * point[5];</td></tr>
<tr><td>指向一维数组</td><td>&b,c,c+1,d[0],d[0]+1,d[1]…</td><td>int (* p)[4];</td></tr>
<tr><td>指向二维数组</td><td>&c,d,d+1…</td><td>int (* p)[3][4];</td></tr>
<tr><td>指向函数</td><td>max</td><td>int (* p)(int,int);</td></tr>
<tr><td>指向指针变量</td><td>point,&point[0]…</td><td>int * * p;</td></tr>
</table>

指向变量的指针以及指针数组,通常被用来表示变量。

指向数组的指针,可用来表示数组,也可进一步表示数组中的下标变量。

指向函数的指针，可用来调用函数。

指向指针变量的指针，可用来表示指针变量，也可进一步表示变量。

注意表中的第四列，该列列举的是指针变量的各种定义方法，不同种类的指针变量，其定义格式是不相同的。

12.2　指向变量的指针

鉴于前面章节已详细讲述了指向变量的指针变量，故本节只简单介绍一下指向变量的不可变指针，并对指针变量做一点补充说明。

12.2.1　指向变量的不可变指针

设有数据定义：

```
int a,b[3],c[2][3];
```

则 &a、b、&b[0]、&b[1]、&b[2]、c[0]、c[1]、&c[0][0]…都是指向变量的不可变指针，它们各自所指的变量如表 12-2 所示，在变量生存期内，这些指针的值是固定的，不可变的。

表 12-2　指向变量的不可变指针及所指对象

指针	&a	b	&b[0]	&b[1]	&b[2]	c[0]	c[1]	&c[0][0]	&c[0][1]
所指变量	a	b[0]	b[0]	b[1]	b[2]	c[0][0]	c[1][0]	c[0][0]	c[0][1]

提示：变量的指针和一维数组的名字，都是指向变量的指针。

利用上面这些不可变指针可以表示出它们所指的变量或相邻的变量，例如：

```
*b=1;                    //相当于 b[0]=1
*(b+1)=2;                //相当于 b[1]=2
*c[0]=3;                 //相当于 c[0][0]=3
*(c[1]+2)=4;             //相当于 c[1][2]=4
```

12.2.2　指向变量的指针变量

下面定义的是指向变量的指针变量：

```
int *p1;
float *p2;
```

提示：定义中既没有小括号，也没有中括号，这样定义的指针变量一定是指向变量的。

一个指向变量的指针变量，用来存储变量的地址，但它所存的地址并非是固定不变的，它可以先存这个变量的地址，再存另一个变量的地址，即它所指的对象是可以换的。

关于用指针变量访问变量的方法以及使用场合，本书前面用单独的两章（第9章和第11章）已做了详细介绍，这里不再赘述。

12.3 指向数组的指针

C语言中有指向变量的指针，也有指向一维数组的指针，还有指向二维数组的指针……

说明：指向多维数组的指针很少用到，故本节只介绍指向一维数组的指针。

12.3.1 指向一维数组的不可变指针

如前所述，一维数组的名字被用作指针时，指向变量；二维数组的名字被用作指针时，指向一维数组；三维数组的名字被用作指针时，指向二维数组……

设有数组定义：

int a[2][3],b[2][2][3];

则a用作指针时就是一个指向一维数组的指针，指向a[0]，a[0]是一个一维数组的名字。

b[0]、b[1]也都是二维数组的名字，都可作为指向一维数组的指针来使用。

利用指向一维数组的指针，可以表示一维数组，例如，一维数组a[0]，可以用 *a 表示。一维数组a[1]，可以用 *(a+1) 表示……如表12-3所示。

表12-3 指向一维数组的指针及所指的一维数组

二维数组名	a		b[0]		b[1]	
指向一维数组的指针	a	a+1	*b	*b+1	*(b+1)	*(b+1)+1
所指一维数组(下标法)	a[0]	a[1]	b[0][0]	b[0][1]	b[1][0]	b[1][1]
所指一维数组(混合法)			*b[0]	*(b[0]+1)	*b[1]	*(b[1]+1)
所指一维数组(指针法)	*a	*(a+1)	**b	*(*b+1)	**(b+1)	*(*(b+1)+1)

表中第一行都是二维数组的名字，都是指向一维数组的指针。

表中第二行，也都是指向一维数组的指针(后4个是用指针法表示的)。

表中第三行是用下标法表示的一维数组(是第二行指针所指的一维数组)，第四行是用混合法表示的同一个一维数组，第五行是用指针法表示的同一个一维数组。

考考你：还能不能写出另外一种形式的混合表示法？

利用指向一维数组的指针，不仅可以表示出一维数组，还可以进一步表示出下标变量，以二维数组int a[2][3]为例，其下标变量的表示方法如表12-4所示。

表12-4 用指向一维数组的指针表示下标变量

下标变量	a[0][0]	a[0][1]	a[0][2]	a[1][0]	a[1][1]	a[1][2]
指针法表示	**a	*(*a+1)	*(*a+2)	*(*(a+1))	*(*(a+1)+1)	*(*(a+1)+2)

说明：除了表中所列的表示方法外，还有两种混合表示法。

12.3.2 指向一维数组的指针变量

1. 指向一维数组的指针变量的定义

定义格式：

类型 (* 指针变量名)[元素个数];

说明：格式中的类型和元素个数，都应与欲对应的一维数组的类型和元素个数一致。

注意：* 和指针变量名必须放在括号之中，否则定义的就不是指向一维数组的指针变量，而是一个指针数组。

例如，下面定义的是一个指向一维数组的指针变量，用来处理含有 5 个元素的 int 型的一维数组：

```
int (*p)[5];
```

这个指针变量 p 可以存放一个 int[5]型一维数组的地址。

例如：

```
int a[3][5],(*p)[5];
p=a;
```

或者：

```
int a[3][5],(*p)[5]=a;
```

以上两种写法等价，赋值后 p 都指向一维数组 a[0]。

注意：把数组名赋值给指向一维数组的指针变量时，数组名的指针类型必须和指针变量 p 的类型相同，包括定义时最前面的类型标识符相同(都是 int)，数组的列数必须和指针变量定义所规定的元素个数相同(都是 5)。

又如：

```
int a[10],(*p)[10];
p=&a;            //不要写"p=a;",因为类型不同,会受到警告
```

代码执行后，p 指向一维数组 a。

2. 指向一维数组的指针变量的运算

对指向一维数组的指针变量加减 1，意味着向后或向前跳过一个一维数组。

观察下面程序段的运行结果，注意 p 中所存地址增加了多少字节。

```
int a[2][3],(*p)[3]=a;
printf("%p\n",p);
p++;
```

```
printf("%p\n",p);
```

结果如下：

```
0012FF30
0012FF3C
```

3. 指向一维数组的指针变量的用途

指向一维数组的指针变量p，常用来表示数组中的下标变量。例如，若有代码：

```
int a[3][5],(*p)[5]=a;
```

则二维数组中任意一个下标变量都可以用两种方法表示。

(1) 下标法：p[i][j]。

(2) 指针法：*(*(p+i)+j)。

12.3.3 指向一维数组的指针变量的适用场合

指向一维数组的指针变量，常用来作为函数的形参，以便在被调函数中间接访问数组中的下标变量。

说明：*在数组的作用域内，直接用数组名即可表示下标变量，不需要指针变量。*

例12.1 已知共3人、每人4门课的考试成绩，编写一个被调函数求出他们的总平均成绩。

题目分析：

3人4门课，总共有12个分数。由于这12个分数可以组成一个有行有列的表格，故主函数中需要用二维数组来存储它们。被调函数要计算总平均，必须知道这12个分数，可以把数组的起始地址传递给被调函数。

被调函数要存储数组的起始地址，形参必须是指针变量。

本例有两种解法：一种解法是主调函数传递一维数组的地址，被调函数定义一个指向一维数组的指针变量作形参；另一种解法是主调函数传递变量的地址，被调函数用指向变量的指针变量作为形参。下面分别是两种解法的代码。

解法1：

```
#include<stdio.h>
float average(int (*p)[4])                    //参数传递后,p指向a[0]
{
    float sum=0;
    int i;
    for(i=0;i<=11;i++)
        sum+=*(*p+i);                         //*p即a[0],指向a[0][0]
    return sum/12;
}
int main()
{
```

```
    int a[3][4]={67,86,90,77,92,88,79,80,65,30,78,66};
    printf("%.2f\n",average(a));
    return 0;
}
```

说明：average()中也可以用双重循环使用 *(*(p+i)+j)来表示分数。

解法 2：

```
#include<stdio.h>
float average(int *p)                    //参数传递后,p 指向 a[0][0]
{
    float sum=0;
    int i;
    for(i=0;i<=11;i++)
        sum+=*(p+i);
    return sum/12;
}
int main()
{
    int a[3][4]={67,86,90,77,92,88,79,80,65,30,78,66};
    printf("%.2f\n",average(a[0]));
    return 0;
}
```

两种解法的运行结果相同,如下：

```
74.83
```

想一想：若解法 2 中主函数调用 average 时实参写的是 a,那么参数传递后 p 指向什么？指向二维数组,一维数组,还是变量？

注意：不管传递 a,还是 a[0]或 &a,p 永远都指向变量。p 指向什么类型的对象是由 p 的定义决定的,与赋值号右边数据的类型无关。不管给它一个什么类型的地址,它一律都认作是变量的地址,因为它是用来存变量的地址的,且只能存变量的地址。就如同执行“int n=3.14;”后 n 的类型不会变为 double 一样。

说明：如果实参类型与形参 p 的类型不一致,系统会自动将其转换为 p 的类型,然后再传递给 p,这种情况在 VC 中编译时会给出一个警告。

说明：若程序中不是参数传递而是赋值：p=a,情况与参数传递类似,也要经过自动转换然后再赋值,实际执行的赋值是 p=(int *)a。同样,编译时也会被警告。

12.4　指针与字符串

12.4.1　字符串的表示方式

1. 字符数组表示法

C 语言中没有字符串类型的变量,要想存储字符串,通常都是定义一个字符数组,例如：

```
char s[]="Hello";            //用字符串初始化数组
```

若是局部数组，在程序执行到该定义时，系统会在动态存储区（栈区）给数组分配空间，并将字符串存入。

也可以先定义数组，然后再将字符串存入：

```
char s[10];
strcpy(s, "Hello");          //向数组中存储一个字符串
```

注意：向已经分配好空间的数组中存储一个字符串时，不能这样写：s＝"Hello"，也不能这样写：s[10]＝"Hello"。前者是因为s在这里不代表整个数组，它已退化为一个不可变的指针，不能赋值；后者是因为s[10]代表一个字符变量而不是整个数组，并且下标越界。

2. 指针变量表示法

其实，C语言中还可以用指针变量来"**表示**"（不是存储）字符串，例如：

```
char *p="Hello";
```

或者：

```
char *p;
p="Hello";
```

上面两种写法等价。

程序装载时（不是运行时），系统会在内存的常量区把"Hello"存好，存成一个字符数组的形式，只不过，这个数组没有名字，程序中无法通过数组名访问其中的字符。

程序执行时（到p的作用域时），系统会再在动态存储区（栈区）给指针变量p开辟4字节空间（VC中），并且把字符串首字符的地址存放到p中。

注意：p中存的不是字符串，而是字符串第一个字符'H'的地址。

想一想：执行上面的代码后，p指向什么？指向字符还是字符串？

试一试：运行下面的代码，看结果是什么，通过分析结果，可以知道p是不是指向字符串。

```
char *p="Hello";
printf("%p,%p\n",p,p+1);
printf("%c,%c\n",*p,*(p+1));
```

运行结果：

```
00422FB0,00422FB1
H,e
```

结论：p是指向字符的，不是指向字符串的，C语言中没有指向字符串的指针变量。

下面的代码,包含一个用指针变量表示字符串时常犯的错误。

```
char *p;
scanf("%s",p);
```

程序设计者以为,这样可以从键盘输入一个字符串,并且存放到 p 中。也有人这样以为:输入一个字符串,系统会把它存好,然后把首地址存放到 p 中。这两种理解都是错误的。

第一种理解之所以错误,是因为 p 是存地址的,不是存字符串的。

第二种理解之所以错误,是因为只有在程序中用双引号形式直接写出来的字符串(内容和长度都是确定的),编译器才会给它在常量区分配空间,并且在装载程序时自动将它存好(其空间不需要通过数组定义来申请)。而对于键盘输入的字符串,其内容和长度无法预知,所以不可能在编译时分配空间,只能靠用户在程序中自己定义数组,才会在运行时从栈区分配空间。而上面的代码只定义了 p,没有定义数组,所以内存中没有字符串的存储位置(空间)。

实际上,scanf("%s",p)的执行过程是:从键盘取回一个字符串,存放到以 p 的值为首地址的空间中。p 指向哪里? p 是个野指针,它所指的位置,根本不是字符串的存储位置。

正确的设计应该是先定义一个数组(不只定义一个指针变量),然后再输入字符串。例如:

```
char s[20], *p=s;
scanf("%s",p);
```

或:

```
char s[20];
scanf("%s",s);
```

12.4.2　用指针变量处理字符串

例 12.2　主函数程序框架如下面代码所示,请在中间填写代码,以便能将两个字符串按从小到大的顺序(字典顺序)输出。

```
int main()
{
    char *p1="Fortran", *p2="Basic";
    //在此填写合适的代码



    printf("%s,%s\n",p1,p2);
    return 0;
}
```

题目分析：

由于程序最终输出的顺序，是先输出 p1 所对应的字符串，后输出 p2 所对应的字符串，因此，所缺代码应做的工作是使 p1 存储“小串”的首地址，使 p2 存储“大串”的首地址。

字符串的比较可以用 strcmp()函数，比较之后，如果 p1 对应的是“大串”，怎样才能让它对应“小串”？

有两种方法可以考虑。

(1) 交换两个字符串。但两个字符串长短不同，“短串”的空间存不下“长串”，所以无法实现。

说明：即便字符串长度都相等，也不能交换，因为这两个字符串都存放在常量区，都是 const char 型数组，VC 下不允许被改写。

(2) 将 p1 和 p2 所存地址交换，即让 p1 存储 p2 的值(“小串”的地址)，p2 存储 p1 的值(“大串”的地址)。

所以，所填代码应该为

```
char * temp;
if(strcmp(p1,p2)>0){
    temp=p1;
    p1=p2;
    p2=temp;
}
```

例 12.3 主函数中有两个字符串，定义如下：

```
char s1[20]="Hello",s2[]=" World!";
```

编程序，在被调函数中将 s2 的内容连接到 s1 之后，使 s1 的内容变成" Hello World!"。不允许使用 strcat()函数。

题目分析：

要将 s2 中的字符串连接到 s1 之后，需要将 s2 中第一个字符(空格)复制到 s1 中字符'o'的后面，把 s1 中的空字符覆盖，还需要把第二个字符复制到空格的后面……待把所有字符都复制完，后面还需要添加一个字符串结束标志。要完成此任务，被调函数需要得到两个字符串的首地址。

下面是程序代码：

```
#include<stdio.h>
void my_strcat(char * ,char * );
int main()
{
    char s1[20]="Hello",s2[]=" World!";
    my_strcat(s1,s2);
    printf("%s\n",s1);
    return 0;
}
```

```
void my_strcat(char *p1,char *p2)
{
    while(*p1)
        p1++;
    while(*p2)
        *p1++=*p2++;
    *p1=0;
}
```

其中，第一个循环是为了移动指针变量 p1 使之指向 s1 中的空字符。

第二个循环相当于这样写：

```
while(*p2!='\0'){
    *p1=*p2;
    p1++;
    p2++;
}
```

12.5　指针与函数

C 语言中，指针可以和函数结合使用，使得函数的调用更加灵活。另外，一个函数也可以返回一个指针。本节介绍指向函数的指针变量以及指针函数。

12.5.1　函数的入口地址

所有函数的代码最终都被编入.exe 文件并随.exe 文件装载到内存之中。若有函数 max()，设其代码被装载到了如图 12-1 所示的位置，则每次调用 max()函数时都要从 2068 处开始执行代码，该地址(2068)称为函数 max()的入口地址。函数的入口地址是每次执行函数的“进入点”。

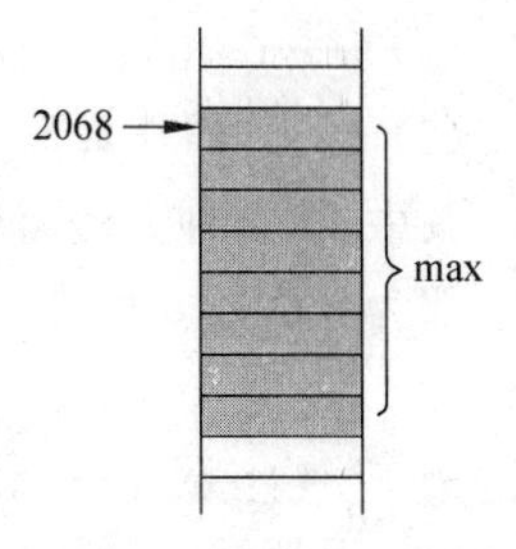

图 12-1　函数的入口地址

C 程序中，函数名可被用作函数的入口地址。

12.5.2　指向函数的指针变量

函数的入口地址也可以用指针变量来存储，这种指针变量称为指向函数的指针变量。

指向函数的指针变量的定义格式如下：

类型 (*指针变量名)(参数类型表);

例如，若有函数 f()，其原型是 char f(int,float)，要存储该函数的入口地址，必须定义如下的指针变量：

```
char (*p)(int,float);
```

说明：指针变量前面的类型名必须与函数的返回类型相同，后面括号中的参数类型必须与函数的参数类型一致且参数个数必须相等，指针变量名 p 是用户命名的，需符合标识符的命名规则。

注意：指向函数的指针变量的定义中，* 和指针变量名必须放在一对小括号中，否则，则不是定义指向函数的指针变量，而是声明了一个返回地址的函数。

12.5.3 指向函数的指针变量的作用

定义指向函数的指针变量，目的是为了用另一种方法调用函数。

下面的代码便是通过指向函数的指针变量来调用函数。

```
int max(int a,int b)
{
    return a>b?a:b;
}
int main()
{
    int a,b,m,(*p)(int,int);        //定义 3 个变量和一个指向函数的指针变量
    scanf("%d%d",&a,&b);
    p=max;                          //给指针变量赋值,使之指向函数 max()
    m=(*p)(a,b);                    //相当于 m=max(a,b);
    printf("%d\n",m);
    return 0;
}
```

有了指向函数的指针变量，就多了一种调用函数的方法，除了直接使用函数名调用函数之外，还可以用指针变量调用函数，两种方法分别如下。

(1) max(a,b);　//通过函数名调用函数，a 和 b 作为实参

(2) (*p)(a,b);　//调用 p 所指的函数，a 和 b 作为实参，要求 p 必须已指向函数

其中，第一种方法简单、快捷，执行效率更高。

那为什么还要用第二种方法？因为用第二种方法可以增加被调函数的通用性和灵活性。

例 12.4　设计一个函数 func()，可以根据主函数的指示来调用另外两个函数 add() 和 mul() 中的一个。

设 add() 和 mul() 的定义如下：

```
int add(int a,int b)
{
    return a+b;
}
int mul(int a,int b)
{
    return a*b;
}
```

func()函数和 main()函数定义如下：

```
int func(int (*p)(int,int),int a,int b)
{
    return (*p)(a,b);
}
int main()
{
    int a,b,result;
    char c;
    scanf("%d%d",&a,&b);
    getchar();
    printf("请输入一个运算符(加号或乘号)\n");
    c=getchar();
    if(c=='+')
        result=func(add,a,b);
    if(c=='*')
        result=func(mul,a,b);
    printf("%d\n",result);
    return 0;
}
```

可以看到，func()函数可以根据主函数所传的参数来计算两个数的和或乘积，具有通用性和灵活性。

12.5.4　指针函数

一个函数可以返回数值，也可以返回指针，返回指针的函数简称**指针函数**。

指针函数的定义格式如下：

```
类型 *函数名(形参列表)
{
    //略
}
```

其中，“类型”是指函数返回值(指针)所对应的变量的类型。例如，若函数返回整型变量的指针，则类型应为 int；若函数返回 float 型变量的指针，则类型应为 float。

下面例子中的被调函数 search()就是一个返回指针的函数。

例 12.5　二维数组中存有 3 个人、每人 4 门课的考试成绩，编写一个被调函数，找到成绩最好的同学考试成绩的起始位置，然后主函数输出该同学的考试成绩。

程序代码如下：

```
#include<stdio.h>
int  *search(int *);                    //函数声明,声明了一个指针函数
int main()
{
    int a[][4]={67,76,80,78,90,86,70,56,34,50,75,80};
    int i,*p;                           //p是指向整型变量的指针变量
```

```
    p=search(a[0]);                  //函数返回后,p指向最好的学生的第一个分数
    for(i=0;i<=3;i++)
        printf("%4d", * (p+i));
    return 0;
}
int * search(int * p)                //参数传递后,p指向变量a[0][0]
{
    int i,j,k,sum,max=0;
    k=0;                             //第0个人先做擂主,记录其序号
    for(j=0;j<=3;j++)                //计算第0人的总分
        max+= * (p+j);
    for(i=1;i<=2;i++){
        sum=0;
        for(j=0;j<=3;j++)            //计算第i人的总分
            sum+= * (p+4 * i+j);
        if(sum>max){                 //若第i人的总分最高,记录其序号
            max=sum;
            k=i;
        }
    }
    return p+4 * k;                  //返回成绩最好之人的第一个分数的指针
}
```

试一试:本例还可以把被调函数的形参声明成一个指向一维数组的指针变量,相应地,实参应改为 a。自己编程试一试。

12.6 指针数组

一个指针变量可以存储一个地址,若有若干地址需要存储,则需要定义若干个指针变量。此种情况下,可以把这些指针变量定义成数组。由指针变量组成的数组称为**指针数组**。

12.6.1 指针数组的定义

指针数组的定义格式如下:

类型 * 数组名[元素个数];

下面定义的就是一个指针数组:

```
int * array[4];
```

其中,array 是数组名,该数组含有 4 个元素,即 array [0]、array [1]、array [2]和 array [3],每个元素都可以存储一个整型变量的地址。

注意:不要和指向一维数组的指针变量的定义混淆了。定义指针数组时,* array两边不能加括号。

12.6.2　指针数组的引用

指针数组中的指针变量,必须赋值或赋初值使之具有确定的值之后才可以使用。

可以在定义指针数组时直接指定每个元素(指针变量)的初值,例如:

```
int a,b,c,d, * array[4]={&a,&b,&c,&d};
```

也可以用赋值的方法使数组的 4 个元素各自指向一个变量,例如:

```
int a,b,c,d, * array[4];
array[0]=&a;
array[1]=&b;
array[2]=&c;
array[3]=&d;
```

当数组元素(指针变量)已经指向确定的变量时,可以通过这些数组元素间接访问它们所指的变量,例如:

```
int a,b,c,d, * array[4]={&a,&b,&c,&d};
* array[0]=1;          //相当于 a=1
* array[1]=2;          //相当于 b=2
* array[2]=3;          //相当于 c=3
* array[3]=4;          //相当于 d=4
printf("%d,%d,%d,%d\n",a,b,c,d);
```

输出结果如下:

```
1,2,3,4
```

12.6.3　指针数组应用举例

指针数组通常与指向指针变量的指针变量结合使用,所以本节的例子和 12.7 节的例子放在了一起,见例 12.7。

12.7　指向指针变量的指针

12.7.1　指向指针变量的不可变指针

若有指针数组的定义:

```
int * array[4];
```

则数组 array 含有 4 个元素,每个元素都是一个指针变量。

array 是数组的名字。当它被用作一个指针时,指向它的第 0 个元素,即 array 指向 array[0],由于 array[0]是指针变量,所以,array 是**指向指针变量的指针**。

利用array,可以表示出array[0]~array[3],有下标法和指针法两种表示方法,也可以进一步表示出变量。

12.7.2 指向指针变量的指针变量

指针变量是用来存地址的,但是,指针变量自己也有存储单元,也有地址,该地址又可以存储到另一个指针变量之中。能够存储指针变量地址的指针变量,称为**指向指针变量的指针变量**。其定义格式如下:

```
类型 **指针变量名;
```

例如:

```
int **pp;
```

pp就是一个指向指针变量的指针变量。它可以指向一个int*型的指针变量。

下面程序段就使pp指向了指针变量:

```
int a=1, *p,**pp;
p=&a;
pp=&p;
```

上面代码执行后,p指向变量a,pp指向指针变量p,它们之间的关系如图12-2所示。

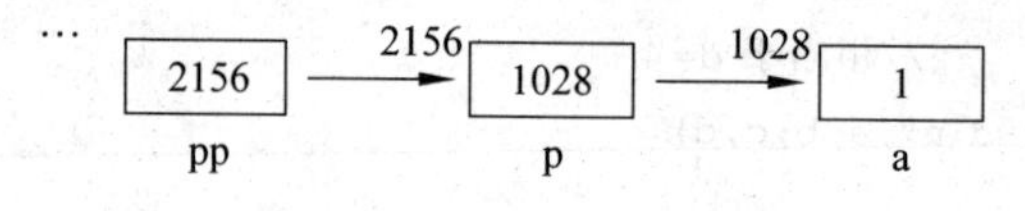

图12-2 多重指针关系图

利用pp,可以表示出p,*pp就是p。

利用pp,还可以进一步表示出变量a,**pp即是a。

说明:定义a、p、pp时,最前面的类型标识符应该相同。

12.7.3 应用举例

例12.6 主函数中有如下数据定义:

```
char *p1="Hello", *p2="World";
```

今欲使p1存储"World"的首址,p2存储"Hello"的首址,请编写一个swap()函数实现此功能。

题目分析:

由题意可知,swap()函数需要把p1和p2中所存内容(字符地址)交换。在第9章中曾经学习过,要交换两个变量的值,必须传递它们的地址,即主函数应该这样调用:swap(&p1,&p2),相应地,被调函数swap()的形参应该是指向指针变量的指针变量,因为实参是指针变量的地址。

程序代码如下：

```
#include<stdio.h>
void swap(char **a,char **b)
{
    char * t;            //因为要交换指针变量,所以 t 也必须是同类型的指针变量
    t= * a;              //相当于 t=p1
    * a= * b;            //相当于 p1=p2
    * b=t;               //相当于 p2=t
}
int main()
{
    char * p1="Hello", * p2="World";
    swap(&p1,&p2);
    printf("%s,%s\n",p1,p2);
    return 0;
}
```

程序的运行结果如下：

```
World,Hello
```

例 12.7　设主函数的程序框架如下：

```
int i;
char * p[]={"C","Fortran","Pascal","Basic"};
__________;              //调用 sort()函数,调整 p 的 4 个元素所对应的对象
for(i=0;i<=3;i++)
    printf("%s\n",p[i]);
```

其中需要调用 sort()函数，sort()函数的功能是调整 p[0]～p[3]与 4 个字符串的对应关系，使主函数最后按字典顺序输出 4 个字符串。

请编写 sort()函数，并在主函数中调用它。

题目分析：

p 是指针数组，它的 4 个元素与 4 个字符串的对应关系如下：

p[0]——"C"

p[1]——"Fortran"

p[2]——"Pascal"

p[3]——"Basic"

由于程序最后是按字典顺序输出的字符串，sort()函数执行后，4 个指针变量与 4 个字符串的对应关系必须是如下关系：

p[0]——"Basic"

p[1]——"C"

p[2]——"Fortran"

p[3]——"Pascal"

所以，sort()函数中需要调整它们之间的对应关系，调整方法有两种。

(1) p[0]～p[3]的内容(地址)不变,将4个字符串的内容调换,但由于字符串都存放在常量区,都是const char型数组,不允许被改写,因此此法行不通。

(2) 字符串内容不变,调整p[0]～p[3]中所存的地址:让p[0]存p[3]的值,让p[1]存p[0]的值,让p[2]存p[1]的值,让p[3]存p[2]的值,即需要对4个指针变量按照字符串的顺序进行排序,让它们重新存各自应该存的地址。

显然,只能用第二种方法。但如何才能在sort()函数中调整p[0]～p[3]所存的地址呢?

由于p数组是局部数组,sort()函数无法直接访问它的元素p[0]～p[3],要想访问它们,只能通过参数传递,让主函数把它们的地址传递给sort(),因此,主函数调用sort()时,实参应为数组名p。

由于实参p是一个指向指针变量的指针,因此,形参必须是一个指向指针变量的指针变量,故sort()函数的原型应为

```
void sort(char **pp);
```

sort()函数用pp存储指针p,即p[0]的地址,便可以间接访问p[0]、p[1]、p[2]和p[3]了(因它们是连续存放的)。

以下是完整的程序代码:

```
#include<stdio.h>
#include<string.h>
void sort(char**);
int main()
{
    int i;
    char *p[]={"C","Fortran","Pascal","Basic"};
    sort(p);
    for(i=0;i<=3;i++)
        printf("%s\n",p[i]);
    return 0;
}
void sort(char**pp)
{
    int i,j,k;
    char *t;
    for(i=0;i<=2;i++){
        k=i;
        for(j=i+1;j<=3;j++)
            if(strcmp(pp[j],pp[k])<0)
                k=j;
        t=pp[i];pp[i]=pp[k];pp[k]=t;
    }
}
```

程序的运行结果如下：

```
Basic
C
Fortran
Pascal
```

12.8　带参数的 main()函数

12.8.1　C 语言对 main()函数参数的规定

C 语言规定，main()函数定义时，只能定义成两种格式的：一种是无参的，另一种是带参数的。若定义成无参的，其原型应如下：

```
int main();
```

或：

```
int main(void);
```

若定义成带参数的，其原型应是

```
int main(int argc, char * argv[]);
```

其中，第一个参数的类型必须是 int，第二个参数的类型必须是 char * []或 char **，两个参数名可以是任意的合法标识符。

12.8.2　带参数 main()函数的作用

编写带参数的 main()函数的目的，是为了在调用可执行文件(exe 文件)运行程序时直接给出程序所需的数据，而不是等到程序运行时再从键盘输入数据。

C 程序的运行有两种方式，一种是直接在编译器中运行(通常都是这种方式运行)，另一种是在命令行中运行。后一种运行方式的操作步骤如下。

(1) 在编译器中对源程序进行编译、连接，生成一个可执行文件(设文件名是 abc.exe)。

(2) 在 DOS 中或在 Windows 的命令提示符下输入程序名 abc 后按 Enter 键便可运行程序。

说明：程序名 abc 前面可能需要带盘符和路径。

其中第二种执行方式还可以在程序名后面附带若干个数据，例如，输入：

```
abc Hello World 123<Enter>
```

说明：程序名后面的每个数据都被视为是字符序列。例如，123 不是一百二十三，而是'1'、'2'、'3' 3 个字符，但可以根据需要在程序中把它们处理成整数 123。

但是，要采用这种带数据的执行方式，程序中的 main()函数必须要带参数才行，否则，命令行中的数据都将作废。换句话说，只有程序中的 main()函数带参数时，才适合用这种带数据的运行方式。

说明：带参数的main()函数也可以在编译器中直接运行，但无法带数据；也可以用命令行方式运行但不带数据。

12.8.3 带参数的main()函数的执行过程

当用户输入abc Hello World 123后并按Enter键时，操作系统会执行以下操作。

(1) 在内存中把命令行上以空格隔开的4个字符序列存为4个字符串。

注意：程序名abc也算一个字符序列。

(2) 开辟一个指针数组，以字符串个数作为元素个数，这里是4。

(3) 将4个字符串的首字符地址，即'a'、'H'、'W'、'1'的地址依次存入指针数组的4个元素之中。

(4) 把字符串个数和指针数组首元素的地址传递给main()函数。

注意：以上四项工作都是操作系统自动完成的，不需要程序员编程序实现。

可见，带参数的main()函数，其参数值是由操作系统提供的，因为main()函数是由操作系统调用的。

两个参数的含义如下。

int argc：整型变量，用来存储命令行上包括程序名在内的字符序列的个数。

char **argv：指向指针变量的指针变量，用来存储指针数组首元素的地址。

12.8.4 程序举例

例12.8 编写一个程序，然后从命令提示符下调用该程序，调用时，程序名后面可跟几个字符串，运行程序时能依次输出这些字符串。

例如，若输入程序名"123 xyz mn"并按Enter键，则程序的执行结果应如下：

```
123
xyz
mn
```

程序代码如下：

```
#include<stdio.h>
int main(int n,char **p)                    //参数传递后,p指向指针数组的首元素
{
   int i;
   for(i=1;i<=n-1;i++)
      printf("%s\n", * (p+i));              //输出以 * (p+i)为首地址的字符串
   return 0;
}
```

程序运行结果如下：

```
E:\>s12_8 abc xyz 123 987
abc
xyz
123
987
```

12.9　动态内存分配

内存中有一块称为“堆”(heap)的存储区，是一块自由存储区，程序中可以根据需要随时用 malloc()等函数在堆中申请一部分空间来存储数据，当不需要时又可以随时用 free()函数释放。这种根据需要随时开辟、随时释放的内存分配方式，称为动态内存分配。

程序中，在数据声明中定义的变量和数组，它们的空间分配不属于动态内存分配，它们或者在静态存储区或者在动态存储区，其空间由系统负责分配，最终也由系统负责回收，分配时机和回收时机用户无法控制。另外，它们都有自己的名字(因为定义时有命名)，程序中可以通过变量名或数组名访问它们。

而“动态分配”的变量或数组，分配时机和释放时机可完全由程序员自己决定。另外，“动态分配”的空间，由于没有数据声明，因此这部分空间没有名字，无法像使用变量或数组那样通过变量名或数组名引用其中的数据，只能通过指针变量来访问。

本节介绍动态内存分配常用的几个函数以及通过指针变量在堆中存取数据的方法。

12.9.1　动态内存分配函数

对内存的动态分配通常是靠调用以下几个系统函数来实现的。

说明：使用下面几个函数时，要包含 stdlib.h 头文件。

1. malloc()函数

函数原型：

```
void *malloc(unsigned int size);
```

其作用是在堆中分配一块长度为 size 的连续内存空间，并将所分配空间的首地址返回。若分配不成功，返回 NULL。

2. calloc()函数

函数原型：

```
void *calloc(unsigned n, unsigned size);
```

其作用是在堆中分配 n×size 字节的连续内存空间，并将所分配空间的首地址返回。若分配不成功，返回 NULL。

3. realloc()函数

函数原型：

```
void * realloc(void * p, unsigned size);
```

其作用是将内存 p 处、已经由 malloc()或 calloc()分配的空间大小重新分配为 size 字节。重新分配的空间可能在原处,也可能在一个新位置,若在新位置,函数会把原来的数据复制到新位置。若成功,返回空间首地址;若不成功,返回 NULL。

4. free()函数

函数原型:

```
void free(void * p);
```

其作用是释放内存 p 处、由 malloc()等函数分配的空间。p 应是当初 malloc()或其他内存分配函数的返回值。

12.9.2 动态内存分配举例

例 12.9 有若干整数,整数个数不定。从键盘输入整数个数和所有整数的值,由被调函数求所有整数之和,请编程。

题目分析:

由于整数的个数事先不知,需要在执行程序时确定,因此,不适合定义成数组(若定义成数组,只能按照最大的可能尽量定义大数组,浪费空间)。此种情况,在堆中分配空间比较合适,因为堆中分配空间的大小,可以用变量或表达式来表示。

程序的设计思路:首先从键盘输入一个整数个数 n,然后利用动态内存分配,给这 n 个整数申请一段内存,并将整数存入,再然后调用被调函数求和,程序最后将这段内存释放。

下面是程序代码:

```
#include<stdio.h>
#include<stdlib.h>
int sum(int * ,int);            //函数声明
int main()
{
    int n,s,i, * p;
    scanf("%d",&n);
    p=(int * )malloc(n * sizeof(int));
    if(p==NULL)
        exit(1);
    for(i=0;i<=n-1;i++)
        scanf("%d",p+i);
    s=sum(p,n);
    printf("%d\n",s);
    free(p);
    return 0;
```

```
}
int sum(int *p,int n)
{
    int i,s=0;
    for(i=0;i<=n-1;i++)
        s+= *p++;
    return s;
}
```

部分代码的说明：

(1) int *p：由于要处理的数据都是整数，故将 p 定义成 int * 型。因为只有定义成这种类型，才能利用 p+i 表示后面的每一个整型变量。

(2) p=(int *)malloc(…)：由于函数 malloc()的返回值是 void * 型，与 p 的类型不一致，故需强制转换后才能赋值。若不强制转换，系统将自动转换，但会被警告。

(3) if(p==NULL)exit(1)：动态内存分配有可能失败，若失败，则后面的代码都不应该执行。因此，在调用 malloc()函数之后，通常要检查它的返回值，若返回值是 NULL，则直接退出程序。exit()函数的功能就是停止程序的运行，返回操作系统。exit()的参数可以是 0，也可以是任何非零整数，一般取 0 或 1。

(4) scanf("%d", p+i)：当所需的内存空间分配成功时，p 必指向该空间中的第一个整型变量，p 的值就是它的地址，而 p+1 必指向下一个 int 型变量，p+1 的值就是下一个 int 型变量的地址……

注意：程序中，malloc()与 free()一般都是成对出现的，即只要成功申请了空间，使用完后必须要释放，否则将造成内存泄漏(分配出去收不回来)。

习　题　12

一、选择题

1. 以下程序的运行结果是(　　)。

```
void sub(char *p)
{
    char c= *p;
    while(*p)    *p++= *(p+1);
    *p=c;
}
int main()
{
    char a[]="abcdef";
    sub(a);
    printf("%s",a);
    return 0;
```

```
}
```

(A) abcdef　(B) bcdefa　(C) abcdea　(D) bcdef

2. 以下程序的运行结果是(　　)。

```
void sub(char * p1,char * p2)
{
    while(* p2)    * p1++= * p2++;
}
int main()
{
    char a[]="abcdef",b[]="1234";
    sub(a,b);
    printf("%s",a);
    return 0;
}
```

(A) abcdef1234　(B) 1234　(C) 1234ef　(D) abcd1234

3. 以下程序的运行结果是(　　)。

```
void sub(char * p1,char * p2)
{
    while(* p2)    * p1++= * p2++;
    * p1=0;
}
int main()
{
    char a[]="abcdef",b[]="1234";
    sub(a,b);
    printf("%s",a);
    return 0;
}
```

(A) abcdef1234　(B) 1234　(C) 1234ef　(D) abcd1234

4. 以下程序的运行结果是(　　)。

```
int main()
{
    int a[]={1,2,3,4}, * b=a,**c=&b;
    printf("%d", * (* c+1));
    return 0;
}
```

(A) 1　(B) 2　(C) 3　(D) 4

5. 以下程序的运行结果是(　　)。

```
int main()
```

```
{
    int a[]={1,2,3,4};
    int *b[]={&a[0],&a[1],&a[2],&a[3]},**c=&b[0];
    printf("%d",*(*(c+1)+2));
    return 0;
}
```

(A) 1　　(B) 2　　(C) 3　　(D) 4

6. 以下说法正确的是(　　)。

(A)“int *p[4];”定义的是指向数组的指针变量

(B)“int (*a)[4];”定义的是指针数组

(C)“int (*max)(int,int);”定义的是返回地址的函数

(D)“int *p(int,int);”是函数声明

7. 若主函数中有数组定义“int a[2][3];”,被调函数中形参是 int (*p)[3],且调用时实参是 a,则下面说法正确的是(　　)。

(A) p 指向二维数组 a　　(B) *p 指向一维数组 a[0]

(C) *p 指向变量 a[0][0]　　(D) *p 就是变量 a[0][0]

8. 若有定义“int a[3][4],*p[3]={a[0],a[1],a[2]},**pp=p;”,则下面说法正确的是(　　)。

(A) p 指向数组 a[0]　　(B) *p 指向数组 a[0]

(C) pp 指向指针变量　　(D) *pp 指向指针变量

9. 关于 C 语言中的 main()函数,下面说法正确的是(　　)。

(A) 不允许带参数　　(B) 可以带任意个参数

(C) 可以带 2 个任意类型的参数　　(D) 以上说法都不对

10. 关于动态内存分配,下面说法正确的是(　　)。

(A) 动态内存分配,是指在动态存储区即栈区分配空间

(B) 动态内存的分配,是在执行到变量(数组)的作用域时进行的

(C) malloc()的返回值是它所申请空间的首地址

(D) 动态内存分配的空间只能通过指针变量来使用

二、写出下面程序的运行结果

1.
```
int main()
{
    int a[3][4]={0,1,2,3,4,5,6,7,8,9,10,11};
    int b[10]={9,8,7,6,5,4,3,2,1,0};
    int *p1=a,*p2=b;
    printf("%d,%d,",*p1,*p2);
    p1=a+1; p2=b+1;
    printf("%d,%d,",*p1,*p2);
    p1++; p2++;
```

```
    printf("%d,%d\n", * p1, * p2);
    return 0;
}
```

2.
```
int main()
{
    int a[3][4]={1,2,3,4,5,6,7,8,9,10,11,12};
    int * p1,(* p2)[4], * p3[4],**p4;
    p1=a;
    p2=a;
    p3[0]=a;
    p3[1]=a[1];
    p3[2]=a[2];
    p3[3]=&a[1][2];
    p4=p3+1;
    printf("%d,%d,", * (p1+1),**(p2+2));
    printf("%d,%d,%d,", * p3[0], * p3[1], * (p3[2]+1));
    printf("%d,%d\n", * (p3[3]+1), * (* p4+1));
    return 0;
}
```

三、程序填空

从键盘输入6个整数存到二维数组a[2][3]中，并输出它们，请根据要求填空：

```
int main()
{
    int a[2][3], i, j;
    ________;                    //定义一个指向变量的指针变量p1并赋初值
    ________;                    //定义一个指向一维数组的指针变量p2并赋初值
    for(i=0;i<=1;i++)
        for(j=0;j<=2;j++)
            scanf("%d", &a[i][j]);
    for(i=0;i<=1;i++)
        for(j=0;j<=2;j++)
            ________;            //利用p1输出每个整数
    printf("\n");
    for(i=0;i<=1;i++)
        for(j=0;j<=2;j++)
            ________;            //利用p2输出每个整数
    printf("\n");
    for(i=0;i<=1;i++)
        for(j=0;j<=2;j++)
            ________;            //利用数组名a输出每个整数,用指针法
    printf("\n");
```

```
    return 0;
}
```

四、编程题

1. 编写函数 void alltrim(char ＊s1,char ＊s2)，其功能是删除以 s1 为首址的字符串中的所有空格，结果保存到以 s2 为首址的内存区域。

2. 从主函数中输入一个字符串(不超过 80 个字符)，由被调函数将其逆序存放，主函数输出逆序之后的字符串。要求：被调函数中用指针法处理。

3. 编写函数 int＊ max(int (＊p)[3])，其功能是在给定的 int [2][3]型的二维数组中找出最大数的存储位置。

4. 编写一个函数，其功能是可以交换两个 int＊型指针变量的值。

5. 主函数输入 3 个字符串，由被调函数处理后，主函数按先长后短的顺序输出它们。利用指针数组操作。

6. 编写一个带参数的 main()函数，其功能是将来在命令行中调用程序时，可以直接跟上几个整数，而程序能对这些整数求和。

例如，设源程序名为 abc.c，编译连接后形成 abc.exe，在命令提示符下输入：

```
abc 32 210 -30 1
```

按 Enter 键后，程序的运行结果应为 213(即 32＋210－30＋1 的值)。

7. 从键盘输入一个不超过 80 字符、只有实数的加减乘除运算不含括号的表达式，先将表达式存入字符数组，然后计算表达式的值，要求用指针变量操作。

第13章 数据类型的自定义

本章内容提要

(1) 结构体的使用。
(2) 链表及链表操作简介。
(3) 共用体的使用。
(4) 枚举类型。
(5) 类型名的自定义。

C语言中除了使用系统已有的基本类型(如int、float、char、double等)外,还可以使用自定义类型。本章介绍结构体、共用体和枚举3种自定义数据类型的定义方法以及如何使用这些类型的数据。这3种数据类型在类型定义、变量定义和变量使用上有很多相似之处,学习时应注意比较,以帮助理解和记忆。

13.1 结构体的定义和结构体变量的定义

13.1.1 结构体的概念和结构体的定义

1. 为什么要定义结构体

结构体是由用户自己定义(设计)的数据类型。

说明:严格地讲,结构体并不是真正的数据类型,因为对一种严格意义上的数据类型,除了要定义它的数据结构外,还要定义它的运算规则。

有些数据,不适合用基本类型的变量来存储。例如,每个学生都有学号、姓名和成绩3个数据,若定义如下的变量(数组)来存储一个学生的成绩:

```
char num[10];
char name[10];
int score;
```

则反映不出这些数据属于同一个人这个特性。为了表示这3项数据是属于同一个人的,是一个整体,最好将它们存储到"一个"变量中(将3个数据连续存放在一起使之成为一个变量)。

但是,这种变量是什么类型?如何声明这个变量?由于C语言本身并没有定义这样一种数据类型(包含以上 3 项数据的数据类型),因此只能由用户在程序中自己来定义,用户自定义的这种含有若干成员的数据结构称为结构体(structure)。

说明:通常,相同类型的数据组合成数组。不同类型的数据组合成结构体。

注意:结构体是一种数据"结构",或者说,是一种数据类型,不是变量。

2. 结构体定义的格式

结构体的定义格式如下:

```
struct [结构体名]{
    成员列表
};
```

其中 struct 是关键字,不可省略。结构体名由程序员命名,需遵循标识符的命名规则。有些时候,可以省略结构体名。

例如,下面的代码定义了结构体 Student。

```
struct Student{
    char num[10];
    char name[10];
    int score;
};
```

定义上面的结构体,就是告诉编译器:有这样一种数据,它的每个变量,都是由三部分组合起来的,这三部分分别是 char num[10]、char name[10]、int score。将来给这种变量分配空间时,要把 3 个成员存放在一起。结构体的定义描述了这一类变量的结构,或者说,结构体的定义描述了这一类变量的样子,规定了各成员所占的空间大小、存储顺序以及存储方式。

结构体的定义是对某种数据结构的描述,相当于是一张图纸,一种设计。定义了结构体并不等于定义了变量,就好比在图纸上设计了一种飞机,并不等于已经制造了一架飞机一样。

但是,有了结构体定义之后,可以使用结构体来定义变量,就如同有了 int 就可以定义整型变量一样。只不过,int 类型是系统原有的,而结构体类型 struct Student 是用户自定义的。它们都是数据类型,都可用来定义变量。例如:

```
int a,b;
struct Student s1,s2;
```

注意:结构体名是 Student,结构体类型名是 struct Student。在 C 语言中,定义结构体变量时 struct 不可省略。在 C++ 中可以省略 struct 只写 Student。

C 语言中,可以根据需要定义各种结构体类型,比如,定义一种日期类型:

```
struct Date{
    int month;
```

```
    int day;
    int year;
};
```

结构体可以嵌套定义，即用一个结构体类型的数据作为另一个结构体的成员，例如：

```
struct Person{
    char name[10];
    int age;
    struct Date birthday;
};
```

其中，成员 birthday 是 struct Date 型的数据。

13.1.2 结构体变量的定义和空间分配

1. 结构体变量的定义方法

定义结构体的目的是为了定义结构体变量，以便存储数据。定义结构体变量的方法有以下 3 种。

(1) 先定义结构体，之后再定义结构体变量。例如：

```
struct Person{                   //定义结构体类型
    char name[10];
    int age;
    struct Date birthday;
};
int main()
{
    struct Person p1,p2;         //定义两个结构体变量
    ...
}
```

也可以把结构体定义放在 main()函数之中：

```
int main()
{
    struct Person{
        char name[10];
        int age;
        struct Date birthday;
    };                           //定义了结构体类型
    struct Person p1,p2;         //定义了两个结构体变量
    ...
}
```

但这样定义的结构体类型只能在 main()函数中使用，因为它是局部定义。放在 main

()之前的定义属于全局定义,全局定义自定义开始到源文件结束一直有效。

提示:通常都是把结构体定义放在源文件的开头,以便在整个源文件中都可以使用它。

考考你:把结构体定义放在源文件开头,则它是全局定义,是否意味着占内存时间长?

(2) 定义结构体的同时定义结构体变量。例如:

```
int main()
{
    struct Person{
        char name[10];
        int age;
        struct Date birthday;
    }p1,p2;                        //定义了结构体类型,同时定义了两个结构体变量
    ...
}
```

(3) 定义结构体的同时定义结构体变量,但不命名结构体。例如:

```
int main()
{
    struct{                        //结构体没有名字
        char name[10];
        int age;
        struct Date birthday;
    }p1,p2;                        //定义了结构体类型,同时定义了两个结构体变量
    ...
}
```

注意:第(3)种方法没有结构体名,若后面的代码还需要结构体变量,将无法用“struct Person p3;”这样的方式来定义。

想一想:第(2)种方法和第(3)种方法各适用于什么情况?

2. 结构体变量的空间分配

系统给结构体变量分配空间时,按照成员在结构体中的定义顺序依次给每一个成员分配空间。结构体变量所占总字节数等于每个成员所占字节数之和。例如:

```
struct{
    int num;
    char sex;
    int age;
    double score;
    char x;
}s;
```

在 TC 下运行这段程序时，s 在内存中分配 2＋1＋2＋8＋1＝14(B)。

若在 VC 下运行程序，按道理 s 应占用 4＋1＋4＋8＋1＝18(B)，但实际上 s 占用了 4＋1＋(3)＋4＋(4)＋8＋1＋(7)＝32(B)，带括号的数字是多出来的字节。

说明：之所以在 VC 下 s 会占用 32B，是因为微软公司的 C 编译器有一套内存对齐规则。

内存对齐的原因如下。

(1) 某些平台只能在特定的地址处访问特定类型的数据。

(2) 可以提高存取数据的速度。比如有的平台每次都是从偶地址处读取数据，对于一个 int 型的变量，若从偶地址单元处存放，则只需一个读取周期即可读取该变量，但是若从奇地址单元处存放，则需要 2 个读取周期才能读取该变量。

WIN32 平台上微软公司 C 编译器的对齐规则如下。

(1) 结构体变量的首地址应能够被其最宽数据类型的宽度整除。本例中，最宽的数据类型是 double，故首地址应能被 8 整除。

(2) 结构体变量每个成员的地址相对于结构体变量首地址的偏移量都应是每个成员本身所占空间大小的整数倍。本例给成员 age 分配空间时，需要跳过 sex 后面的 3 个字节，给 score 分配空间时，需要跳过 age 后面的 4 个字节。

(3) 结构体变量所占空间的大小必须是最宽数据类型宽度的整数倍。若不足整数倍，则会在最后一个成员末尾扩展若干字节，扩展的字节闲置不用。本例中，成员 x 后面的 7 个字节便是闲置不用的字节。

改变结构体定义中成员的顺序，会影响 s 所占内存的大小，上面的代码若改为

```
struct{
    double score;
    int num;
    int age;
    char sex;
    char x;
}s;
```

则 VC 下 s 只占用 24 字节。

13.1.3 结构体变量的初始化

定义结构体变量时，可以对其进行初始化。例如：

```
struct Person{
    char name[10];
    int age;
    struct Date birthday;
}p1,p2={"zhangsan",19,12,20,1996};
struct Person p3={"Lisi",20};
```

说明：若已初始化一部分成员，未初始化的成员自动被置为 0 模式。上面定义的变量 p3 中 birthday 的 3 个成员数据都是 0。

13.1.4　结构体数组的定义和初始化

若程序中需要若干结构体变量，可以把它们定义成数组。例如：

```
struct Student{
    char num[10];
    char name[10];
    int score;
};
struct Student s[10];
```

上面的代码定义了 10 个结构体变量：s[0]～s[9]。它们在内存中是连续存放的。

结构体数组定义时也可以初始化。例如：

```
struct Student s[10]={{"001","wang",78},{"002","Li"}};
```

说明：未初始化的成员和数组元素自动被置为 0 模式。

13.2　结构体变量的引用

定义结构体及结构体变量的目的，是为了存储数据、使用数据。这里所说的存储和使用包括输入、输出、赋值等各种操作，实际上都是对结构体变量（包括结构体数组中的下标变量）的存取。

13.2.1　结构体变量的引用方法

结构体变量一般不能整体使用。因为结构体的定义中只规定了该结构体类型的数据构成（即由哪些成员组成的），并没有定义这种类型数据的运算规则。例如，如何对一个 struct Date 型的结构体变量进行＋＋运算？加在 year 上、month 上还是 day 上？两个日期怎样相减？

因此，使用结构体变量时，只能使用它的最低级成员。因为结构体变量的最低级成员都是基本类型的数据，而基本类型的数据怎样运算系统已有定义。

结构体成员的表示方法如下：

结构体变量名.成员名

例如，若有数据定义：

```
struct Student{
    char name[10];
    int age;
```

```
    struct Date birthday;
}s1,s2,stu[10];
```

下面对结构体变量的引用都是正确的：

```
s1.age=20;
scanf("%d",&s1.age);
gets(stu[0].name);
strcpy(stu[1].name,"zhangsan");
s1.birthday.year=1997;
scanf("%d",&s1.birthday.month);
s2=s1;          //两个同类型的结构体变量可以整体互相赋值,仅此特例
```

而下面的引用都是错误的：

```
s1={"Lisi",20,10,30,1997};              //结构体变量不能整体使用
s1.birthday={10,30,1997};               //birthday也是一个整体,不是基本类型
scanf("%s%d%d%d%d",&s1);                //结构体变量不能整体使用
printf("%s,%d,%d,%d,%d\n",s1);          //结构体变量不能整体使用
```

13.2.2 结构体变量引用举例

例 13.1 设有30个学生，每人都有学号、姓名和考试成绩三项数据，从键盘输入这些数据，找出成绩最高者并输出其数据。

程序代码如下：

```
#include<stdio.h>
struct Student{
    char num[10];                       //学号有可能0开头,故定义成字符数组
    char name[9];                       //设最多4个汉字
    int score;
};
int main()
{
    struct Student s[30];
    int i,k;
    for(i=0;i<=29;i++){
        scanf("%s",s[i].num);           //也可写成 scanf("%s",&s[i].num)
        scanf("%s",s[i].name);          //也可写成 scanf("%s",&s[i].name)
        scanf("%d",&s[i].score);
    }
    k=0;
    for(i=1;i<=29;i++)
        if(s[i].score>s[k].score)
            k=i;
    printf("%s,%s,%d\n",s[k].num,s[k].name,s[k].score);
    return 0;
}
```

13.3　用指针变量操作结构体变量

与普通变量一样，结构体变量也可以通过指针变量来间接访问。例如：

```
struct Student{
    char name[9];
    int score;
};
struct Student s, * p=&s;
scanf("%s", ( * p).name);
( * p).score=90;
```

上面代码中的最后两行，也可以写成：

```
scanf("%s",p->name);
p->score=90;
```

注意：写成 p－>score 这种格式可以简化书写，但是，写成 p－>score 并不意味着 p 指向 score。p 指向结构体变量这个整体，不会指向其中某个成员。

13.3.1　为什么要通过指针变量访问结构体变量

借助于指针变量来间接地访问结构体变量，比直接用结构体变量名访问效率低。那为什么还要学习这种表示方法？原因是当主调函数中定义有结构体数据，需要被调函数去处理时，就需要用指针变量来访问。具体原因有两个。

1. 有时需要被调函数改变主函数中的结构体数据

被调函数无法直接访问主调函数中的结构体变量（数组），若想修改，必须这样做：主调函数传递结构体变量的指针，被调函数通过指针变量来访问。

例 13.2　利用被调函数给结构体变量存入数据。

代码如下：

```
#include<stdio.h>
struct Student{
    char name[9];
    int score;
};
void input(struct Student * p)
{
    scanf("%s",p->name);
    p->score=90;                //也可以从键盘输入
}
int main()
```

```
{
    struct Student s;
    input(&s);
    printf("%s,%d\n",s.name,s.score);
    return 0;
}
```

2. 节省内存空间

若不需要被调函数改变主函数中的结构体数据，可以直接传递结构体变量，但是与传递指针相比，浪费内存空间。

通常，结构体变量所占字节数都是较大的，若传递结构体变量，则形参也是一个结构体变量，需要开辟与实参相同大小的内存空间。

而传递结构体变量指针，则形参是一个指针变量，仅需要4字节(VC下)。

例13.3 利用被调函数输出结构体数据。

代码如下：

```
#include<stdio.h>
struct Student{
    char name[9];
    int score;
};
void output(struct Student *p)        //p仅占4字节
{
    printf("%s,%d\n",p->name,p->score);
}
int main()
{
    struct Student s={"wang",90};
    output(&s);
    return 0;
}
```

13.3.2 应用举例

例13.4 利用被调函数输入输出结构体数组。

代码如下：

```
#include<stdio.h>
struct Student{
    char name[9];
    int score;
};
```

```
void input(struct Student * p)
{
    int i;
    for(i=0;i<=9;i++){
        scanf("%s%d",p->name,&p->score);
        p++;
    }
}
void output(struct Student * p)
{
    int i;
    for(i=0;i<=9;i++){
        printf("%s,%d\n",p->name,p->score);
        p++;
    }
}
int main()
{
    struct Student s[10];
    input(s);
    output(s);
    return 0;
}
```

13.4　链表及链表操作简介

链表及操作是非常重要的编程知识，属于后续课程“数据结构”重点讲授的内容，故本节对链表不做详细讲述，仅介绍链表的概念，并以线性单链表为例，讲解几种简单的操作。

13.4.1　链表的概念

链表是由一个个前后关联的、同类型的结构体变量组成的，用来存储数据。组成链表的结构体变量称为**结点**。

图 13-1 是线性单向链表的示意图，其中 4 个结点存储了 4 个学生的学号和分数。指针变量 head 中存有第一个结点的地址，称为**头指针**。头指针不是链表的组成部分。

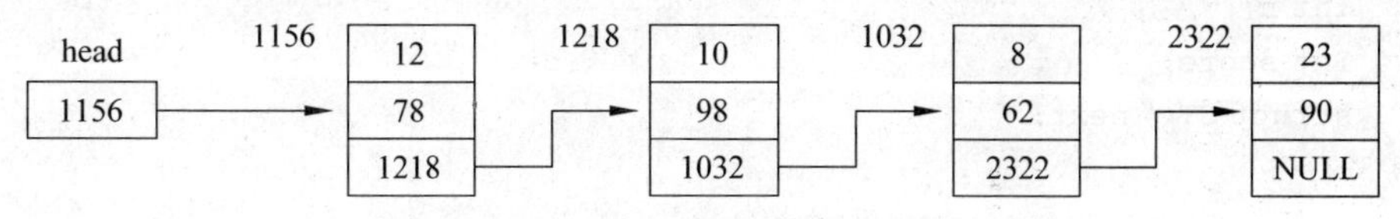

图 13-1　线性单向链表的结构

若链表为空，则head值应为NULL。

图13-1中，每个结点都包括两部分：数据域和指针域。数据域用来存数据（学号和分数），指针域用于存储下一结点的地址，以便由前一个结点找到后一个结点。这种只能由前到后查找结点的链表称为**单向链表**。链表的第一个结点称为**头结点**，链表的最后一个结点称为**链尾**或者**尾结点**。链尾的指针域中存的是NULL，表示后面再无结点。上面所说这种有头有尾的链表称为**线性链表**，故图13-1中的链表是线性单向链表。

还有一种链表，每个结点（头和尾除外）都存储前后两个结点的地址，这样的链表是**双向链表**。

若链表的链尾又存储了头结点的地址，使链表的首尾相连，便构成了**循环链表**。循环链表也有单向和双向之分。

13.4.2 使用链表的优点

链表是用来存数据的。结构体数组也是用来存数据的，且操作起来比链表简单，为什么还要用链表存储呢？

之所以采用链表存储数据，是因为用链表存储有以下两个好处。

(1) 要存储的数据个数不定时，若用数组存储，则定义数组时一般要估计一下数据个数，以其可能的最大值作为数组元素的个数。若数据的实际个数小于这个值，将造成内存浪费。

而用链表存储数据，是采用动态内存分配的方式在堆中开辟空间，可以在确定数据个数之后再开辟空间，一次开辟一个结点的空间，有一个数据，就开辟一个结点，不浪费内存。

说明：这里所说的一个数据，是指一个结构体变量所包含的数据，即一个人的数据。

(2) 用结构体数组存储数据，需要分配连续的内存空间，在数据量较大的情况下，不容易满足。而用链表存储，可以是一个结点一个结点来开辟空间，不需要连续的内存空间，用“零碎”的内存就可以存储数据，因此容易满足。

13.4.3 链表操作简介

在介绍链表操作之前，先来设计链表中每个结点的数据结构。前文已述，链表的结点是同类型的结构体变量，用来存学生的学号和分数，为方便编程，假设学号和分数都是int型，故将结构体定义为

```
struct ST{
    int n;
    int score;
    struct ST * next;
};
```

其中第三个成员next必须是一个指针变量，而且它的基类型必然是struct ST。

想一想：为什么next的基类型必然是struct ST？

另外，为了处理方便，通常都是在线性单向链表的第一个结点之前额外增加一个结点，称之为“**头结点**”，如图 13-2 所示。这里所说的头结点，是指这个额外增加的、不包含实际数据的结点。

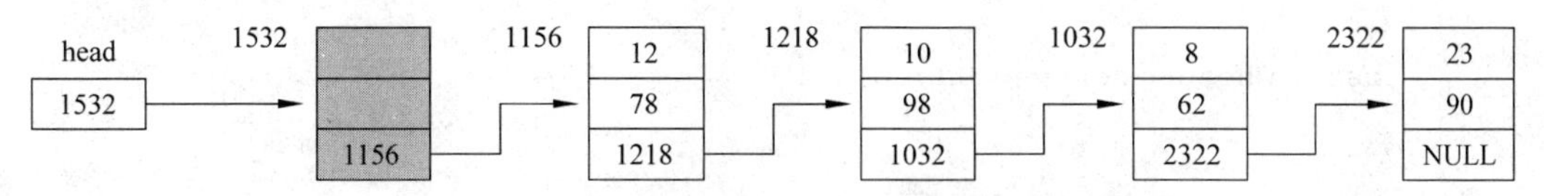

图 13-2　带头结点的线性单向链表

说明：本书后面所说的头结点，都是特指额外增加的这个结点。

头结点的数据域可以存放与整个链表有关的一些信息（比如结点个数），也可以不存信息。头结点的指针域用来存放链表第一个结点的地址。

头结点的引入虽然需要额外增加一个结点的空间，但它使得所有链表（含空链表）的头指针都不为 NULL，它还使得对线性链表的第一个结点的处理（插入、删除等）与其他结点的处理变得一致。由于有头结点的线性链表处理起来更为方便，所以通常都是采用这种结构。本书下面有关线性单向链表的操作都是针对有头结点来讲述的。

下面介绍线性单向链表的几种操作。

1. 空链表的建立

这里所说的空链表，是指只含有一个头结点的链表，创建空链表的函数代码如下：

```
struct ST * createNullList()
{
    struct ST * head;
    head=(struct ST*)malloc(sizeof(struct ST));
    if(head!=NULL)
        head->next=NULL;
    else
        printf("Out of space!\n");
    return head;
}
```

程序解析：

代码中，“head=(struct ST *)malloc(sizeof(struct ST));”一行，是在堆中给头结点分配空间，并且把返回值存入 head。

动态内存分配有可能失败，因此需要检查 head 中所存的值（即 malloc()的返回值）是否为 NULL。若为 NULL，表示空间分配失败，函数给出错误提示并返回 NULL 值。若不为 NULL，则表示头结点已成功分配，由于空链表没有实际结点，因此头结点的指针域应存成 NULL，即 head->next=NULL，最后返回 head 的值（头结点指针）。

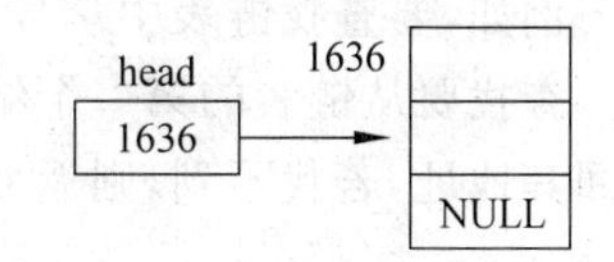

图 13-3　带头结点的空链表

创建空链表后，带头结点的空链表如图 13-3 所示。

2. 判断链表是否为空

```
int isNullList(struct ST * head)
{
    return head->next==NULL;
}
```

3. 在链表最后添加一个结点

本操作是在已存在的链表(可以是空链表)最后增加一个新结点。若成功,返回 1;若不成功,返回 0。

```
int append(struct ST * head,int n,int s)
{
    struct ST * p, * pnew;
    pnew=(struct ST * )malloc(sizeof(struct ST));
    if(pnew==NULL){
        printf("Out of space!\n");
        return 0;
    }
    else{
        pnew->n=n;
        pnew->score=s;
        p=head;                          //p 先指向头结点
        while(p->next!=NULL)             //若 p 所指不是链尾
            p=p->next;                   //p 后移一个结点
        p->next=pnew;                    //链尾的 next 存储新结点指针
        pnew->next=NULL;                 //使新结点成为链尾
    }
    return 1;
}
```

程序解析:

程序开始先给新结点分配空间,若失败,给出错误信息并返回 0。若成功,则使指针变量 p 从头结点开始遍历整个链表,直到它指向链尾时退出循环,然后将新结点连入链表,并将其指针域赋值为 NULL。

4. 求某结点的指针

例如,要查找链表中学号为 n 的结点的指针。

查找要从链表的第一个结点开始,依次将每个结点的学号与 n 比较,若找到该同学,返回其地址,若找不到,则返回 NULL。

```
struct ST * locate(struct ST * head,int n)
{
```

```
    struct ST *p;
    p=head->next;          //将头结点的 next 域赋值给 p,使指向第一个结点
    while(p!=NULL&&p->n!=n)
        p=p->next;
    return p;
}
```

程序解析：

代码中循环部分的含义：如果 p 存的不是 NULL(表示 p 指向一个实际存在的结点),并且 p 所指结点中的学号不等于形参 n,则 p 指向下一个结点(若存在)。

如果 p 的值为 NULL,或者 p 所指结点的学号等于 n,则结束循环。

函数最后返回 p。存在两种可能,若找到学号为 n 的结点,p 存的是该结点的指针,若未找到,p 中存的是 NULL。

5. 求 p 所指结点的前驱(前一个结点)

```
struct ST *locatePre(struct ST *head,struct ST *p)
{
    struct ST *ptemp;
    ptemp=head;
    while(ptemp!=NULL&&ptemp->next!=p)
        ptemp=ptemp->next;
    return ptemp;
}
```

程序解析：

函数开始时,先使 ptemp 指向头结点(肯定有头结点),然后：

(1) 判断 ptemp 是不是等于 NULL 以及 ptemp－＞next 是不是等于 p。

(2) 若两者都不是,则执行 ptemp＝ptemp－＞next,重复步骤(1)。

(3) 若 ptemp 等于 NULL,表示已找遍所有结点但没有找到 p 所指的结点,退出循环,返回 ptemp(即 NULL)。若 ptemp－＞next 等于 p,则 ptemp 所指结点就是 p 所指结点的前驱,退出循环,也是返回 ptemp。

6. 在某结点之后插入一个新结点

p 所指的结点是链表中实际存在的一个结点,本操作是在该结点之后插入一个新结点,其学号和分数分别是 n 和 score。若插入成功,返回 1,否则返回 0。

图 13-4 和图 13-5 分别表示链表在新结点插入前后的状态。

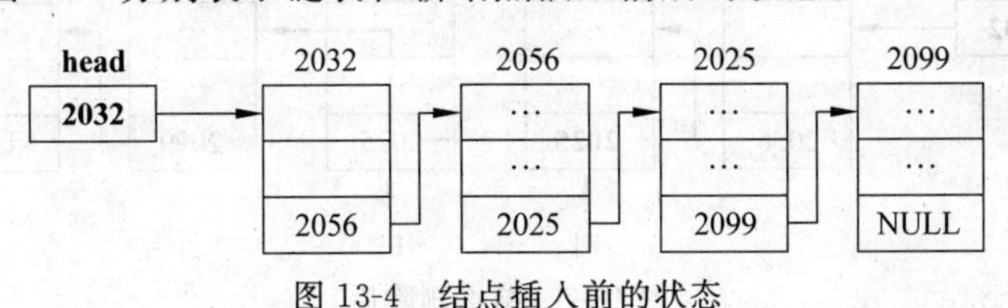

图 13-4 结点插入前的状态

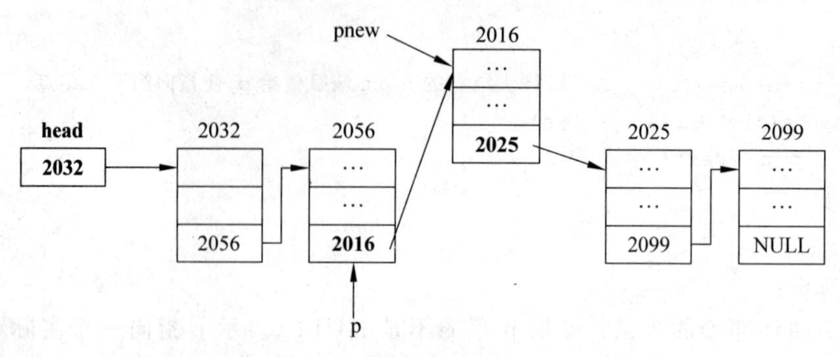

图 13-5 结点插入后的状态

下面是插入函数的代码：

```
int insert(struct ST * head,struct ST * p,int n,float score)
{
    struct ST * pnew=(struct ST*)malloc(sizeof(struct ST));
    if(pnew==NULL){
        printf("Out of space!\n");
        return 0;
    }
    pnew->num=n;
    pnew->score=score;
    pnew->next=p->next;
    p->next=pnew;
    return 1;
}
```

如果是在p所指结点之前插入，可以先用locatePre()函数找到前一结点的指针，然后再调用上面的函数。

7. 结点的删除

本操作是在链表中找到学号为n的结点并删除之，若删除成功返回1，否则返回0。图13-6和图13-7分别是链表在结点删除前后的状态。

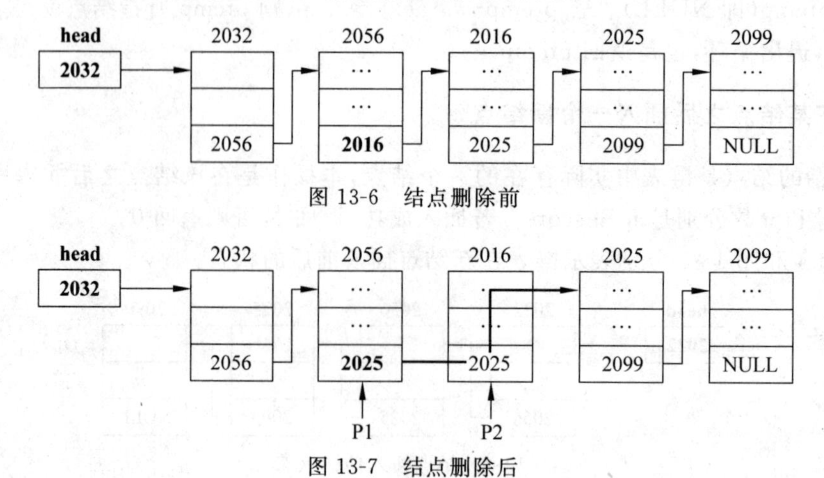

图 13-6 结点删除前

图 13-7 结点删除后

程序代码如下：

```
int delete(struct ST * head,int n)
{
    struct ST * p1, * p2;
    p1=head;
    //下面循环用来查找学号为 n 的结点的前驱
    while(p1->next!=NULL&&p1->next->n!=n)
        p1=p1->next;
    if(p1->next==NULL){          //若 p1 所指是链尾,意味着没找到
        printf("Not exist!\n");
        return 0;                //返回 0
    }
    p2=p1->next;                 //执行到该行,必然已找到学号为 n 的结点,让 p2 指向它
    p1->next=p2->next;           //将 p2 所指结点排除到链表之外
    free(p2);                    //释放 p2 所指结构体变量
    return 1;
}
```

也可先调用 locate()函数找到该结点,再调用 locatePre()函数找到其前驱,然后删除。

上面共介绍了 7 个链表操作的函数,有了这些函数,链表的操作基本都可以实现。

13.5 共 用 体

共用体也是一种用户自定义类型。有关共用体的定义、共用体变量的定义以及共用体变量的使用,都与结构体部分类似,故学习本节内容时,要注意与结构体部分做对比,结合结构体的内容学习共用体,会收到事半功倍的效果。

说明:共用体(union),也称为联合。

13.5.1 共用体的概念

先举一个生活中的例子来说明共用体的概念。

某工程项目需要 3 个建筑队来施工,但每天只能有一个建筑队来工地,3 个建筑队的人数分别是 30、18、22,每个建筑队施工后都需要在工地住宿,第二天再离开,问:工地需准备多少个床位?

答案自然是 30。虽然 3 个建筑队总共有 70 人,但没必要给每个人准备一个专属的床位,因为他们不会同时都来。准备 30 张床就够了,不管哪个队来,都使用这 30 张床。这些床不专属于哪一个队,而是 3 个队共享。

共用体的设计思想与上面这个例子相同。共用体是一种数据结构,与结构体类似,它也有几个成员,但是,它的各个成员不会同时都有数据需要存储,而是任何时候都只有一个成员的数据需要存储。因此,没有必要给共用体变量的每个成员都分配一块专属的空

间，而是只分配一份大家共享的内存，不管哪个成员存储数据，都使用这段内存空间。

注意：结构体变量的每个成员都有自己的专属空间，而共用体变量所有成员共享一段内存空间。

例如，下面定义的共用体变量x，在内存中的空间分配如图13-8所示。

```
union X{
    int grade;                     //用来存年级
    char title[11];                //用来存职称
}x;
```

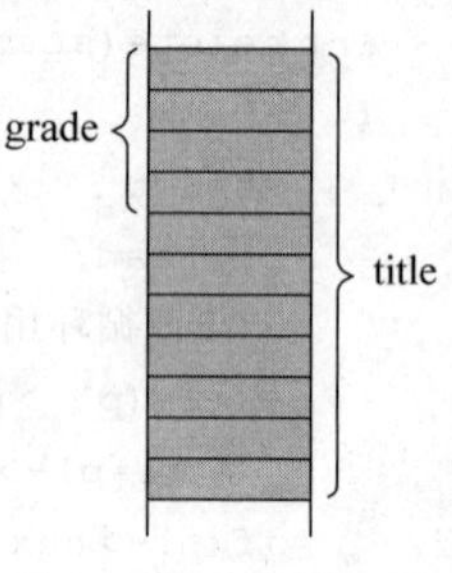

图13-8 共用体变量

变量x共分配11个字节的空间，若x用来存年级，则使用最前面的4个字节；若x用来存职称，则使用全部11个字节。

说明：共用体变量的各成员在使用内存时，都是从共用体变量的起始单元开始使用，所以，每个成员的地址都是相同的。

共用体变量通常只存储一个成员的数据。

提示：若需要存储多个成员的数据，应该用结构体变量。

若共用体变量存储一个成员的数据之后再存储另一个成员的数据，则前一个成员的数据将被覆盖。例如：

```
union{
    int a;
    char b;
}x;
x.a=1;
printf("%d\n",x.a);
x.b='A';
printf("%d\n",x.a);
```

运行结果如下：

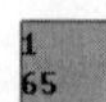

13.5.2 共用体的作用

使用共用体的目的是为了节省内存空间。

例如，学校要将全体师生的信息汇集起来，每个人都有姓名、性别等信息。为了表示这些信息属于同一个人，通常都要定义一种数据结构，即结构体。但是，学生和教师的信息不完全相同，学生有一项“年级”，而教师没有，同样，教师有一项“职称”，学生也没有。如果把结构体定义成如下结构：

```
struct Person{
    char name[11];
```

```
        char sex;
        int grade;
        char title[11];
        …
    };
```

则每个结构体变量中都会给年级(grade)和职称(title 数组)分配空间。对于学生来说,title 数组这部分空间是浪费的;对于教师来说,grade 这部分空间是浪费的。这两部分空间,注定不会同时存数据,给它们准备两份空间本身就是多余。为了节省内存,可以给它们只分配一份空间;如果是学生,这份空间用来存年级;如果是老师,这份空间就用来存职称。因此,需要把结构体设计成如下结构:

```
struct Person{
    char name[11];
    char sex;
    union{
        int grade;
        char title[11];
    }x;
    …
};
```

其中,成员 x 是一个共用体变量。

这样设计之后,结构体中给 x 分配的空间大小将是 11 字节(需要满足最长的共用体成员的要求,即 title 的要求)。这 11 个字节要么存年级,要么存职称,不需要两项数据都存,因为不可能同时有这两项数据。

说明:共用体变量的长度取决于长度最长的成员的长度。

想一想:结构体变量的长度,怎样计算?

说明:上面代码中的共用体变量 x,在 VC 下实际上分配 12 个字节的空间,因为共用体变量也有内存对齐规则。

13.5.3 共用体及共用体变量的定义

1. 共用体的定义

共用体的定义与结构体定义类似,唯一区别是所用关键字是 union 而不是 struct。例如:

```
union X{
    int grade;
    char title[11];
};
```

共用体也是一种数据结构,或称为数据类型(不是严格意义上的数据类型),不是变量。

需要说明的是，共用体的定义和结构体的定义可以互相包含，例如：

```
struct{
    int n;
    union{
        int a;
        char b[10];
    }u1,u2;
}s;
```

又如：

```
union{
    int n;
    struct{
        int a;
        char b[10];
    }s1,s2;
}u;
```

2. 共用体变量的定义

共用体类型可用来定义共用体变量或共用体数组。例如：

```
union X x,y[10];
```

共用体变量(数组)的定义方法也有3种，与结构体变量(数组)的定义类似。

13.5.4 共用体变量(数组)的初始化

共用体变量也可以初始化，但只允许对第一个成员进行初始化。例如：

```
union X x={1};                          //正确
union X x={"ABC"};                      //错误
union X x={1,"ABC"};                    //错误
union X y[10]={1,2,3};                  //正确
union X y[10]={1,"ABC",2};              //错误
```

13.5.5 共用体变量的引用

共用体变量的引用方法及注意事项与结构体变量相同，也是只能引用基本类型的成员，不能整体引用(两个同类型的共同体变量互相赋值除外)。

另外，共用体变量或者共用体变量的指针也都可以作为函数参数，与结构体变量或结构体变量的指针作参数相同，不再赘述。

13.6 枚举类型

C 语言中,有些变量的取值只能是有限的几种,比如表示月份的变量,只能取 1～12,表示日期的变量,只能取 1～31,等等。若在程序中需要一个变量 month 来存储月份,则该变量的取值只能有 12 种可能,它的取值是可以一一列举出来的,是可以枚举尽的。像这种只有有限的取值可能的变量,通常要定义成枚举类型。

13.6.1 枚举类型的定义

定义格式:

```
enum [枚举名]{
    枚举元素列表
};
```

例如:

```
enum Weekday{
    mon,tue,wed,thu,fri,sat,sun
};
```

关于枚举类型定义的说明如下。

(1) enum 是关键字,不可省略。

(2) Weekday 是枚举名,由用户命名,有些时候可以省略枚举名。

(3) 大括号中的标识符都是枚举元素,也称为枚举常量,是枚举变量可以取的值,它们的命名需遵循标识符的命名规则。枚举元素之间用逗号隔开。

需要注意的是,枚举元素是常量,不是变量！不能给枚举元素赋值,例如:

```
mon=1;              //错误
```

(4) 枚举常量的值,可以由用户指定,也可以由编译器自动分配。若用户不指定第一个元素的值,则编译器分配给它的值是 0。其他未指定值的元素,编译器分配给它的值是前一个元素的值加 1。例如:

```
enum Weekday{mon,tue,wed,thu,fri,sat,sun};
```

则 7 个元素的值分别是 0、1、2、3、4、5、6。

又如:

```
enum Weekday{mon=1,tue,wed,thu,fri,sat,sun};
```

则 7 个元素的值分别是 1、2、3、4、5、6、7。

再如:

```
enum Weekday{sun=7,mon=1,tue,wed,thu,fri,sat};
```

则7个元素的值分别是7、1、2、3、4、5、6。

13.6.2 枚举变量的定义

枚举变量的定义方法也有3种。

(1) 先定义枚举类型,再定义枚举变量(数组)。

```
enum Weekday{sun=7,mon=1,tue,wed,thu,fri,sat};
enum Weekday day1,day2,day[10];          //定义两个枚举变量和一个枚举数组
```

(2) 定义枚举类型的同时定义变量(数组)。

```
enum Weekday{sun=7,mon=1,tue,wed,thu,fri,sat}day;
```

(3) 省略方法(2)中的枚举名。

```
enum {sun=7,mon=1,tue,wed,thu,fri,sat}day1,day2;
```

提示:这3种方法与结构体变量定义以及共用体变量定义的3种方法相同。

13.6.3 枚举变量的使用

可以把枚举常量赋值给枚举变量。例如:

```
day1=mon;
```

也可以把整数赋值给枚举变量,但一般要进行类型转换。例如:

```
day1=(enum Weekday)1;
```

枚举类型的变量可以互相比较,或者与枚举常量进行比较。例如:

```
if(day1==mon)
    printf("又该上班了");
if(day1>=sat)
    printf("欢度周末");
```

13.6.4 枚举应用举例

例13.5 从键盘输入每月收入金额,求全年总收入。

程序代码如下:

```
#include<stdio.h>
enum Month{
    Jan=1,Feb,Mar,Apr,May,Jun,Jul,Aug,Sep,Oct,Nov,Dec
};
int main()
{
    enum Month month;
```

```
    int sum=0,monthEarn;
    for(month=Jan;month<=Dec;month++){
        printf("Enter the monthly earning for ");
        switch(month){
            case Jan: printf("1:");break;
            case Feb: printf("2:");break;
            case Mar: printf("3:");break;
            case Apr: printf("4:");break;
            case May: printf("5:");break;
            case Jun: printf("6:");break;
            case Jul: printf("7:");break;
            case Aug: printf("8:");break;
            case Sep: printf("9:");break;
            case Oct: printf("10:");break;
            case Nov: printf("11:");break;
            case Dec: printf("12:");
        }
        scanf("%d",&monthEarn);
        sum+=monthEarn;
    }
    printf("%d\n",sum);
    return 0;
}
```

13.7　用 typedef 定义类型别名

C 语言中可以使用的类型名有两类。

(1) 基本类型名。如 int、char、long、double、float 等。

(2) 用户自定义类型名。如 struct Student、union X、enum Weekday 等。

上面的类型名中，有些名字很长，在程序中写起来很不方便。还有些类型名在一些人看来很不习惯(比如学过 FORTRAN 的人，习惯用 Real 来定义单精度型变量，不喜欢用 float)。无论是上面哪种情况，只要觉得不合适，都可以给某一种类型重新起一个别名，之后编程的过程中，若不喜欢用原名，可以用别名。

定义类型别名的方法如下：

typedef 原类型 别名

例如：

```
typedef float Real;                //定义 Real 是 float 的别名
typedef struct Student STU;        //定义 STU 是 struct Student 的别名
```

也可以在定义结构体的同时定义一个别名，例如：

```
typedef struct Student{
    int n;
    char name[11];
}STU;
```

若觉得已经有了别名，不需要原名了，可以不写原名：

```
typedef struct{
    int n;
    char name[11];
}STU;
```

有了上面的定义，程序中需要用到 float 的时候，都可以用 Real 代替，需要写 struct Student 的地方，也都可以写成 STU。例如：

```
Real x,y;                        //相当于是 float x,y;
STU s1,s2,*p;                    //定义两个 struct Student 型变量和一个指针变量
printf("%d\n",sizeof(STU));      //测试 struct Student 型的数据所占字节数
```

说明：本节介绍的是最常见的自定义类型别名的情况，还有一些不太常用的情况，比如给数组类型定义一个别名、给指针变量类型定义一个别名、给指针数组类型定义一个别名等，本书不再详细讲述，请参照下面的代码自行理解。

(1)

```
typedef int Num[100];
Num a;                           //相当于 int a[100];
```

(2)

```
typedef int *Pointer;
Pointer p1,p2;                   //相当于 int *p1,*p2;
```

(3)

```
typedef int *Parray[10];
Parray pa1,pa2;                  //相当于 int *pa1[10],*pa2[10];
```

(4)

```
typedef struct Student{
    int n;
    char name[11];
}*PS;
PS ps1,ps2;                      //相当于 struct Student *p1,*p2;
```

提示：关于别名是什么类型，可以用这样的方法来判定：把 typedef 去掉，把别名当成对象名，看看对象是什么类型，对象是什么类型，则别名就代表什么类型。

习　题　13

一、选择题

1. 以下说法错误的是(　　)。
   (A) 数组元素的数据类型必须相同
   (B) 结构体成员的类型可相同也可不同
   (C) 数组元素是通过其序号访问的
   (D) 结构体数组的元素不能通过序号访问
2. 若有定义:

```
struct Student{int age; int score;}a;
```

要给 a 同学存入一个年龄 20,正确的写法是(　　)。

(A) Studen. age=20　　(B) Student. a=20
(C) Student. a. age=20　　(D) a. age=20

3. 若有下面的数据定义,则下面 4 个表达式中正确的是(　　)。

```
struct A{ int age; int score;};
struct B{ int n; struct A a; }b;
```

(A) b={5,20,70}　　(B) B. n=5
(C) B. b. a. age=20　　(D) b. a. score=70

4. 若有下面的数据定义,则对成员 age 的正确引用是(　　)。

```
struct A{int age; int score;};
struct B{int n; struct A a; }b, * p=&b;
```

(A) p. a. age　　(B) p->a->age
(C) p->a. age　　(D) p->b. a. age

5. 下面代码中能够正确执行的是(　　)。
   (A) struct A{int age;int score;}a;a={1,2}; printf("%d%d",&a. age, &a. score);
   (B) struct A{int age;int score;}a={1,2}; printf("%d%d",a);
   (C) struct A{int age;int score;}a,b;b=a; printf("%d%d",a. age,b. score);
   (D) struct A{int age;int score;} a, * p=&a;scanf("%d%d",p);
6. 若有下面的结构体定义,则在 TC 中 sizeof(struct A)的值是(　　)。

```
struct A{
    char name[10];
    int m,n;
    char c;
};
```

(A) 13　　(B) 15　　(C) 19　　(D) 24

7. 若有如下定义,则表达式 sizeof(a)的值是(　　)。

```
union A{
    int age;
    char state;
    float score;
}a;
```

(A) 4　　(B) 8　　(C) 9　　(D) 12

8. 下面程序在 VC 下的运行结果是(　　)。

```
struct A{int x; char y[4];};
union{struct A a; short b[4];}u;
u.a.y[0]=2;
u.a.y[1]=1;
printf("%d\n",u.b[2]);
```

(A) 12　　(B) 258　　(C) 65537　　(D) 不确定

9. 设有如下代码,则下面叙述中正确的是(　　)。

```
typedef struct ST{
    long a;
    int b;
}NEW;
```

(A) NEW 是个结构体变量

(B) typedef 是结构体类型名

(C) NEW 可以替代 ST

(D) NEW 可以替代 struct ST

10. 下面的代码使 a 和 b 组成了单向链表,要把 c 插入到链表中 a、b 之间,需要执行的代码是(　　)。

```
struct Node{
    int n;
    struct Node * next;
}a,b,c, * p1=&a, * p2=&b, * p3=&c;
p1->next=p2;
p2->next=NULL;
```

(A) p1－＞next＝p3; p3－＞next＝p1－＞next;

(B) p3－＞next＝p1－＞next; p1－＞next＝p3;

(C) p1－＞next＝p3; p3－＞next＝p2－＞next;

(D) p1. next＝p3; p3. next＝p2;

二、编程题

1. 每个学生都有姓名、3 科考试成绩共 4 个数据，从键盘输入 20 个人的数据，由被调函数计算每科平均分，并找出单科最高分的人和分数。

2. 编写一个函数，将上题的数据组成一个无头结点的链表，并将链表头指针存放到主函数指定的位置。

3. 编程输出一个 float 型数据在内存中存放的二进制序列。

提示：利用共用体。

第14章 位运算

本章内容提要

位运算符及应用。

在本章之前所介绍过的各种运算，都是以字节为基本单位进行的，但在很多系统程序的开发中(如检测、控制领域)，经常需要对“位”(bit)一级进行运算或处理。这种“位”一级的运算和处理通常都是由低级语言来实现的，而C语言也具有这种功能，这使得C语言具备了低级语言才有的、能直接对内存地址进行操作、能对数据按二进制位进行运算的能力，从而使C语言也能像汇编语言一样被用来编写系统软件。

本章介绍C语言中的位运算符及其应用。

14.1 C语言中的位运算符

C语言中总共只有6个位运算符，如表14-1所示。

表14-1 C语言中的位运算符

位运算符	&	|	^	~	<<	>>
名称	按位与	按位或	异或	取反	左移	右移

说明：

(1) 取反运算符“～”是单目运算符，其余都是双目运算符。

(2) 位运算的操作数必须是整型或字符型，不能是实型数据。

(3) 以上位运算符中，除“～”以外，其余5个运算符都可以和“＝”组成复合的赋值运算符，例如：

```
a&=b;
```

相当于：

```
a=a&b;
```

14.2　位运算及应用

14.2.1　按位与

1. 按位与规则

按位与的规则：参与运算的两个数，每一对在两个数中位置相同的两个位都进行"与"运算，若两个位都是 1，则结果中该位为 1，否则为 0。

如 12&9，12 和 9 在内存中均以补码存储，分别如下：

00000000 00000000 00000000 00001100

00000000 00000000 00000000 00001001

则按位与运算后，结果是 8。算式如下：

```
  00000000 00000000 00000000 00001100
& 00000000 00000000 00000000 00001001
  -----------------------------------
  00000000 00000000 00000000 00001000
```

2. 按位与的特点及应用

按位与的特点：只要两个位中有一个是 0，则结果中该位必然为 0。这一特点可用来将某些位清零。

例如，若有一个整数 x，欲使它的前两个字节清零，后两个字节保持不变，可用下面的代码来实现：

```
x&=0x0000ffff
```

程序解析：

设 x 的值为 01100010 10110110 10010111 00001111，它和 0x0000ffff 按位与的运算结果是：

```
  01100010 10110110 10010111 00001111
& 00000000 00000000 11111111 11111111
  -----------------------------------
  00000000 00000000 10010111 00001111
```

例 14.1　从键盘输入一个整数 n，输出它的最低位。

```
#include<stdio.h>
int main()
{
    int n,m;
    scanf("%d",&n);
    m=n&0x0001;
    if(m==1)
        printf("1");
    else
        printf("0");
```

```
    return 0;
}
```

程序解析：

要判断其最低位是 1 还是 0，最好把其他位都清成 0，即

```
n：  00101010 01101110 01011011 0111010x
   & 00000000 00000000 00000000 00000001
   -------------------------------------
     00000000 00000000 00000000 0000000x
```

不管最后一位 x 是 1 还是 0，按位与后都把 x 保留了下来，而其他位都被清零了。将其他位都清零的目的是便于判断最后一位是 1 还是 0。

考考你：若要输出一个整数的最高位，怎样编程？

14.2.2 按位或

1. 按位或规则

按位或的规则：参与运算的两个数，每一对在两个数中位置相同的两个位都进行"或"运算，若两个位中有一个是 1，则结果中该位为 1，否则为 0。

如：12|9

```
  00000000 00000000 00000000 00001100
| 00000000 00000000 00000000 00001001
-------------------------------------
  00000000 00000000 00000000 00001101
```

即若有代码 printf("%d\n",12|9);则输出结果是 13。

2. 按位或的特点及应用

按位或的特点是：只要两个位中有一个是 1，则最终结果中该位为 1。利用这一特点可使一个整数的某些位变为 1。

例 14.2 变量 n 第 2 位(注：最低位为第 0 位)为 0，编程将该位变为 1。

题目分析：

设 n 的二进制值是 xxxxxxxx xxxxxxxx xxxxxxxx xxxxx0xx。

只需要让它与 00000000 00000000 00000000 00000100 按位或，即可实现题目要求。

程序代码是：

```
#include<stdio.h>
int main()
{
    int n;
    scanf("%d",&n);
    n|=0x0004;
    printf("%d\n",n);
    return 0;
}
```

想一想：若 n 为正值，则最终结果与原值相比，增加了多少？

14.2.3　异或

1. 异或的规则

按位异或的规则：参与运算的两个数，每一对在两个数中位置相同的两个位都进行"异或"运算，若两个位的数不同，则结果中该位为 1，否则为 0。

如：12^9

```
  00000000 00000000 00000000 00001100
^ 00000000 00000000 00000000 00001001
  -----------------------------------
  00000000 00000000 00000000 00000101
```

即若有代码 printf("%d\n",12^9)；则输出结果是 5。

2. 异或的特点及应用

异或的特点：只要把下面的位写成 1，则结果必然与上面的位相反。因此，异或常用来对某些位取反。

例如：设整数的二进制值是 01010001 01101101 01011011 01101110，现欲使它的最后一个字节全部取反，其余字节保持不变，可用下面的运算实现：

```
  01010001 01101101 01011011 01101110
^ 00000000 00000000 00000000 11111111
  -----------------------------------
  01010001 01101101 01011011 10010001
```

异或的特点还有：

(1) 变量与自身异或，结果为 0。

(2) 变量与 0 异或，结果不变。

例 14.3　利用异或，改写例 14.2 的程序。

代码如下：

```
#include<stdio.h>
int main()
{
    int n;
    scanf("%d",&n);
    n=n^0x0004;
    printf("%d\n",n);
    return 0;
}
```

提示：这段代码不仅能把第 2 位由 0 变成 1，也可以把它从 1 变成 0。

14.2.4 取反

1. 取反的规则

取反的规则是将操作数中所有的“位”都进行取反(0 变成 1,1 变成 0)。

如:～9

～ 00000000 00000000 00000000 00001001

  11111111 11111111 11111111 11110110

2. 取反的应用

可用来提高程序的通用性,便于程序的移植。

例如:欲将整数 n 的最低位清为 0,并且程序在 TC 和 VC 下都能运行,请编程。

题目分析:

要将某些位清为 0,应该利用 &。

若在 TC 下运行,整数占 2 个字节,则 n 必须和二进制数 11111111 11111110 进行按位与运算,相应的表达式应为

```
n= n&0xfffe
```

若在 VC 下运行,整数占 4 个字节,则 n 必须和二进制数 11111111 11111111 11111111 11111110 进行按位与运算,相应的表达式应为

```
n=n&0xfffffffe
```

若想在两种编译器中都能运行,应写成下面的表达式:

```
n=n&~1
```

说明:～的级别高于 &。

说明:1 取反的过程是,首先将 1 化为补码,在 TC 下补码是 16 位,在 VC 下补码是 32 位,然后再取反,取反后的位数与原来的位数相同。

想一想:若写成 n=n&0xfffe,然后在 VC 中运行,结果会怎样?

14.2.5 左移

1. 左移的规则

左移的规则:数据中的每一“位”,都向左移动 1 位或数位。高位的数据丢弃,低位填 0。

例如,设 x 的二进制值为 00100101 11010010 01011011 01101001,则 x<<=1 后的二进制值为 01001011 10100100 10110110 11010010。该数的值相当于原数的两倍。

若是 x<<=3,则执行后 x 的二进制值是 00101110 10010010 11011011 01001000。

想一想：是否对所有的数左移一位都相当于乘以 2?

2. 左移的应用

例 14.4　利用左移，输出整数的补码。

题目分析：

输出补码时，是从最高位开始，依次输出每一位二进制数。因此，可以先判断最高位是 1 还是 0，这个判断可参照例 14.1 的程序来实现。最高位判断完之后，若要判断下一位，可利用左移，使下一位成为最高位，以便循环执行相同的代码。

程序如下：

```
#include<stdio.h>
int main()
{
    int n,i,m;
    scanf("%d",&n);
    for(i=0;i<sizeof(int) * 8;i++){
        m=n&0x80000000;
        if(m!=0)
            printf("1");
        else
            printf("0");
        n=n<<1;
    }
    return 0;
}
```

14.2.6　右移

1. 右移的规则

右移的规则：数据中的每一“位”，都向右移动 1 位或几位。右移时，低位的数据丢弃，而高位的处理方法如下：若是正数，高位补 0；若是负数，高位补 0 还是补 1 取决于编译器，大部分编译器都是补 1。

例如，00100101 11010010 01011011 01101000 右移一位后的二进制数为 00010010 11101001 00101101 10110100。该数的值相当于原数除以 2。

想一想：是否对所有的数右移一位都相当于除以 2?

2. 右移的应用

右移的应用与左移类似。

习 题 14

一、选择题

1. 表达式7&&8和7&8的值分别是(　　)。

(A) 0 0　　(B) 1 1　　(C) 0 1　　(D) 1 0

2. 表达式7||8和7|8的值分别是(　　)。

(A) 0 1　　(B) 1 1　　(C) 1 15　　(D) 0 15

3. 表达式7^8的值是(　　)。

(A) 0　　(B) 1　　(C) 8　　(D) 15

4. 若这样定义位运算"同或":参与运算的两位相同时取值为1,不相同时取值为0,则能对整型变量x和y实现"同或"运算的表达式是(　　)。

(A) ~(x&y)　　(B) ~(x|y)　　(C) x^~y　　(D) !(x^y)

5. 以下程序的输出结果是(　　)。

```
int main()
{
    char x=040;
    printf("%d\n",x=x<<1);
    return 0;
}
```

(A) 100　　(B) 160　　(C) 120　　(D) 64

6. 以下代码执行后,c的二进制值是(　　)。

```
char a=3, b=6, c;
c=a^b<<2;
```

(A) 00011011　　(B) 00010100　　(C) 00011100　　(D) 00011000

二、填空题

1. 变量a的二进制数是00101101,想利用a^b使a的高四位取反,则b的二进制数应是________。

2. a为任意整数,能使a清零的位运算表达式是________。

3. a为任意整数,能使a中各二进制数均为1的表达式是________。

4. 能将两字节变量x的高8位全置1的表达式是________。

5. 能利用位运算将八进制数012500除以4,然后赋给变量a的表达式是________。

6. 能利用位运算对字符变量ch中的英文字母进行大小写转换的表达式是________。

三、编程题

1. 利用位运算求一个 float 型变量在内存中的存储状态,输出其二进制序列。
2. 键盘输入任意一个十进制整数,求其原码。

第15章 文　件

本章内容提要

（1）文件及相关概念。

（2）文件的打开、关闭和读写。

（3）文件读写指针的移动和定位。

（4）文件操作出错检测。

文件操作是C语言中非常重要的一部分知识，因为文件可以永久地保存数据。实际工作中，多数情况下需要处理的数据都是以文件的形式存储在磁盘上，程序员需要编程序从文件中读取数据进行处理，而最终的计算结果也要写到文件中长期保存，因此经常用到文件操作。

15.1 文件及相关的概念

15.1.1 文件的范畴

C语言里所说的文件包括磁盘文件和外部设备。对于操作系统来说，外部设备也是文件。常用的设备有键盘、显示器和打印机等。

对于设备的操作，实际上就是对文件的读写。例如，要显示一个信息，实际上就是把信息写到"显示器"这个文件中去。同样，要从键盘输入数据，实际上是从"键盘"这个文件中读取数据。C语言就是这样把设备当作文件来使用的。

15.1.2 文件中存储数据的两种方式

文件中存储数据的方式有两种：文本方式和二进制方式。

1. 文本方式

文本方式：数据是以文本（ASCII码）的形式存储的，即所有的数据都用一个个字符存储到文件中。

例如，若将整数12337用文本方式写入文件，则文件中是用5个字节分别存储'1'、'2'、'3'、'3'、'7' 5个字符的ASCII码值，文件的内容将是00110001 00110010 00110011 00110011 00110111。

再比如：将浮点数 3.14 用文本方式写入文件，则文件中是用 4 个字节分别存储'3'、'.'、'1'、'4'共 4 个字符，文件的内容是 00110011 00101110 00110001 00110100。

这种存储方式的好处是，便于用文本编辑软件(记事本、写字板等)打开文件直接查看所存数据。

注意：用文本方式存储数据其实也是存的二进制数，只不过每个字节都是 ASCII 值，用记事本等文本编辑软件打开时可以看到一个个字符，故称文本方式。

2. 二进制方式

二进制方式：数据完全按照内存中的状态来存储，即将数据在内存中存放的每个字节的二进制数按照顺序直接照搬到文件中。

例如，用二进制方式将短整数 12337 写到文件中，由于 12337 在内存中占用两个字节，存储的是其补码，如图 15-1 所示。因此，要把它用二进制方式写到文件中，只需将这 2 个字节的内容直接照搬到文件中即可，文件内容是 00110001 00110000。

00110001	12337
00110000	

图 15-1　12337 的存储状态

注意：二进制方式写文件时，是按内存地址由低到高的顺序来写的。

用二进制方式存储的数据是不适合直接打开阅读的，因为文本编辑软件总是将文件中的每一个字节都显示成一个字符。上面用两个字节存储的 12337，用文本编辑软件打开看到的将是 10(实际看到的是两个字符，一个'1'，一个'0')，显然，这不是人们所希望的。

15.1.3　文件的种类

1. 文本文件

所有数据都按照文本方式存储的文件，称为文本文件。

文本文件的特点：便于用户直接打开查看内容，但文本文件读写速度比较慢。因为向文件中写数据时需要把数据转化为一个个 ASCII 码值，而读数据时，又需要把 ASCII 码值转成数据。

2. 二进制文件

所有数据都按照二进制方式存储的文件，称为二进制文件。

二进制文件的读写速度比较快，但不宜直接打开看内容，其中的数据只能通过程序读取。

说明：除了上面所说的两种文件外，还有一种"混合"格式的文件，在这种文件中，有些数据是按照文本方式存储的，有些数据是按照二进制方式存储的。

提示：一个文件并非只能用一种方式存放数据。

15.1.4 文件操作函数及缓冲区的概念

C语言在库函数头文件中提供了若干用于操作文件的函数，这些函数可分为两类（两个层面）：一类是基本输入输出函数（也称为系统函数），位于较低层面，它们直接建立在操作系统所提供的功能之上，通过调用操作系统的功能来操作文件。另一类是常用的高级输入输出函数（又称为标准输入输出函数），它们是对基本输入输出函数的抽象和封装，处于较高层面，通过基本输入输出函数调用操作系统的功能。它们之间的关系如图15-2所示。

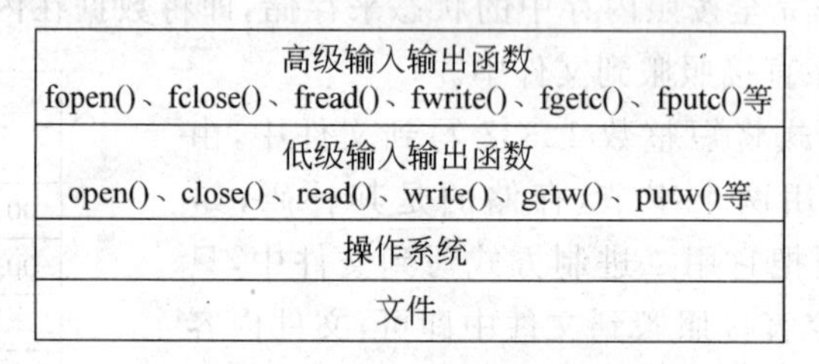

图15-2　输入输出函数关系图

对文件的操作，既可以用低级输入输出函数，也可以用高级输入输出函数。

通常的做法有两种。

(1) 用 open()函数打开文件，然后使用基本输入输出函数操作文件。

(2) 用 fopen()函数打开文件，然后使用标准输入输出函数操作文件。

但要注意，用 open()函数打开文件，只能使用基本输入输出函数，而用 fopen()函数打开文件则两类函数都可以使用。

基本输入输出函数不符合标准C规范，因为它们读写数据不经过文件缓冲区，读写效率低。所以本章后面的内容只针对标准输入输出函数来介绍。

关于文件缓冲区的概念和用途，本书在4.2节输入输出函数中已做过介绍，这里需要补充一点：缓冲区是在打开文件（用 fopen()而不是 open()）时分配的。每当打开一个文件，系统就给该文件在内存中分配缓冲区，数据无论是从计算机输出到文件，还是从文件中读入计算机，都要经过缓冲区。

每个文件在内存中都只有一个缓冲区，计算机从文件中读取数据时，它被用作输入缓冲区；向文件中写数据时，它又被用作输出缓冲区。

写文件时，数据总是先放到输出缓冲区，等输出缓冲区满了，再一次性地写入文件，而不是有一点数据就马上写进文件。这样做的好处是可以减少操作文件的次数和时间，提高效率。对于读文件，也是如此，先从文件中读取数据填满输入缓冲区，等输入缓冲区被取空了，再从文件取数据将缓冲区重新填满。

采用缓冲区进行读写的文件系统，称为缓冲文件系统，又称为高级磁盘输入输出系统。

15.2 文件读写的原理

读写一个文件时，需要知道并记录该文件的很多信息，比如：正在读文件还是正在写文件？该文件的缓冲区在内存的什么位置？缓冲区大小是多少？目前已经读（写）到缓冲区的什么位置了？缓冲区是否已空（满）等。不知道这些，将无法读写文件。

为了记录上面所说的信息，每个 C 编译器都会定义自己的数据结构——结构体，然后再开辟一个结构体变量来存储这些信息。

例如，VC 在 stdio. h 中专门定义了下面的结构体，并取名为 FILE：

```
struct _iobuf{
    char * _ptr;          //指向缓冲区中正要读写的字节
    int   _cnt;           //缓冲区中还剩多少字节的数据
    char * _base;         //缓冲区首地址
    int   _flag;
    int   _file;
    int   _charbuf;
    int   _bufsiz;        //缓冲区大小
    char * _tmpfname;
};
typedef struct _iobuf FILE;
```

有了 FILE 这种结构体，就可以在内存中开辟 FILE 型变量了。每一个 FILE 型变量（结构体变量）都可以存放一个文件的信息。

每次打开文件进行读写之前，都要给文件分配一个 FILE 类型的变量，以便把前面所说的信息存储到结构体变量中。以后读写文件的时候，用到什么信息就到结构体变量中读取。当然，读写文件的时候要及时修改结构体变量中的内容。例如，若从文件中读取了 3 个字符，则_ptr 要加 3，此时 FILE 变量、缓冲区以及文件之间的关系如图 15-3 所示。

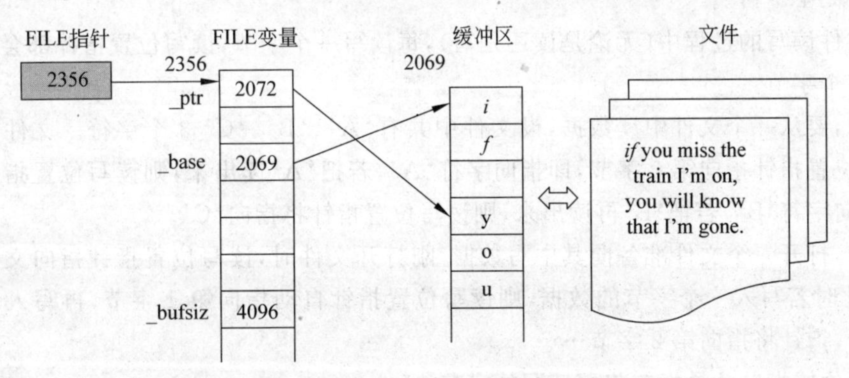

图 15-3 FILE 变量、缓冲区及文件的关系

只不过，如何读取和管理这个 FILE 型变量，不需要程序员来考虑，因为系统提供的读写函数会自动完成这些工作。

例如，要把一个字符写入文件，如果这段程序我们自己来编写，则必须知道结构体变量中每一个成员所代表的含义，并且要读取这些信息，还要及时修改它们，当然还要操作缓冲区……这显然很复杂。

幸运的是，系统把这段程序写好了，这就是fputc()函数，其原型是

```
int fputc(char, FILE *);
```

要让它工作，只需要把要写的字符(作为参数一)以及FILE变量的指针(作为参数二)传给它就可以了，fputc()函数写数据的过程中，自己会读取FILE变量中的信息并管理它们，也会根据FILE变量找到缓冲区去管理缓冲区。

上面所提到的结构体变量的指针，也就是参数二，被称为文件类型指针，简称**文件指针**。

注意：文件指针是指向结构体变量的，并不指向文件。

C语言提供了若干像fputc()这样的输入输出函数用来读写各种类型的数据，它们都可以自动读取、管理结构体变量和缓冲区。因此，当程序中需要读写数据的时候，只需要调用这些函数就可以了，作为程序员，不需要知道结构体变量中每一个成员的含义，也不需要自己来管理结构体变量和缓冲区。

15.3 文件的读写位置指针和文件结束标志

15.3.1 读写位置指针

读写一个文件时，需要有一个标记来指示目前将要读写的是文件的哪一个字节，该标记被称为文件的**读写位置指针**。

注意：读写位置指针是一种形象化的比喻，其中“指针”二字的含义与C语言中指针的含义完全不同。

在文件读写的过程中(无论是读还是写)，每读写一个字节，读写位置指针都会自动向后移动一个字节。

例如，要从一个文件中读数据，设文件中共有‘A’、‘B’、‘C’3个字符。文件刚打开时，读写位置指针指向第0字节，即指向字符‘A’，若把‘A’读出来，则读写位置指针自动后移，指向字符‘B’，若把‘B’再读出来，则读写位置指针将指向‘C’。

又如，打开一个文件准备向其中写数据，刚打开文件时，读写位置指针指向文件的第0字节，此时若写入一个字节的数据，则读写位置指针自动指向第1字节，再写入一个字节的数据，指针将指向第2字节……

读写位置指针总是指向将要读写的字节。

15.3.2 文件结束标志

每个文件的内容都是有限长的，从文件中读数据的时候，读写位置指针不能超过文件

最后的界限，这个界限被称为是**文件结束标志**。

例如，设文件中共有 3 个字符'A'、'B'、'C'，若从文件中读取 3 个字节的数据，则读写位置指针就将越过这 3 个字符，指在字符'C'的后面，即指在结束标志上。

若读写位置指针已指向文件结束标志，则表示已无数据可读。

文件结束标志用 EOF(end of file)表示，多数编译器规定它的值为－1。

注意：文件结束标志也是一种形象化的比喻，是我们想象出来的，实际上文件中并没有真的存储一个－1 作为结束标志，不要以为在每个文件最后都有一个－1。

读文件时，若读写位置指针遇到文件结束标志，便不再向后移动。

15.4　文件的打开和关闭

C 语言中，对文件的操作通常分为 3 个步骤。

(1) 打开文件。

(2) 对文件进行读写操作。

(3) 关闭文件。

15.4.1　文件的打开

读写文件时需要用到缓冲区和结构体变量，这就出现了一个问题：缓冲区和结构体变量如何分配？谁来分配？结构体变量怎样存储文件信息？这些工作都需要程序员自己编程来完成吗？

显然，这些工作不需要程序员自己编程来完成。根据经验，凡是常用的操作，系统都已经给我们编好程序或者准备好函数了，这个函数就是 fopen()。

1. fopen()的功能及用法

fopen()函数的原型：

```
FILE * fopen(char * filename,char * mode);
```

其功能如下。

(1) 在内存中给准备读写的文件分配缓冲区和 FILE 类型的变量。

(2) 把文件信息存入 FILE 型变量中。

(3) 返回 FILE 型变量的首地址。

打开文件实际上就是调用 fopen()函数完成上面所说的工作。而接下来的读写操作，则可由一些读写函数去完成。

fopen()函数的返回值：若打开文件成功，则返回内存中所分配的 FILE 型变量的首地址；若打开文件不成功，则返回 NULL。

fopen()函数的第一个参数，是一个字符指针变量，它的值决定着要打开的是哪个文件。调用 fopen()函数时，需要给它传递一个字符指针，可以是字符串常量，可以是字符数组名，也可以是一个已存储字符指针的指针变量。例如：

```
fopen("C:\\VC\\sample.txt","r");
```

或者：

```
char filename[]="C:\\VC\\sample.txt";
fopen(filename,"r");
```

或者：

```
char *p="C:\\VC\\sample.txt";
fopen(p,"r");
```

函数的第二个参数，也是一个字符指针变量，它的值决定用什么方式打开文件。调用fopen()函数时，第二个参数的位置通常也都是写一个字符串常量，表示打开方式，如上面代码所示。

2. 文件的打开方式

文件的打开方式有以下12种。

"r"：为读而打开文件，只能读，不能写。要求文件必须已存在，否则出错。

"rb"：二进制方式打开，其他同"r"方式。

"w"：为写而打开文件，只能写，若文件不存在将新建文件，否则删旧文件建新文件。

"wb"：二进制方式打开，其他同"w"方式。

"a"：向文件(可没有)中追加数据，打开后读写位置指针指向文件尾。

"ab"：二进制方式打开，其他同"a"方式。

"r+"：为读和写打开一个文件，要求文件必须已存在，否则出错。

"rb+"：二进制方式打开，其他同"r+"方式。

"w+"：为写、读而打开一个文件，若文件不存在则新建。

"wb+"：二进制方式打开，其他同"w+"方式。

"a+"：与"a"方式的唯一区别是，文件打开后既可读又可写。

"ab+"：二进制方式打开，其他同"a+"方式。

注意：使用追加方式打开文件时，读写位置指针指向文件尾(即指向文件结束标志)，而用其他方式打开时都是指向文件头。

注意：用带"+"的打开方式打开文件后可以又读又写，但在读写操作转换时(即读写操作之间)要调用fseek()、rewind()或fflush()函数，否则转换后的操作无效。例如，打开文件后先读数据，然后未调用上述任何函数就直接写数据，则写数据无效。或者先写数据，然后未调用上面的任何函数就直接读数据，则读数据无效。

上面的12种打开方式，其中有6种后面带字母b，6种不带b。带b的打开方式，通常用于二进制文件，所以称为二进制方式；不带b的打开方式通常用于文本文件，所以称为文本方式。

说明：实际上，打开文件的方式有带t和带b两种方式，只不过t可以省略。例如,"rt"可以写成"r"。上面所列的不带b的方式,都省略了t。

注意:用二进制方式既可以打开二进制文件,也可以打开文本文件(一般不这样做)。同样,用文本方式既可以打开文本文件,也能打开二进制文件(一般也不这样做)。

打开方式之所以有带b和带t两种方式,是因为Windows对于换行的规定与C语言不同。这种不同,需要追溯到回车和换行的来历。

1)回车和换行的来历

计算机还没有出现之前,有一种称为电传打字机(Teletype Model 33)的东西,每秒钟可以打10个字符(每字符0.1s)。但是它有一个问题,就是打完一行换行的时候,要用去0.2s。在这0.2s中,若又有新的字符传过来(这段时间间隔正好可以传两个字符),那么这两个字符将丢失(因为没有缓存,无法先存起来)。

于是,研制人员想了个办法来解决这个问题。办法是发送方在发送信息时,在每行后面加两个表示结束的字符(正好可以填补0.2s的空隙)。一个称为"回车",告诉打字机把打印头定位在左边界;另一个称为"换行",告诉打字机把纸向上移动一行。这就是"回车"和"换行"的来历。

2)不同操作系统对换行的规定

后来,计算机发明了,这两个概念也就被搬到了计算机上。那时,存储器很贵,有些人认为在每行结尾加两个字符太浪费了,加一个就可以,也有些人觉得无所谓,于是,就出现了几种不同的规定。

UNIX规定,每行结尾只存一个<换行>,即'\n',就能实现换行的功能。

Windows规定,每行结尾需要存<回车>和<换行>两个字符,即'\r'和'\n',才能换行。

Mac OS规定,每行结尾只存一个<回车>,即'\r',即可换行。

上述3种不同的规定所导致的直接后果是UNIX/Mac OS系统下的文件若在Windows中打开,所有文字会变成一行;而Windows中的文件在UNIX/Mac OS下打开的话,在每行的结尾可能会多出一个不可识别的符号。

在Windows中用记事本等软件打开文本文件阅读时,之所以能看到换行,是因为该行末尾存有回车和换行两个字符(否则后面内容不换行)。

3)C语言打开文件的两种方式

C程序中,若要实现换行,只需要一个'\n'即可。例如:

```
printf("%d\n%d",1,2);
```

上面代码执行时,会在屏幕上输出3个字符:'1'、'\n'、'2',用户看到的结果如下:

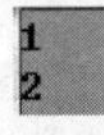

```
1
2
```

因为在C语言中,只输出一个'\n'就能换行。

但是,若把这3个字符用文本方式写到文件中,再在Windows中用记事本打开,看到的结果将是

```
1■2
```

中间根本没有换行。其原因是，Windows 中换行需要两个字符：'\r'和'\n'。

为了满足 Windows 的这个要求，C 语言有如下规定。

(1) 当用"w"、"w+"、"a"、"a+"、"r+"这些方式打开文件写数据的时候，每输出一个换行符，都要在换行符前面先输出一个回车符，即每个换行符都要写成回车和换行两个字符。

(2) 当用"r"、"r+"、"a+"、"w+"这些方式打开文件读数据的时候(读出来的数据存入内存)，若碰到文件中有回车和换行的组合，即'\r'和'\n'，则将它们都读出来，然后把回车丢弃，只将换行符存入内存。

但是，有些文件不是用来打开看的(比如二进制文件)，没有必要把换行符变成回车和换行两个字符，于是，C 语言又增加了 6 种打开文件的方式，即带 b 的打开方式。

使用带 b 的方式打开文件写数据时，若输出换行符，就只是输出换行符，不会先写一个回车符；当用带 b 的方式打开文件读数据时，若遇到回车和换行符的组合，则将它们全部读出来都写入内存，不会将回车符丢弃。

提示：可以把 b 看作是一个开关，带上 b，则不对回车和换行符进行额外处理，不带 b 则进行处理。

以上就是为什么打开文件会有两种方式(带 b 和不带 b)的原因。

3. 文件的打开方式与数据的读写方式之间有无关系的说明

文件的打开方式带不带 b，只决定着"回车换行"问题，即要不要一个变两个(写文件)或两个变一个(读文件)，与数据的读写方式无关。数据的读写方式只取决于读写时所用的函数，与打开方式无关。

常用读文件的函数有 fgetc()、fscanf()、fgets()、fread()。

常用写文件的函数有 fputc()、fprintf()、fputs()、fwrite()。

其中，fread()和 fwrite()这对函数是用二进制方式进行读写的，其余三对函数都是用文本方式进行读写的。也就是说，不管打开文件带不带 b，只要用 fread()函数读数据，一定是二进制方式读，只要用 fwrite()写数据，一定是二进制方式写。而另外三对函数则总是用文本方式读写的。

一般人的错误理解：要向文件中写一个整数 12337，很多人会认为，用"wb"方式打开，则数据是按照二进制方式来写的，写成 4 个字节；而用"w"方式打开，则是按文本方式来写，存成'1'、'2'、'3'、'3'、'7' 共 5 个字符，这种理解是错误的。

实际上，不管用"wb"方式还是"w"方式打开文件，都可以按二进制方式写数据，也都可以按文本方式写数据。究竟按什么方式写，取决于所用函数。

下面两个例子用来验证打开方式与数据的读写方式是否有关系。

例 15.1 打开方式与数据的读写方式无关的例证 1。

```
#include<stdio.h>
#include<stdlib.h>
```

```
int main()
{
    int a=10000;
    FILE * fp;
    if((fp=fopen("text.txt","w+"))==NULL){
        printf("打开文件 text.txt 失败\n");
        exit(1);
    }
    fprintf(fp,"%d\n",a);          //text.txt 文件长度是 5+2=7(字节)
    rewind(fp);                    //使读写指针指向文件头
    a=getw(fp);
    printf("%d\n",a);              //输出结果: 808464433
    fclose(fp);
    return 0;
}
```

程序运行结果如下:

```
808464433
```

程序解析:

代码中采用的是文本方式打开文件,并且 fprintf()函数用文本方式写入整数 10000 及换行符,然后 getw()读出一个整数存入变量 a(getw()是基本输入输出函数,其功能是用二进制方式读一个整数),最后输出变量 a 的值。

函数 fprintf()是用文本方式写数据的,写到文件中的数据是 7 个字节。分别是:00110001 00110000 00110000 00110000 00110000 00001101 00001010。

其中前 5 个字节存储的是'1'、'0'、'0'、'0'、'0'共 5 个字符,后两个字节存储的是回车('\r')和换行('\n')。

当 getw()读取整数时,由于它按二进制方式读取,所以它直接从文件开头读取 4 个字节(因为整型变量在内存中占用 4 字节)的数据返回并存入变量 a。这 4 个字节由高地址到低地址的顺序依次是 00110000 00110000 00110000 00110001,这正是 808464433 的补码,故 a 的值是 808464433。

若把上面程序中的打开方式改为"wb+",结果不变,说明数据还是用文本方式存储的,与是否带 b 没有关系。

说明:如果是二进制方式存储的,读出来的数据应该是 10000。

试一试:将打开方式改为"wb+"后运行程序,查看运行结果。然后再看一下磁盘文件 text.txt 的长度是多少字节,你知道为什么是这个长度吗?利用本节所学知识解释其原因。

例 15.2 打开方式与读写方式无关的例证 2。

```
#include<stdio.h>
#include<stdlib.h>
int main()
```

```
{
    int a;
    FILE * fp;
    if((fp=fopen("text.txt","w+"))==NULL){
        printf("打开文件 text.txt 失败\n");
        exit(1);
    }
    putw(12337,fp);                //存为 00110001 00110000 00000000 00000000
    rewind(fp);
    fscanf(fp,"%d",&a);
    printf("%d\n",a);              //输出结果 10
    fclose(fp);
    return 0;
}
```

程序的输出结果如下：

程序解析：

这段程序中，打开文件的方式还是文本方式，putw()将 12337 用二进制方式写入文件(putw()是基本输入输出函数，用二进制方式写一个整数)，写成 4 个字节：00110001 00110000 00000000 00000000，然后由 fscanf()函数去读整数，由于 fscanf()函数是按照文本方式读取整数，对于整数来说，只有数字字符才是合法字符，因此它把前两个字节(即字符'1'和'0')取回组成一个整数，故 a 的值为 10。

这个程序的运行结果说明，虽然是用文本方式打开的文件，但却是用二进制方式写入的数据。

若将上面代码中的打开方式改为"wb+"，程序的运行结果不变。

上面两个例子说明：

(1) 文件的打开方式是否带 b，只决定着写'\n'时究竟是写一个还是写两个，以及读取文件时要不要把回车和换行转换成一个'\n'。

(2) 数据的读写方式取决于所用函数，与打开方式是否带 b 无关。

(3) 用一种方式写的数据，可以用另外一种方式读取，但结果未必正确。

下面用表 15-1 来说明文件打开方式、数据读写方式以及换行符是否转换之间的关系(以"w"和"wb"方式为例)。

表 15-1 文件打开方式、数据读写方式以及换行符是否转换之间的关系

打开方式	可以打开	数据读写方式		换行符转换否	
		用 fwrite()	用 fprintf()	用 fwrite()	用 fprintf()
"w"	两种文件	二进制方式	文本方式	转换	转换
"wb"	两种文件	二进制方式	文本方式	不转换	不转换

通常人们都是按照下面的方法来打开文件和使用函数的。

(1) 对于文本文件，用文本方式打开，使用 fgetc()、fputc()、fscanf()、fprintf()、fgets()和 fputs()函数读写。

(2) 对于二进制文件，用二进制方式打开，用 fread()和 fwrite()函数读写。

4. 自动打开的设备文件

C 语言处理文件的时候，通常都要在读写文件之前，调用 fopen()函数来打开文件，但是有 3 个文件(设备)例外。表 15-2 所列的 3 个文件不需要程序员调用 fopen()函数打开就可以直接读写，因为在每个程序刚开始运行的时候，系统就已经自动将它们打开了，并且已经用 3 个指针变量存储了这些文件所对应的 FILE 变量的首地址。

表 15-2　自动打开的文件及其文件指针

文件(设备)	对应的文件指针	文件(设备)	对应的文件指针
标准输入设备(键盘)	stdin	标准错误输出设备(显示器)	stderr
标准输出设备(显示器)	stdout		

表中的 stdin、stdout 和 stderr 都是 FILE 类型的指针变量，都是全局变量。

表 15-2 中有两个显示器，通常，stdout 用来显示程序的正常运行结果，stderr 用来显示出错信息。对于输出到前者的内容，可以被重定向，而输出到后者的内容，重定向不起作用。

可以用下面这个程序自行验证它们之间的区别。

例 15.3　stdout 和 stderr 的区别。

```
#include<stdio.h>
int main()
{
    fprintf(stdout,"%s\n","这些信息是可以被重定向的");
    fprintf(stderr,"%s\n","这些信息是不能被重定向的");
    return 0;
}
```

试一试：将上面的程序编译、连接后，在命令提示符下运行它(运行时要对输出进行重定向)，观察屏幕上的输出信息。

说明：关于输入输出重定向的知识，请参阅附录 B。

15.4.2　文件的关闭

文件操作结束时，通常要关闭文件。如果一个文件使用完不关闭，有可能造成数据丢失。

1. 关闭文件的作用

(1) 检查缓冲区中有无尚未写入文件的内容(若之前写过数据)，若有，将这些信息写到文件中。

(2) 释放缓冲区和 FILE 变量。

2. 关闭文件的方法

用来关闭文件的函数是 fclose(),其原型如下:

```
int fclose(FILE * fp);
```

说明:

(1) 参数 fp 用来指明要关闭哪个文件。

(2) 若函数关闭成功则返回 0,否则返回−1。

fclose()的一般用法如下:

```
fclose(fp);          //fp 应是当初打开文件时 fopen()函数的返回值
```

3. 不需要关闭的文件

有 3 个文件不需要人工关闭,即 stdin、stdout、stderr 所对应的 3 个设备,因为系统会自动关闭它们。

15.5 文件的读写

在文件操作的 3 个步骤中,文件的打开和关闭都属于简单的操作,而文件的读写才是关键。本节介绍用于文件读写的几个常用函数。

表 15-3 所列是常用的文件读写函数。

表 15-3 常用的文件读写函数

函数名	函数原型	功 能	读写方式
fgetc	int fgetc(FILE * fp);	从 fp 对应的文件读取一个字符返回	文本方式
fputc	int fputc(char ch, FILE * fp);	将字符 ch 写入 fp 对应的文件中	文本方式
getc	*int getc(FILE * fp)*	从 fp 对应的文件读取一个字符返回	文本方式
putc	*int putc(char ch, FILE * fp);*	将字符 ch 写入 fp 对应的文件中	文本方式
getchar	*int getchar(void);*	从标准输入设备读取一个字符返回	文本方式
putchar	*int putchar(char ch);*	将字符 ch 写到标准输出设备中	文本方式
fscanf	int fscanf (FILE * fp, char * format…);	按 format 格式从 fp 对应的文件读数据,存入指定位置	文本方式
fprintf	int fprintf (FILE * fp, char * format…);	按 format 指定的格式将输出项写入 fp 对应的文件中	文本方式
scanf	*int scanf(char * format…);*	按 format 格式从标准输入设备读数据,存入指定位置	文本方式
printf	*int printf(char * format…);*	按 format 指定的格式将输出项写入标准输出设备中	文本方式

续表

函数名	函数原型	功　　能	读写方式
fgets	char * fgets(char * buf, int n, FILE * fp);	从 fp 所对应的文件中读取 n−1 个字符组成字符串存入地址为 buf 的空间	文本方式
fputs	int fputs(char * str,FILE * fp);	将首地址为 str 的字符串输出到 fp 所对应的文件中	文本方式
gets	*char * gets(char * buf);*	从标准输入设备读取一个字符串(遇到'\n'结束)存入地址为 buf 的空间	文本方式
puts	*int puts(char * str);*	将首地址为 str 的字符串输出到标准输出设备	文本方式
fread	int fread(char * buf, unsigned size, unsigned n, FILE * fp);	从 fp 对应文件中，读取 n 次且每次读取 size 字节的数据存入地址为 buf 的空间	二进制方式
fwrite	int fwrite(char * buf, unsigned size, unsigned n, FILE * fp);	将 buf 处的数据写入 fp 对应的文件，每次写 size 字节，共写 n 次	二进制方式

说明：表 15-3 中真正的函数实际上只有 8 个，即函数名由 f 开头的 8 个函数，其余的(用斜体字表示)都不是函数，而是宏定义，比如函数 getchar()，是这样定义的：

```
#define getchar() fgetc(stdin)
```

下面介绍用于文件读写的这 8 个主要函数。

15.5.1　fgetc()和 fputc()

1. fgetc()

函数原型：

```
int fgetc(FILE * fp);
```

功能：从 fp 所对应的文件中读取“读写位置指针”所指的字符并返回。若已无数据可读，则返回 EOF，并且读写位置指针不再向后移动。

例如，设文件 C:\text.txt 的内容是‘a’‘b’‘c’，执行下面的程序：

```
#include<stdio.h>
#include<stdlib.h>
int main()
{
    char c;
    FILE * fp;
    int i;
    if((fp=fopen("text.txt","r"))==NULL){
        printf("打开文件 text.txt 失败\n");
        exit(1);
```

```
    }
    for(i=0;i<=5;i++){
        c=fgetc(fp);
        printf("%4d",c);
    }
    printf("\n");
    fclose(fp);
    return 0;
}
```

程序的输出结果如下：

```
97  98  99  -1  -1  -1
```

其中后三次循环都未成功读取数据，fgetc 的返回值都是 EOF。程序结束时，读写位置指针指在结束标志上，即指在字符'c'之后。

例 15.4 文本文件中存有三行英文句子，每行不超过 80 字符，将它们显示出来。

题目分析：

要显示文本文件中的内容，可以循环调用 fgetc()函数，将字符逐个读取出来显示。

但有一个问题需要解决，就是文本文件中每行结尾的换行，其实是两个字符，即回车和换行，如何把它们转换成 C 语言中的换行(因 C 语言的运行结果中每行最后也要换行)？

答案是只要用"r"方式打开文件即可。程序中用 fgetc()读取到回车和换行组合的时候，会自动把它们都读取出来，并且丢弃回车符，只保留一个换行符。

注意：只要调用一次 fgetc()就能读取回车和换行两个字符。若用"rb"方式打开文件，读取这两个字符需要调用两次 fgetc()。

当 fgetc()读取到文件结束标志的时候(实际上是 fgetc()读取数据失败返回−1)，结束循环。

下面是程序代码：

```
#include<stdio.h>
#include<stdlib.h>
int main()
{
    FILE * fp;
    char ch;
    if((fp=fopen("text.txt","r"))==NULL){
        printf("打开文件 text.txt 失败\n");
        exit(1);
    }
    while(1){
        ch=fgetc(fp);
        putchar(ch);
        if(ch==EOF)
            break;
```

```
    }
    fclose(fp);
    return 0;
}
```

程序运行结果如下：

```
Hello World.
I'm a teacher.You are a student.
Welcome!
```

想一想：本例打开文件可否用“r+”方式？程序需要做改动吗？若需要，指出需要改动的部分。

2. fputc()

函数原型：

```
int fputc(char ch, FILE * fp);
```

功能：用文本方式将字符 ch 写到 fp 所对应文件中“读写位置指针”所指的位置。若成功，返回字符的 ASCII 码值；若失败，返回－1。

上面两个函数是用于字符读写的基本函数，其他几个函数都是宏定义：

```
#define getchar() fgetc(stdin)
#define putchar(ch) fputc(ch,stdout)
#define getc() fgetc(stdin)
#define putc(ch) fputc(ch,stdout)
```

15.5.2　fread()和 fwrite()

1. fread()

函数原型：

```
int fread(char * buf, unsigned size, unsigned n, FILE * fp);
```

功能：从 fp 所对应文件中读取 n 个、每个 size 字节(共 n×size 字节)的数据存入地址为 buf 的内存空间。函数返回值是成功读取数据的个数，若出错，则返回 0。

说明：该函数读取数据的方式是二进制方式，即将文件中 n×size 字节的内容一一照搬到内存中，数据在内存中也占用 n×size 字节，并非每次所读的 size 字节都存在 buf 所指内存的开头。

注意：第一个参数应指定数据存储的位置，即第一个参数必须是一个内存地址。

2. fwrite()

函数原型：

```
int fwrite(char *buf, unsigned size, unsigned n, FILE *fp);
```

功能：把内存中以buf为首地址、共n×size字节的数据写到fp所对应的文件中。函数返回值是写到文件中数据的个数。

说明：该函数以二进制方式写数据，即将内存中n×size字节的内容一一照搬到文件中。

注意：第一个参数应是要写入文件的数据所存储的位置，即第一个参数必须是一个内存地址。

考考你：若字符变量中存有一个字符，想用文本方式写进文件，用fwrite()函数可否？其他类型的数据是否也可以用fwrite()函数写？

3. fread()和fwrite()应用举例

例15.5 用文本方式把字符'1'、'0'、'2'存入文件，然后用二进制方式从文件开头读出一个short型数据，并验证结果是否正确。

题目分析：

用文本方式存储'1'、'0'、'2'之后，文件的内容是00110001 00110000 00110010。用二进制方式从文件头开始读取一个短整数，实际上就是读取前两个字节，即把前两个字节存入short型变量，该变量的值应为12337。

程序中，存储3个字符可以用fputc()函数，而用二进制方式读取短整数则必须用fread()函数。

下面是程序代码：

```
#include<stdio.h>
#include<stdlib.h>
int main()
{
    FILE *fp;
    short m;
    if((fp=fopen("text.txt","w"))==NULL){
        printf("打开文件 text.txt 失败\n");
        exit(1);
    }
    fputc('1',fp);
    fputc('0',fp);
    fputc('2',fp);
    fclose(fp);
    if((fp=fopen("text.txt","r"))==NULL){
        printf("打开文件 text.txt 失败\n");
        exit(1);
    }
    fread(&m,2,1,fp);          //也可以写成 fread(&m,1,2,fp);
```

```
    fclose(fp);
    printf("%d\n",m);
    return 0;
}
```

程序运行结果如下：

```
12337
```

说明：若将程序中的 fread(&m,2,1,fp) 写成 fread(&m, sizeof(short),1,fp)，程序的通用性更好。

说明：程序中也可以用 fwrite()将 3 个字符写进文件，所用代码如下：

```
char str[]={'1','0','2'};
fwrite(str,1,3,fp);
```

说明：程序中也可以用“w+”方式打开文件，写完数据后接着再读出来，不需要先关闭文件再重新打开，代码如下：

```
#include<stdio.h>
#include<stdlib.h>
int main()
{
    FILE * fp;
    short m;
    char str[]={'1','0','2'};
    if((fp=fopen("text.txt","w+"))==NULL){
        printf("打开文件 text.txt 失败\n");
        exit(1);
    }
    fwrite(str,1,3,fp);
    rewind(fp);
    fread(&m,2,1,fp);         //也可以写成 fread(&m,1,2,fp);
    fclose(fp);
    printf("%d\n",m);
    return 0;
}
```

例 15.6 二进制文件 abc.dat 中存有若干 2 位数的整数，每个整数占 4 字节，中间没有任何分隔符，将它们读取并显示出来。

题目分析：

首先说明，因没有题目所说的文件，故程序中先从键盘输入一些数据并用程序写进文件，然后再按题目要求将它们读取显示。

要从二进制文件中读取若干整数，需要循环调用 fread()函数。但是整数个数未知，循环到什么时候停止？

前面的例15.4,是从文本文件读取字符,程序中当fgetc()的返回值等于EOF(即-1)时跳出循环。本例中能否还用这种方法,当fread()读取到-1时结束循环?答案是不能。原因是,对于文本文件,其内容是ASCII码值,不可能是-1,所以用fgetc()读取数据时,若fgetc()返回值是-1,肯定是读到了结束标志。而对于二进制文件来说,有可能文件之中某个整数的值就是-1,但这个-1并不意味着文件结束。

因此,本例无法用例15.4中的方法来判断是否读取到了文件尾。

其实,系统提供了一个库函数feof(),专门用来测试是否已经读取了文件结束标志,其原型如下:

```
int feof(FILE * fp);
```

该函数可用来检测最近一次对文件的"读"操作是否已经读取了文件结束标志(即是否出现了无数据可读、读取失败的情况)。若已经读取了结束标志,该函数返回非零值,否则返回0。该函数对文本文件和二进制文件均适用。

说明:feof()函数的详细说明见15.6.2节。

下面是程序代码:

```
#include<stdio.h>
#include<stdlib.h>
#define N 5
int main()
{
    FILE * fp;
    int n;
    int i;
    if((fp=fopen("abc.dat","w+"))==NULL){
        printf("打开文件abc.dat失败\n");
        exit(1);
    }
    //下面的循环用来向文件中存N个整数,以便后面的程序读取
    for(i=0;i<=N-1;i++){
        scanf("%d",&n);
        fwrite(&n,4,1,fp);
    }
    //下面是读取整数的代码,假设整数个数未知
    rewind(fp);
    fread(&n,4,1,fp);
    while(!feof(fp)){
        printf("%3d",n);
        fread(&n,4,1,fp);
    }
    fclose(fp);
    printf("\n");
    return 0;
}
```

程序运行时，若从键盘输入 11 12 13 14 15，则运行结果如下：

```
11 12 13 14 15
 11 12 13 14 15
```

上面程序中的代码：

```
fread(&n,4,1,fp);
while(!feof(fp)){
    printf("%3d",n);
    fread(&n,4,1,fp);
}
```

不可以写成：

```
while(!feof(fp)){
    fread(&n,4,1,fp);
    printf("%5d",n);
}
```

若写成后者，则运行结果如下：

```
11 12 13 14 15
 11 12 13 14 15 15
```

想一想：为什么多了一个 15？请自行分析原因。

15.5.3　fgets()和 fputs()

1. fgets()

函数原型：

```
char * fgets(char * buffer,int n,FILE * fp);
```

功能：从 fp 对应的文件中读取 n－1 个字符存入以 buffer 为首地址的内存空间中，并在最后添加一个空字符使之成为字符串。若读取字符时遇到换行符或 EOF，则读取结束，将已读取的字符写入指定位置，并在最后添加'\0'。函数返回值：buffer。

注意：若读取时遇到换行符，则换行符也会被取回存入内存，并在后面添加空字符。这一点与 gets()函数不同，gets()函数不存换行符。

2. fputs()

函数原型：

```
int fputs(char * str, FILE * fp);
```

功能：将内存中以 str 为首地址的字符串输出到 fp 所对应的文件中。其中，第一个参数可以是字符串常量、字符数组名、字符指针变量。函数返回值：若成功则返回 0，否则返回非零值。

15.5.4 fscanf()和 fprintf()

1. fscanf()

函数原型:

```
int fscanf(FILE * fp,char * format [,地址表列]);
```

功能:按 format 所对应的格式字符串中规定的格式,从 fp 所对应的文件中读数据,存入指定位置。函数返回值:成功读取数据的个数。若一开始读取就遇到文件尾,则函数返回 EOF。

注意:fscanf()函数读数据的方式是文本方式。

fscanf()函数读取及处理数据的过程如下。

设有代码:

```
int a;
FILE * fp;
⋮
fscanf(fp,"%d",&a);            //设文本文件中存有 152
```

则 fscanf()函数从文件缓冲区取回 3 个字符'1'、'5'、'2'经过换算得到整数 152,然后化为补码存入变量 a。

注意:fscanf()读取整型、实型等数值型数据时,若遇到空格、Tab 键或换行符,则 fscanf()会将它们当作分隔符读出来丢弃,然后继续读取后面的数据。例如,若文件中的内容是' '、'\n'、'\t'、' '、'1'、'2'、'3'、' '、' '、'4'、'5'、'6'、'\n',则执行"int a,b; fscanf(fp,"%d%d",&a,&b);"后,a 的值是 123,b 的值是 456。

2. fprintf()

函数原型:

```
int fprintf(FILE * fp,char * format[,输出表列]);
```

功能:按 format 所对应的格式字符串中规定的格式,将输出表列中的每一项输出到 fp 所对应的文件中。函数返回值:实际输出的字符个数。

注意:fprintf()写数据的方式是文本方式。

fprintf()处理数据的过程如下。

设有代码:

```
int a=152;
FILE * fp;
⋮
fprintf(fp,"%d",a);
```

则 fprintf()函数先将变量 a 的值从内存取出，求出其百位、十位、个位上的数字，然后转换为字符'1'、'5'、'2'，最后把 3 个字符输出到文件中。

下面是用 fscanf()和 fprintf()编程的一个例子。

例 15.7　文本文件 text.txt 中存有若干同学的数据，每人一行。已知每行的开头都是学号(8 位数字)，学号后面是两个空格，然后是学生成绩(占 4 位，右对齐，其中有一位是小数)，编程序输出成绩最高的学生学号及分数。

题目分析：

根据题意，可知文本文件是如下格式：

```
09011101  97.0<回车><换行>
09011108  86.3<回车><换行>
09011103   6.5<回车><换行>
09011105  72.6<回车><换行>
...
```

要找出成绩最高的学生，需要用循环把所有数据都一一读一遍。每循环一次，读取文件中的一行，直到文件结束。

读取每行信息时，可将前 8 位学号用 fgets()函数读取到一个 char 型数组中，将成绩用 fscanf()函数读取到一个 float 变量中。学号和成绩之间的两个空格(也可能有 3 个空格)不需要考虑，因为 fscanf()函数读取实数时会把空格读出来丢弃，不影响后面数据的读取。

每行最后的回车和换行，可以读出来丢弃。但要注意：若用"r"方式打开，只需要用 fgetc()读一次，就可以把这两个字符都读出来；而若用"rb"方式打开，则需要读 2 次。

下面是程序代码：

```c
#include<stdio.h>
#include<stdlib.h>
#include<string.h>
int main()
{
    FILE * fp;
    float score,maxScore;
    char num[9],maxNum[9];
    if((fp=fopen("text.txt","r"))==NULL) {
        printf("打开文件 text.txt 失败\n");
        exit(1);
    }
    fgets(maxNum,9,fp);
    fscanf(fp,"%f",&maxScore);
    fgetc(fp);
    while(!feof(fp)){
        fgets(num,9,fp);
        fscanf(fp,"%f",&score);
        if(score>maxScore){
```

```
                maxScore=score;
                strcpy(maxNum,num);
            }
            fgetc(fp);
        }
        fclose(fp);
        printf("%s,%.1f\n",maxNum,maxScore);
        return 0;
    }
```

想一想：学号可否用 fread()函数读取？成绩呢？

试一试：改写本程序，将其中的 fgets()和 fscanf()都换成 fread()，看能否计算出正确结果。

15.6 读写位置指针的移动和定位

对一个文件进行读写操作时，文件的读写位置指针会自动向后移动，利用这个特点，可以从文件头开始按照顺序对文件进行逐个字节的读写。但是，很多时候并不希望这样顺序读写，而是需要对数据进行随机读写。因此，必须人为地对读写位置指针进行控制和定位。

15.6.1 移动读写位置指针的函数

C 语言中，用于移动读写位置指针的函数有两个。

1. void rewind(FILE *fp)；

该函数的功能是将 fp 所对应文件的读写位置指针移动到文件开头。

2. int fseek(FILE *fp, long offset, int base)；

该函数的功能是将读写位置指针移动到距离基准点(base)offset 字节的地方。若 offset 为正，则表示向后移动指针；若 offset 为负，则表示向前移动指针。

base 可取值有 3 个。

(1) SEEK_SET：即 0，代表文件头。

(2) SEEK_CUR：即 1，代表读写位置指针的当前位置。

(3) SEEK_END：即 2，代表文件尾。

函数返回值是移动后的位置，若移动不成功则返回－1。

注意：任何一次 rewind()或 fseek()函数的调用都将使 EOF 标志变成 0。

说明：系统内有一个标志，用来记录最后一次读操作是否已经读取了文件结束标志。这个说法容易使人误解，让人认为文件最后真的有一个结束标志字符。准确的说法是：系统内有一个标志，初值为 0，每次进行读操作后，都会重置这个标志：若因读写位置指针指在文件尾而使读数据失败(没有读到),则将该标志置为 1,否则置为 0。为方便表述,本书把它称为 EOF 标志。

提示:在多数编译器中,feof()函数被调用时,实际上都是返回这个标志的值。

15.6.2　两个与读写位置指针有关的函数

1. long ftell(FILE * fp)

其功能是返回读写位置指针所指的字节相对于文件头的距离(单位:字节)。

2. int feof(FILE * fp)

其功能是测试是否已经读取了文件结束标志,若是,则返回非零值,否则返回 0。

注意:只有最近一次的读操作"**已经读取了**"文件结束标志,feof()才会返回非零值。当文件的读写位置指针刚指向结束标志但并未读取时,feof()的返回值是 0。

例如,若文件共存储了 3 个字符'a'、'b'、'c',用下面程序段读取,则实际输出是四行数据。

```
while(!feof(fp)){
    ch=getc(fp);
    printf("%c,%d\n",ch,ch);
}
```

运行结果如下:

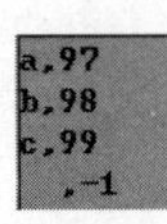

原因:程序的第 3 次循环,读取字符'c'后,读写位置指针自动指向文件的结束标志,由于刚刚读取的字符是'c',并没有出现无数据可读的情况,所以程序回到 while 一行调用 feof()函数测试时,其返回值是 0,于是程序进入第 4 次循环。

第 4 次循环无数据可读,fgetc()函数返回 EOF,而 printf()将 EOF 输出了,这就是运行结果中出现第 4 行的原因。

第 4 次循环后,程序返回到 while 一行调用 feof()函数测试,此时 feof()的返回值是非零值(因刚刚读取失败),循环结束。

下面的程序段也是不正确的。该程序段是想把上例中的字符隔一个读出一个显示在屏幕上。

```
while(!feof(fp)){
    ch=getc(fp);
    putchar(ch);
    fseek(fp,1,1);           //移动之后调用 feof(),feof()返回值永远为 0
}
```

但这段程序是个死循环。

程序的执行过程如下。

第一次循环读取'a'之后，读写位置指针自动指向'b'，后面的fseek()函数使之向后移动一个字节，指向了'c'。

第二次循环时，!feof(fp)的值为真，进入循环体，读取'c'，指针自动指向文件结束标志(注意：此时并没有读取结束标志，即便此时测试feof()，其返回值也是0)，fseek()函数再使之向后移动一个字节，所以指针指向了结束标志后面的那个字节。

第3次循环时，!feof(fp)的值仍为真，进入循环体读取字符，此时已无字符可读，故fgetc()返回EOF，同时，EOF标志变为1(因为已经读取了结束标志)。

但是，由于后面使用了fseek()函数，该函数会使EOF标志清零，因此，下次回到while一行调用feof()函数时，其返回值为0，循环仍要进行……

上面代码的致命错误是：每次使用fseek()之后再调用feof()函数，使feof()函数的返回值总是0。

这两段程序只要稍做修改便可以正确运行了，修改后的代码分别如下。

第一段代码：

```
ch=getc(fp);
while(!feof(fp)){
    printf("%c,%d\n",ch,ch);
    ch=getc(fp);
}
```

第二段代码：

```
ch=getc(fp);
while(!feof(fp)){
    putchar(ch);
    fseek(fp,1,1);
    ch=getc(fp);             //读操作之后接着调用 feof()
}
```

编程经验：feof()的调用应该紧跟getc()等输入函数，中间不能移动读写位置指针。

15.7 文件的出错检测

在磁盘的读写过程中，可能会出现各种错误。例如，磁盘介质缺陷、磁盘写保护、磁盘驱动器未准备就绪等造成的读写失败。为了避免这些错误带来其他更严重的后果，程序中需及时对文件的读写操作进行出错检测和处理。出错检测的方法有两种：一种是通过对读写函数的返回值进行甄别来判断是否出错；另一种是使用系统提供的检错与处理函数。

1. ferror()

函数原型：

```
int ferror(FILE * fp);
```

功能：检查文件操作是否出错。若出错返回非零值，否则返回 0。

对于一个文件，每一次读写操作之后，都应该用 ferror()函数去进行出错检测。

注意：ferror()函数检测的是最后一次读或写操作是否失败，因此，在调用读或写函数之后，应马上检查 ferror()函数的返回值，否则，出错标志将被下一次读写操作冲掉。

说明：系统内有一个出错标志，读写文件时，若出现读写错误，则出错标志的值将变为非零值。

说明：当用 fopen()函数打开一个文件时，系统会自动将出错标志的初始值置为 0。

说明：使用 rewind()函数，或进行新的读写操作都将重置出错标志。

2. clearerr()

函数原型：

```
void clearerr(FILE * fp);
```

功能：将出错标志和 EOF 标志的值都清为 0。

15.8　文件操作举例

例 15.8　已知 C:\中有文件 abc.txt，将其内容复制到 D:\ xyz.txt 中。若 xyz.txt 不存在，则建立之。

程序代码如下：

```
#include<stdio.h>
#include<stdlib.h>
int main()
{
    FILE * fp1, * fp2;
    char ch;
    if((fp1=fopen("C:\\abc.txt","r"))==NULL) {
        printf("打开文件 abc.txt 失败\n");
        exit(1);
    }
    if((fp2=fopen("D:\\xyz.txt","w"))==NULL) {
        printf("打开文件 xyz.txt 失败\n");
        exit(1);
```

```
    }
    ch=fgetc(fp1);
    while(!feof(fp1)){
        fputc(ch,fp2);
        ch=fgetc(fp1);
    }
    fclose(fp1);
    fclose(fp2);
    return 0;
}
```

说明：有些教材把打开文件后的代码：

```
ch=fgetc(fp1);
while(!feof(fp1)){
    fputc(ch,fp2);
    ch=fgetc(fp1);
}
```

写成：

```
while(!feof(fp1)){
    ch=fgetc(fp1);
    fputc(ch,fp2);
}
```

这样写是错误的。这样复制出来的文件 xyz.txt，其长度比 abc.txt 的长度多 1 字节，因为这段程序的最后一次循环 fgetc()读取数据失败时返回的是 −1，fputc()把 −1 写到了 xyz.txt 中，这便是多出来的那个字节。

例 15.9 有 10 个人，每个人的数据包括 4 项，分别是学号(整数)、姓名、班级和分数(整数)。

(1) 编写一个函数将他们的数据写入文件。要求：

① 数据由键盘输入。

② 为便于阅读，4 项信息应分别占 2、8、1、3 个字符宽度(姓名左对齐，其余右对齐)，信息之间都用两个空格间隔。

③ 每行只存一个人的数据。

(2) 编写一个函数将这些数据从文件中读出来，按照分数高低排序显示。

题目分析：

根据题意，文件可以阅读，因此必须存为文本文件。

每行只存一个人的信息，所以每个人信息的最后都应该有回车和换行两个字符。因此必须用文本方式打开文件。

考虑到每个人的数据包含四项，所以应该用结构体变量来存储一个人的信息。

读数据时，也应该用文本方式打开文件，并且用文本函数读取数据，即需要用 scanf()函数读取。

程序代码如下：

```
#include<stdio.h>
#include<stdlib.h>
#define N 10
struct student{
   unsigned num;
   char     name[9];
   unsigned cla;
   int      score;
};
void write()                                    //写数据的函数
{
   int i;
   struct student stu;
   FILE * fp;
   if((fp=fopen("student.txt","w"))==NULL){
      printf("打开文件 student.txt 失败\n");
      exit(1);
   }
   for(i=0;i<=N-1;i++){
      scanf("%d%s%d%d",
            &stu.num,stu.name,&stu.cla,&stu.score);
      fprintf(fp,"%2d  %-8s  %1d  %3d\n",
               stu.num,stu.name,stu.cla,stu.score);
   }
   fclose(fp);
}
```

函数 write()的说明：

(1) 上面这个函数可以不用结构体，定义结构体的目的主要是为了后面的 sort()函数使用。

(2) 文件是用文本方式打开的，程序中的每个'\n'在文件中都写成了两个字符。

```
void sort()                                     //读数据并排序输出的函数
{
   int i,j,k;
   struct student stu[N],t;                     //变量 t 用来交换数据
   FILE * fp;
   if((fp=fopen("student.txt","r"))==NULL){
      printf("打开文件 student.txt 失败\n");
      exit(1);
   }
   //读数据
```

```
    i=0;
    while(!feof(fp)){
        fseek(fp,(2+8+1+3+2*3+2)*i,0);    //指针跳到i行开头
        fscanf(fp,"%2d  %8s  %1d  %3d",&stu[i].num,
               stu[i].name,&stu[i].cla,&stu[i].score);
        i++;
    }
    fclose(fp);
    //排序
    for(i=0;i<=N-2;i++){
        k=i;
        for(j=i+1;j<=N-1;j++)
            if(stu[k].score<stu[j].score)
                k=j;
        t=stu[k];
        stu[k]=stu[i];
        stu[i]=t;
    }
    //输出
    for(i=0;i<=N-1;i++)
        printf("%2d  %-8s  %d  %3d\n",
        stu[i].num,stu[i].name,stu[i].cla,stu[i].score);
}
```

函数sort()的说明:

student.txt文件中每行的内容包括:

(1) 四项信息共2+8+1+3字节。

(2) 三处空格共2×3字节。

(3) 行末的回车和换行共2个字节。

因此,每次循环都先用fseek(fp,(2+8+1+3+2*3+2)*i,0)将读写位置指针移动到每行行首,然后再进行读取。

注意:上面代码中,读数据的循环不能写成下面这样:

```
i=0;
while(!feof(fp)){
    fscanf(fp,"%2d  %8s  %1d  %3d",
        &stu[i].num,stu[i].name,&stu[i].cla,&stu[i].score);
    fseek(fp,2,1);              //跳过行末的回车和换行符
    i++;
}
```

这段程序实际上是一个无限循环,因为fseek()函数会使EOF标志清零,故feof()函数一直返回0。

习　题　15

一、选择题

1. 打开文件时若发生错误,fopen()的返回值是(　　)。
   (A) 1　　(B) 0　　(C) －1　　(D) EOF
2. 下列 4 种打开文件的方式中,能删除原文件(已有文件)的是(　　)。
   (A) "a"　　(B) "w"　　(C) "a＋"　　(D) "r＋"
3. 以下打开文件的方式中,能将读写位置指针移动到文件末尾的是(　　)。
   (A) "a"　　(B) "w"　　(C) "r"　　(D) "r＋"
4. 要读取以二进制方式存储的数据,可以使用的打开方式是(　　)。
   (A) "r"　　(B) "rb"　　(C) "rb＋"　　(D) 3 种方式都可以
5. 若用 fprintf("%d\n",100)将整数 100 写入文件,下面说法正确的是(　　)。
   (A) 若用"w"方式打开,将写入 4 字节
   (B) 若用"w"方式打开,将写入 5 字节
   (C) 若用"wb"方式打开,将写入 5 字节
   (D) 若用"wb"方式打开,将写入 6 字节
6. VC 下用 fwrite()函数向文件中写入一个整数 100,则写入文件的字节数是(　　)。
   (A) 文本方式打开,是 3 字节
   (B) 二进制方式打开,是 3 字节
   (C) 文本方式打开,是 4 字节
   (D) 不确定
7. 关于文件的打开方式和数据的存储方式,下面说法错误的是(　　)。
   (A) 文本文件只能用文本方式打开
   (B) 二进制文件可以用文本方式打开
   (C) 一个文件可以用两种方式存储数据
   (D) 任何文件都可以用二进制方式打开
8. 对于换行符的输出,下面说法正确的是(　　)。
   (A) 用文本方式写,将存为回车和换行两个字符
   (B) 用二进制方式写,将存为回车和换行两个字符
   (C) 若文件是文本方式打开的,则存为回车和换行两个字符
   (D) 若是用 fprintf()函数输出,则存为回车和换行两个字符。
9. 关于"w"和"wb"两种打开方式,正确的说法是(　　)。
   (A) 决定着数据的存储方式
   (B) 决定着'\n'的处理方式
   (C) 决定着数据的存储方式以及'\n'的处理方式
   (D) 决定着所写文件是不是文本文件以及能否直接打开阅读

10. 设已用 fp=fopen("abc.txt", "r+")成功打开文件,关于文件指针 fp,正确的说法是(　　)。

(A) fp 指向文件 abc.txt

(B) fp 指向 abc.txt 所对应的缓冲区

(C) fp 指向描述文件和缓冲区信息的结构体变量

(D) fp 是文件 abc.txt 的读写位置指针,记录着其读写位置

11. 文本文件中只存有一个字符,要把它读出来存入字符变量中,下面说法错误的是(　　)。

(A) 可以用"r"方式打开,用 fread()读

(B) 可以用"rb"方式打开,用 fgetc()读

(C) 可以用"r"方式打开,用 fgetc()读

(D) 可以用"w+"方式打开,用 fgetc()读

12. 字符数组 c[2]中存有两个字符,要把它们写到文本文件中,将来阅读时处在两行上,则下面代码中正确的是(　　)。

(A) 应该用"w"方式打开,用 fprintf(fp, "%c\r\n%c",c[0],c[1])写

(B) 应该用"wb"方式打开,用 fprintf(fp, "%c\n%c",c[0],c[1])写

(C) 应该用"wb"方式打开,用 fprintf(fp, "%c\r\n%c",c[0],c[1])写

(D) 应该用"wb"方式打开,用 fwrite(c,1,2,fp)写

二、简答题

1. 什么是二进制文件?什么是文本文件?

2. 文本文件只能用"w"而不是"wb"方式打开吗?用"w"方式打开的文件只能用文本方式写数据吗?"w"和"wb"两种打开方式有什么区别?一个文本文件通常是可以打开查看其内容的,要向其中写数据,用什么方式打开能使编程更容易?为什么?

3. 如何才能向文件中写入二进制数据?用什么方式打开?

三、编程题

1. 每个学生都有姓名、年龄和3科考试成绩(都只有一位小数)共5个数据,从键盘输入10个学生的数据,将它们存到文件 C:\ score.txt 中。要求:

(1) 每个学生数据占一行。

(2) 数据之间用两个空格隔开。

(3) 年龄用二进制方式存储,其他数据都用文本方式存储。

2. 设上题的程序已执行,C:\score.txt 中已存有学生数据,问:哪个学生成绩最好?输出该学生的数据。

3. 写一个程序,在命令提示符下运行,利用命令行参数指定两个文本文件,并将第二个文件的内容连接到第一个文件之后。

4. 先不编程序,用笔计算一下:若文件中存有一个整数12(文本方式存储),分别用

fread()和 fscanf()两个函数读出来存入整型变量 a，则 a 的值会是多少？编程验证一下。

5. 某数据表文件头的结构如表 15-4 所示，其内容是二进制方式存储的。给定数据表文件，编程计算字段个数以及文件中的记录总数，并输出所有字段名以及每个字段所对应的字段宽度、起始位置和小数位数（设字段个数不多于 10 个）。

表 15-4　数据表文件头的结构

	位　置	内容（二进制存储）	备　　注
文件标志信息	0	文件特征标志：03H	共 32 字节，不用的字节添 0。即 12～31 字节都是 0
	1～3	建表或最后修改的时间	
	4～7	记录总数	
	8～9	文件头的总长度	
	10～11	每条记录的长度	
字段 1 的描述	0～9	字段名	每个字段描述都是 32 字节，不用的字节添 0。第 10 字节是 0。18～31 字节也都是 0
	11	字段类型：'N'/'C'/…	
	12～15	本字段数据在记录中的起始位置	
	16	字段宽度	
	17	小数位数	
字段 2 的描述	同上		
…	同上		
文件头结束标志	0DH		

第16章 编译预处理

本章内容提要

(1) 宏定义。

(2) 文件包含。

(3) 条件编译。

程序中经常会有一些以＃开头的命令，这些命令用来指示编译器在编译之前先要对源程序做些处理，这种在编译之前对源程序所进行的处理，称为编译预处理。C语言中的编译预处理包括宏定义、文件包含和条件编译。

16.1 宏　定　义

C语言中的宏定义分为无参宏定义和有参宏定义。

16.1.1 无参宏定义

1. 定义格式

无参宏定义的定义格式如下：

```
#define 宏名 字符序列
```

其作用是定义一个宏，以代表后面的字符序列。例如：

```
#define PI 3.1415926
```

上面的宏定义中，宏名是PI，PI用来代表3.1415926这一串字符。

注意：PI代表的是字符序列3.1415926，不是实型常量3.1415926。因为编译预处理是在编译之前进行的。只有等到编译的时候，才会判断源程序中每一部分的含义，包括数据是什么类型，有没有语法错误等。在编译之前，源程序中的所有内容都只是字符。

说明：宏名一般用大写字母表示，以区别于变量。

2. 宏展开

定义宏的目的，是为了在程序中用宏名代替后面的字符序列，以简化输入、提高程序的可读性。例如，有了上面 PI 的宏定义后，就可以用下面的语句求解圆面积了：

```
s=PI*r*r;
```

但是，在编译预处理的时候，需要将宏名换回原来的字符序列，这个过程称为宏展开。上面的一行代码在宏展开后变为

```
s=3.1415926*r*r;
```

由此可见，使用宏和不使用宏，对最终的可执行文件而言，没有任何区别。

说明：宏定义是命令，所以行尾通常都不写分号，但不是不能写。下面的宏定义就在行尾写了一个分号：

```
#define PI 3.1415926;
```

但若对程序做一点修改，也能正确运行。程序中的“s=PI*r*r;”需要改为

```
s=r*r*PI
```

需要特别指出的是，宏展开时，只是用字符序列替换宏名，除此之外不做任何其他处理，比如语法检查、计算等。

例如，若有代码：

```
#define PI 3,i415926
s=PI*r*r;
```

则宏展开后将变为

```
s=3,i415926*r*r;
```

展开后是否有语法错误，在预处理阶段不做判断，宏展开仅仅做简单的文字替换。

又如：

```
#define PI 3.1415926
#define r a+b
s=PI*r*r;
```

则宏展开后的代码将是

```
s=3.1415926*a+b*a+b;
```

显然，这与编程者的意图不符，但预处理就是这样，只做简单替换，至于替换后有无语法错误、是否与编程者意图相符，不属预处理的职责范围。

想一想：程序员应如何修改代码才能使程序得到所希望的结果？

16.1.2　有参宏定义

1. 定义格式

有参宏定义的定义格式如下：

#define 宏名(参数) 字符序列

例如：

```
#define S(r) 3.14*r*r
```

又如：

```
#define SUM(x,y) x+y
```

2. 宏展开

若有代码：

```
#define S(r) 3.14*r*r
#define SUM(x,y) x+y
s1=S(3);
s2=SUM(1,2)*SUM(3,4);
```

则宏展开后的代码如下：

```
s1=3.14*3*3;
s2=1+2*3+4;
```

显然，有参宏定义的展开，也是只做简单的字符替换，既不做语法检查，也不对参数进行求解。

说明：函数调用时，实参是需要求解的，但那是在程序执行时，而不是在编译预处理的时候。

注意：有参宏定义中的参数，不同于函数的参数。函数参数是变量，而宏定义中的参数，只是一个符号，不是变量。

16.1.3 嵌套的宏定义

宏可以嵌套定义，例如：

```
#define PI 3.1415926
#define S(r) PI*r*r
#define L(r) 2*PI*r
```

16.2 文件包含

16.2.1 文件包含的格式

C语言中的文件包含有两种格式：

```
#include <被包含文件名>
#include  "被包含文件名"
```

前者通常用来包含头文件，后者通常用来包含源文件。

16.2.2　文件包含的作用

文件包含的作用是找到被包含文件，将其全部内容复制并粘贴到包含文件中。例如，设有源文件 a. c、b. c、c. c，其内容如图 16-1 所示。

//a.c
#include "b.c"
int main()
{
    void sub2();
    printf("main\n");
    sub1();
    sub2();
    return 0;
}
#include "c.c"
	//b.c
	void sub1()
	{
	    printf("sub1\n");
	    return ;
	}
		//c.c
		void sub2()
		{
		    printf("sub2\n");
		    return ;
		}

图 16-1　文件包含示意图

则编译预处理之后，a. c 的内容如下：

```
void sub1()
{
    printf("sub1\n");
    return;
}
int main()
{
    void sub2();
    printf("main\n"); sub1();
    sub2();
    return 0;
}
void sub2()
{
    printf("sub2\n");
    return;
}
```

16.2.3　文件包含两种格式的区别

每一种编译器，都有一项设置：include 目录。TC 中只允许把某一个目录设置成 include 目录，而 VC 中可以设置多个目录。

下面说明两种文件包含格式的区别。

假设源文件 a. c 在 C:\vc 下，其中有以下两行代码：

```
#include<stdio.h>
```

```
#include  "b.c"
```

则编译预处理时，要找到 stdio.h 和 b.c 并把它们的内容各复制一份插入 a.c 文件中，其查找过程如下。

(1) 由于包含 stdio.h 时用的是一对尖括号，所以系统要到编译器所设置的 include 目录中去查找 stdio.h，若找到，则复制其内容插入到 a.c 中；若找不到，则文件包含失败，给出错误信息。

(2) 由于包含 b.c 时用的是一对双引号，所以系统首先到 a.c 所在的目录，即 C:\VC 中查找 b.c，若找到了，则复制其内容插入到 a.c 中，若找不到，系统还会到编译器设置的 include 目录中去查找。若还未找到，文件包含失败，给出错误信息。

显然，用双引号比用尖括号查找的范围更广，所以，凡是用尖括号能包含到的文件，用双引号必定也能包含到，但所用时间可能比用尖括号长。

一般地，头文件都放在系统默认的 include 目录中，而用户自己编写的源文件，通常都是放在同一目录中。所以，包含头文件时通常都用尖括号，而包含用户自己编写的源文件时通常都用双引号。

16.3 条件编译

一般情况下，C 语言源程序中的每一行代码，都要参加编译。但有时候出于对程序代码优化的考虑，希望只对其中一部分内容进行编译，此时就需要在程序中加上条件，让编译器只对满足条件的代码进行编译，将不满足条件的代码舍弃——这就是条件编译。

16.3.1 条件编译的格式

条件编译有 3 种格式。

1. 格式一

```
#if 表达式
    程序段 1
#else
    程序段 2
#endif
```

作用：首先求解表达式的值，若为真，则只保留程序段 1 参加编译，而将程序段 2 废弃；若为假，则只保留程序段 2，而将程序段 1 废弃。

上面格式中的 # else 分支可以省略，省略后的格式如下：

```
#if 表达式
    程序段 1
#endif
```

想一想： 上面格式的条件编译与选择结构的 if 语句非常相似，若一个问题的解决既可以用条件编译，又可以用 if 语句，用哪种更好？

想一想：是不是所有程序中的 if 语句都可以写成条件编译？例如：

```
int a,b;
scanf("%d%d",&a,&b);
if(a>b)
    printf("%d\n",a);
else
    printf("%d\n",a);
```

可否写成下面的条件编译？

```
int a,b;
scanf("%d%d",&a,&b);
#if(a>b)
    printf("%d\n",a);
#else
    printf("%d\n",a);
#endif
```

2. 格式二

```
#ifdef 宏名
    程序段 1
#else
    程序段 2
#endif
```

作用：判断＃ifdef 后面的宏名在此之前是否已用＃define 命令定义过，若是，则程序段 1 参与编译，程序段 2 废弃；否则，程序段 2 参与编译，程序段 1 废弃。

格式二中的＃else 分支也可以省略，省略后的格式如下：

```
#ifdef 宏名
    程序段 1
#endif
```

3. 格式三

```
#ifndef 宏名
    程序段 1
#else
    程序段 2
#endif
```

作用：如果＃ifndef 后面的宏名在此之前未曾定义过，则程序段 1 参与编译，程序段 2 废弃；否则，程序段 2 参与编译，程序段 1 废弃。

格式三中的 # else 分支也可以省略：

```
#ifndef 宏名
    程序段 1
#endif
```

16.3.2 条件编译应用举例

例 16.1 设有 3 个源文件如图 16-2 所示，其中存在着对同一个源文件重复包含的问题。请修改程序，不要删除代码，利用条件编译避免重复包含，使得每个源文件都能通过编译。

```
//a.c
#include "b.c"
#include "c.c"
int main()
{
    sub1();
    sub2();
    return 0;
}
```

```
//b.c
#include "c.c"
void sub1()
{
…
}
void sub3()
{
    sub2();
}
```

```
//c.c
void sub2()
{
…
}
```

图 16-2 文件重复包含示意图

题目分析：

源文件 a.c 中的 main()函数要调用 b.c 中的 sub1()函数，也要调用 c.c 中的 sub2()函数，所以，文件 a.c 包含了 b.c 和 c.c。源文件 b.c 中的 sub3()函数要调用 c.c 中的 sub2()函数，所以 b.c 也包含了 c.c。这样一来就造成了重复包含的问题，即文件 a.c 包含了两次 c.c，a.c 的内容相当于是这样的：

```
void sub2()          ┐
{                    │
    …                │
}                    │
void sub1()          │
{                    │
    …                ├ b.c 的内容
}                    │
void sub3()          │
{                    │
    sub2();          │
}                    ┘
void sub2()          ┐
{                    │
    …                ├ c.c 的内容
}                    ┘
int main()
{
    sub1();
    sub2();
    return 0;
}
```

其中 c.c 的内容出现了两遍，就有了两次 sub2()函数的定义，导致编译错误。

要解决这个问题，需要用条件编译，将 c.c 的内容放在条件编译控制之下，即将 c.c 的内容修改为

```
//c.c
#ifndef FILE_C
#define FILE_C
void sub2()
{
    …
}
#endif
```

这样就可以避免 c.c 的内容被重复包含。

习　题　16

一、选择题

1. 下面说法正确的是(　　)。
   (A) 宏定义是一条命令，所以后面不允许有分号
   (B) 宏定义是一条语句，后面可以有分号
   (C) #define N 50 的含义是，N 代表整数 50
   (D) #define N 2+3 的含义是，N 代表 2+3 三个字符
2. 下面程序的输出结果是(　　)。

```
#define MIN(x,y) (x)<(y)?(x):(y)
int main()
{
    int i,j,k;
    i=10; j=15; k=10*MIN(i,j);
    printf("%d\n",k);
    return 0;
}
```

   (A) 15　　(B) 100　　(C) 10　　(D) 150
3. 下面程序中 for 循环的执行次数是(　　)。

```
#define N 2
#define M N+1
#define NUM (M+1)*M/2
int main()
{
    int i;
```

```
    for(i=1;i<=NUM;i++)
        printf("%d\n",i);
    return 0;
}
```

(A) 5　　(B) 6　　(C) 8　　(D) 9

4. 下面程序的输出结果是(　　)。

```
#include "stdio.h"
#define FUDGF(y) 2.84+y
#define PR(a)     printf("%d",(int)(a))
#define PRINT(a) PR(a); putchar('\n')
int main()
{
    int x=2;
    PRINT(FUDGF(5) * x);
    return 0;
}
```

(A) 11　　(B) 12　　(C) 13　　(D) 15

5. 下面说法错误的是(　　)。

(A) 宏定义可以简化书写,提高程序的可读性

(B) 宏定义最终还是要被换回它所代表的字符序列

(C) 有参数的宏定义,其参数不占用内存空间

(D) 用不用宏定义,对最终的.exe文件来说,作用不同

6. 下面说法错误的是(　　)。

(A) 文件包含就是把被包含文件的内容插入到包含文件的开头

(B) 文件包含可以用尖括号也可以用双引号,但作用不同

(C) 能用尖括号的文件包含,一定可以用双引号

(D) 文件包含可以是头文件、源文件或其他任何类型的文件

7. 下面关于条件编译和分支结构的说法中,错误的是(　　)。

(A) 条件编译就是根据条件来决定要哪些代码,不要哪些代码

(B) 条件编译与分支结构相比,条件编译形成的.exe文件更短

(C) 若条件是否成立在编译前就能确定,应该用条件编译而不是分支结构

(D) 条件编译与分支结构等价,可以互换

8. 下面说法错误的是(　　)。

(A) 宏展开是在编译时进行的

(B) 宏展开时若发现错误,不会给出错误提示

(C) 打不开头文件,可能因为文件不存在,也可能是include目录设置不对

(D) 一个文件允许被重复包含,但其中的内容不应出现两份以上

二、问答题

设有如下两个文件：

//文件 file1.c

```
#define N 3
#include "file2.c"
int main()
{
    #ifdef T
        printf("%d\n",S(2+N));
    #else
        printf("error");
    #endif
    return 0;
}
```

//文件 file2.c

```
#define T
#define S(a) 3.14 * a * a
```

则经过编译预处理后，源文件 file1.c 是什么样子？运行结果如何？

附录A C语言规约

程序设计是人类的思维活动，而基于程序设计语言的代码编制则是这一思维活动的具体实现。如同用自然语言来书写论文，用程序设计语言编制程序同样要讲求明晰、缜密、流畅、美观。使用C语言，除了必须遵守语法规则外，还有一系列的规约需要掌握。这些规约虽不是强制性的，但是在编程界已然成为约定俗成的风格。遵守规约书写的代码，更容易被读懂，从而有利于交流、维护、合作。当语言规约成了学习者编制代码的习惯，将有效地提升其所编程序的品质。

1. 基本规约

(1) 程序结构清晰易懂，单个函数的代码行数一般不超过100行。

(2) 为目标而设计，力求简单，避免出现冗余的代码。

(3) 尽量使用标准库函数和公共函数，如开平方函数等。

(4) 表达式中多使用括号以避免二义性。

2. 可读性规约

在软件开发过程中，程序的可读性直接决定了该程序的可测试性、可维护性等重要属性。因此，程序首先要保证可读性，其次再考虑效率。对于可读性，有如下规约。

(1) 程序要有足够多的注释充分解释源代码，注释行数(不含源文件头和函数头的程序说明)应占总行数的1/5～1/3。每个源文件，都有对文件的说明。每个函数，都有对函数的说明。主要变量定义或引用时，注释其含义。

(2) 利用缩进格式显示程序的逻辑结构，缩进量一致并以Tab键为单位。缩进是良好程序风格的重要特征，务必养成这一良好习惯。

(3) 循环、分支层次不要超过5层。

(4) 空行和空白字符也是一种特殊的注释。建议程序在重要的转折和分界处添加空行或空白字符以提升视觉效果。

3. 结构化规约

(1) 禁止出现两条等价的分支，避免不必要的分支。

(2) 尽量避免使用goto语句，该语句没有逻辑关系的约束，会破坏程序的结构。

(3) 尽量用switch实现多分支结构，避免使用if嵌套。

(4) 函数只有一个出口。

4. 正确性与容错性规约

(1) 程序首先是正确，其次是优美，即首先追求可实现，然后再考虑优化。

(2) 编写一段程序后，应先回头检查错误。改一个错误可能引起新的错误，因此在修改前应首先考虑会不会对其他程序造成影响。

(3) 所有变量在使用时必须具有确定的值。

(4) 不要比较浮点数是否相等，不可靠。

附录B 输入输出重定向

C语言中,scanf()、printf()等函数不像 fscanf ()、fprintf ()等函数那样可以指定输入输出设备(文件),它们通常是从默认的输入源(键盘缓冲区)读取数据或者向默认的输出设备(显示器缓冲区)输出信息,但这并不等于说它们只能这样,利用 DOS 命令中的输入输出重定向,可以实现与 fscanf()、fprintf()等函数同样的功能,也可以指定数据源或目标文件(设备)。

下面介绍输入输出重定向的方法。

设有源文件 abc.c,代码如下:

```
#include<stdio.h>
int main()
{
    int a,b;
    scanf("%d,%d",&a,&b);
    printf("%d\n",a+b);
    return 0;
}
```

编译连接后,产生可执行文件 abc.exe。

如果就在 VC 或 TC 环境中直接运行这个程序,意味着不对输入输出进行重定向,这并非我们这里要讨论的。

要对输入输出进行重定向,必须返回到命令提示符下调用可执行文件 abc.exe。

在命令提示符下运行程序的方法共有 5 种。下面列出的分别是用 5 种方法运行程序时在命令行上输入的命令,除第一种方法外,其余 4 种方法都对输入输出进行了重定向。

1. abc<Enter>

这样调用 abc.exe,与在 VC 或 TC 环境中直接运行程序效果是相同的,不存在输入输出的重定向问题,输入源依然是键盘缓冲区,目标设备依然是显示器缓冲区,即运行时必须从键盘输入 a、b 的数据,并且结果必定是在显示器上显示。

2. abc<C:\myfile. txt<Enter>

这样调用的前提条件是，先在命令行指定的目录(这里是 C:\)中建立一个不带任何格式控制符的纯文本文件(名字是 myfile. txt)，在其中写入数据，比如：1,2,3,4,5。

执行 abc<C:\myfile. txt 时，计算机将从文件 myfile. txt 中读取数据"1,2"，而不是从键盘缓冲区，即输入源被定向到 myfile. txt 了——这便是输入重定向。命令行中的<表示程序用到的数据由后面的文件提供。

运行结果(结果是 3)依然在显示器上出现，因为命令中没有对输出进行重定向。

注意：文件中数据 1 和 2 之间必须是逗号隔开，以匹配 scanf() 中的"%d,%d"。如果 scanf() 中的格式字符串改为"%d%d"，那么文件中的数据就应该是 1 2…

3. abc>C:\result. txt<Enter>

这是输出重定向。命令行中的>表示将程序运行时的输出信息写入后面的文件中，而不是输出到显示器缓冲区。这样，原本应该在显示器上显示的信息，就被写入到 C 盘根目录下的 result. txt 文件中了，显示器上不再出现运行结果。

运行时，a、b 两个数据仍然需要从键盘输入，因为命令行并未对输入进行重定向。

输出重定向时，若文件 result. txt 不存在，系统将自动新建，否则将改写(覆盖)。

4. abc>>C:\result. txt<Enter>

这行命令也是输出重定向，与上面(3) 不同的是，这里用的是>>，是追加写文件，即若文件已存在，则将新写入的信息追加在原内容的后面，原内容不会被覆盖。

5. abc<C:\myfile. txt>C:\result. txt<Enter>

本命令行对输入和输出都做了重定向，因此，程序用到的数据将从命令所指定的文件 C:\myfile. txt 中读取，不需要键盘输入；同样，程序的运行结果也不送显示器，而是写入到文件 C:\result. txt 中。

也可以使用追加方式的命令：

```
abc<C:\myfile.txt>>C:\result.txt<Enter>
```

注意：C 中对应于显示器的指针有两个：stdout 和 stderr，对于前者，信息输出时总是先送入缓冲区，然后再输出到屏幕，而对后者，信息是不经过缓冲区直接输出到屏幕的。因此，对于向 stdout 输出的信息是可以被重定向的，对于输出到 stderr 的信息则不能被重定向。

例如，将上面代码改写为

```
#include<stdio.h>
int main()
{
    int a,b;
```

```
    scanf("%d,%d",&a,&b);
    fprintf(stderr,"%d\n",a+b);          //本行改写
    return 0;
}
```

上面程序从命令行中运行时，输入命令：abc>C:\result.txt <Enter>，结果仍会出现在显示器上，而不是写到文件C:\result.txt中。

C语言的关键字

auto	break	case	char	const
continue	default	do	double	else
enump	extern	float	for	goto
if	int	long	register	return
short	signed	sizeof	static	struct
switch	typedef	union	unsigned	void
volatile	while			

附录D 常用字符与ASCII码对照表

常用字符与 ASCII 码对照表如表 D-1 所示。

表 D-1　常用字符与 ASCII 码对照表

ASCII 值	控制字符	ASCII 值	字符	ASCII 值	字符	ASCII 值	字符
0	NUL	32	(space)	64	@	96	`
1	SOH	33	!	65	A	97	a
2	STX	34	"	66	B	98	b
3	ETX	35	#	67	C	99	c
4	EOT	36	$	68	D	100	d
5	END	37	%	69	E	101	e
6	ACK	38	&	70	F	102	f
7	BEL	39	'(单引号)	71	G	103	g
8	BS	40	(	72	H	104	h
9	HT	41	)	73	I	105	i
10	LF	42	*	74	J	106	j
11	VT	43	+	75	K	107	k
12	FF	44	,	76	L	108	l
13	CR	45	-	77	M	109	m
14	SO	46	.	78	N	110	n
15	SI	47	/	79	O	111	o
16	DLE	48	0	80	P	112	p
17	DC1	49	1	81	Q	113	q
18	DC2	50	2	82	R	114	r
19	DC3	51	3	83	S	115	s
20	DC4	52	4	84	T	116	t
21	NAK	53	5	85	U	117	u
22	SYN	54	6	86	V	118	v
23	ETB	55	7	87	W	119	w
24	CAN	56	8	88	X	120	x
25	EM	57	9	89	Y	121	y
26	SUB	58	:	90	Z	122	z
27	ESC	59	;	91	[	123	{
28	FS	60	<	92	\	124	|
29	GS	61	=	93	]	125	}
30	RS	62	>	94	^	126	~
31	US	63	?	95	_	127	□

附录E 运算符的优先级和结合性

运算符的优先级和结合性如表 E-1 所示。

表 E-1　运算符的优先级和结合性

优先级	运算符	含　义	需要运算对象的个数	结合方向
1	() [] -> .	圆括号 下标运算符 指向结构体成员运算符 结构体成员运算符		自左至右
2	! ~ ++ -- - (类型) * & sizeof	逻辑非运算符 按位取反运算符 自增运算符 自减运算符 负号运算符 类型转换运算符 间接访问运算符 取指针运算符 长度运算符	1 (单目运算符)	自右至左
3	* / %	乘法运算符 除法运算符 求余运算符	2 (双目运算符)	自左至右
4	+ -	加法运算符 减法运算符	2 (双目运算符)	自左至右
5	<< >>	左移运算符 右移运算符	2 (双目运算符)	自左至右
6	< <= > >=	关系运算符	2 (双目运算符)	自左至右
7	== !=	关系运算符	2 (双目运算符)	自左至右
8	&	按位与运算符	2 (双目运算符)	自左至右

续表

<table>
<tr><th>优先级</th><th>运算符</th><th>含　义</th><th>需要运算对象的个数</th><th>结合方向</th></tr>
<tr><td>9</td><td>^</td><td>按位异或运算符</td><td>2
（双目运算符）</td><td>自左至右</td></tr>
<tr><td>10</td><td>|</td><td>按位或运算符</td><td>2
（双目运算符）</td><td>自左至右</td></tr>
<tr><td>11</td><td>&&</td><td>逻辑与运算符</td><td>2
（双目运算符）</td><td>自左至右</td></tr>
<tr><td>12</td><td>||</td><td>逻辑或运算符</td><td>2
（双目运算符）</td><td>自左至右</td></tr>
<tr><td>13</td><td>?：</td><td>条件运算符</td><td>3
（三目运算符）</td><td>自右至左</td></tr>
<tr><td>14</td><td>=
+=
-=
*=
/=
%=
>>=
<<=
&=
^=
|=</td><td>赋值运算符</td><td>2
（双目运算符）</td><td>自右至左</td></tr>
<tr><td>15</td><td>，</td><td>逗号运算符</td><td>2
（双目运算符）</td><td>自左至右</td></tr>
</table>

附录F 常用库函数

1. 数学函数

调用数学函数(见表 F-1)时,要求在源文件中包含命令行:

```
#include<math.h>
```

表 F-1 数学函数

函数原型说明	功 能	返 回 值	说 明
int abs(int x)	求整数 x 的绝对值	计算结果	
double acos(double x)	计算 $\cos^{-1}(x)$的值	计算结果	x 在−1～1 范围内
double asin(double x)	计算 $\sin^{-1}(x)$的值	计算结果	x 在−1～1 范围内
double atan(double x)	计算 $\tan^{-1}(x)$的值	计算结果	
double atan2(double y,double x)	计算 $\tan^{-1}(x/y)$的值	计算结果	
double cos(double x)	计算 cos(x)的值	计算结果	x 的单位为弧度
double cosh(double x)	计算双曲余弦 cosh(x)的值	计算结果	
double exp(double x)	求 e^x 的值	计算结果	
double fabs(double x)	求双精度实数 x 的绝对值	计算结果	
double floor(double x)	求不大于双精度实数 x 的最大整数	该整数的双精度实数	
double fmod(double x,double y)	求 x/y 整除后的双精度余数	同上	
double frexp(double val,int * exp)	把双精度 val 分解尾数和以 2 为底的指数 n,即 val＝x×2^n,n 存放在 exp 所指变量中	返回位数 x 0.5≤x<1	
double log(double x)	求 lnx	计算结果	x>0
double log10(double x)	求 $\log_{10}x$	计算结果	x>0
double modf(double val, double * ip)	把双精度 val 分解成整数部分和小数部分,整数部分存放在 ip 所指的变量中	返回小数部分	
double pow(double x,double y)	计算 x^y 的值	计算结果	

续表

函数原型说明	功　能	返　回　值	说　明
double sin(double x)	计算 sin(x)的值	计算结果	x的单位为弧度
double sinh(double x)	计算x的双曲正弦函数 sinh(x)的值	计算结果	
double sqrt(double x)	计算x的开方	计算结果	x≥0
double tan(double x)	计算 tan(x)	计算结果	
double tanh(double x)	计算x的双曲正切函数 tanh(x)的值	计算结果	

2. 字符处理函数

调用字符处理函数(见表 F-2)时,要求在源文件中包含命令行:

```
#include<ctype.h>
```

表 F-2　字符处理函数

函数原型说明	功　能	返　回　值
int isalnum(int ch)	检查ch是否为字母或数字	是,返回非0;否则返回0
int isalpha(int ch)	检查ch是否为字母	是,返回非0;否则返回0
int iscntrl(int ch)	检查ch是否为控制字符	是,返回非0;否则返回0
int isdigit(int ch)	检查ch是否为数字	是,返回非0;否则返回0
int isgraph(int ch)	检查ch是否为ASCII码值在0x21到0x7e之间的可打印字符(即不包含空格)	是,返回非0;否则返回0
int islower(int ch)	检查ch是否为小写字母	是,返回非0;否则返回0
int isprint(int ch)	检查ch是否为包含空格在内的可打印字符	是,返回非0;否则返回0
int ispunct(int ch)	检查ch是否为除了空格、字母、数字之外的可打印字符	是,返回非0;否则返回0
int isspace(int ch)	检查ch是否为空格、制表或换行符	是,返回非0;否则返回0
int isupper(int ch)	检查ch是否为大写字母	是,返回非0;否则返回0
int isxdigit(int ch)	检查ch是否为十六进制的数字,即0～F(f)之间的数字	是,返回非0;否则返回0
int tolower(int ch)	把ch中的字母转换成小写字母	返回对应的小写字母
int toupper(int ch)	把ch中的字母转换成大写字母	返回对应的大写字母

说明:表F-2中前11个函数在TC下的返回值是1或0。

3. 字符串处理函数

调用字符串处理函数(见表 F-3)时,要求在源文件中包含命令行:

```
#include<string.h>
```

表 F-3 字符串处理函数

函数原型说明	功　能	返 回 值
char * strcat(char * s1,char * s2)	把字符串 s2 接到 s1 后面	s1
char * strchr(char * s,int ch)	在以 s 为首址字符串中,找出第一次出现字符 ch 的位置	返回找到的字符的地址,若找不到返回 NULL
int strcmp(char * s1,char * s2)	对分别以 s1 和 s2 为首址的两个字符串进行比较	s1<s2,返回负数;s1= =s2,返回 0;s1>s2,返回正数
char * strcpy(char * s1,char * s2)	把以 s2 为首址的字符串复制到以 s1 为首址的空间中	s1
unsigned strlen(char * s)	求字符串 s 的长度	返回串中字符个数(不计最后的'\0')
char * strstr(char * s1,char * s2)	在以 s1 为首址的字符串中,找出以 s2 为首址的字符串第一次出现的位置	返回找到的字符串的首地址,若找不到则返回 NULL

4. 输入输出函数

调用输入输出函数(见表 F-4)时,要求在源文件中包含命令行:

```
#include<stdio.h>
```

表 F-4 输入输出函数

函数原型说明	功　能	返 回 值
void clearer(FILE * fp)	清除与文件指针 fp 有关的所有出错信息	无
int fclose(FILE * fp)	关闭 fp 所对应的文件,释放文件缓冲区	出错返回非 0,否则返回 0
int feof(FILE * fp)	检查是否已读文件结束标志	已读文件结束标志则返回非 0,否则返回 0
int fgetc(FILE * fp)	从 fp 所对应的文件中取一个字符	出错返回 EOF,否则返回所读字符
char * fgets(char * buf, int n, FILE * fp)	从 fp 所对应的文件中读取一个长度为 n－1 的字符串,将其存入 buf 所指存储区	返回 buf,若遇文件结束或出错返回 NULL

续表

函数原型说明	功　　能	返　回　值
FILE * fopen(char * filename, char * mode)	以 mode 指定的方式打开一个文件,filename 是文件名在内存中存储位置(可含盘符路径)	成功,返回文件指针(结构体变量的起始地址),否则返回 NULL
int fprintf(FILE * fp, char * format, args,…)	把 args,…的值以 format 指定的格式输出到 fp 对应的文件中	实际输出的字符数
int fputc(char ch, FILE * fp)	把 ch 中字符输出到 fp 对应的文件中	成功返回该字符,否则返回 EOF
int fputs(char * str, FILE * fp)	把 str 所指字符串输出到 fp 所对应文件	成功返回非负整数,否则返回 -1(EOF)
int fread(char * pt, unsigned size,unsigned n, FILE * fp)	从 fp 所对应文件中读取长度为 size 的 n 个数据项存到 pt 所指的内存区域中	读取的数据项个数
int fscanf(FILE * fp, char * format,args,…)	从 fp 所对应的文件中按 format 指定的格式把输入数据存入到 args,…所指的内存中	已输入的数据个数,遇文件结束或出错返回 0
int fseek(FILE * fp,long offer, int base)	移动 fp 所指文件的读写位置指针到以 base 为基准、以 offset 为偏移量的地方	成功返回当前位置,否则返回 -1
long ftell(FILE * fp)	求出 fp 所对应文件当前的读写位置	读写位置,出错返回 -1L
int fwrite(char * pt, unsigned size,unsigned n, FILE * fp)	把内存中以 pt 为首址的 n * size 个字节的数据写入到 fp 所对应文件中	输出的数据项个数
int getc(FILE * fp)	从 fp 所对应文件中读取一个字符	返回所读字符,若出错或文件结束返回 EOF
int getchar(void)	从标准输入设备读取下一个字符	返回所读字符,若出错或文件结束返回 -1
char * gets(char * s)	从标准设备读取一行字符串放入 s 所指存储区,用'\0'替换读入的换行符	返回 s,出错返回 NULL
int printf(char * format,args,…)	把 args,…的值以 format 指定的格式输出到标准输出设备	输出字符的个数
int putc(int ch, FILE * fp)	同 fputc	同 fputc
int putchar(char ch)	把 ch 输出到标准输出设备	返回输出的字符,若出错则返回 EOF

续表

函数原型说明	功　能	返　回　值
int puts(char * str)	把以 str 为首址的字符串输出到标准设备,输出后自动换行	返回 0 或换行符,若出错,返回 EOF
int rename(char * oldname,char * newname)	把 oldname 所对应文件名改为 newname 所对应文件名	成功返回 0,出错返回－1
void rewind(FILE * fp)	将文件位置指针置于文件开头	无
int scanf(char * format,args,…)	从标准输入设备按 format 指定的格式把输入数据存入到 args,…所指的内存中	已输入数据的个数

5. 动态内存分配函数和随机数函数

调用动态内存分配函数和随机数函数(见表 F-5)时,要求在源文件中包含命令行:

```
#include<stdlib.h>
```

表 F-5　动态内存分配函数和随机数函数

函数原型说明	功　能	返　回　值
void * calloc(unsigned n,unsigned size)	分配 n 个数据项的内存空间,每个数据项的大小为 size 个字节	返回所分配内存的起始地址;如不成功,返回 0
void * free(void * p)	释放 p 所指的内存区	无
void * malloc(unsigned size)	分配 size 个字节的存储空间	返回所分配内存的起始地址;如不成功,返回 0
void * realloc(void * p,unsigned size)	把 p 所指内存区的大小改为 size 个字节	新分配内存空间的地址;如不成功,返回 0
int rand(void)	产生 0～32 767(闭区间)的随机整数	返回一个随机整数
void srand(unsigned seed)	初始化随机数生成器	无
void exit(int state)	终止程序执行,返回调用过程,state 为 0:正常终止,非 0:非正常终止	无

说明:其中的 srand()函数通常用法是 srand(time(NULL)),因其中用到 time()函数,故需要包含 time.h 头文件。

参考文献

[1] [美]P. J. Deitel，H. M. Deitel. C大学教程[M]. 5版. 苏小红，李东，王甜甜等译. 北京：电子工业出版社，2008.

[2] [美]Ivory Horton. C语言入门经典[M]. 张欣等译. 北京：机械工业出版社，2007.

[3] [美]Kenneth A. Reek. C和指针[M]. 徐波译. 北京：人民邮电出版社，2008.

[4] 王金鹏，肖进杰. C程序设计进阶与实例解析[M]. 北京：清华大学出版社，2011.

[5] 赵凤芝. C语言程序设计能力教程[M]. 北京：中国铁道出版社，2006

[6] [美]E Balagurusamy. 标准C程序设计. 金名等译. 北京：清华大学出版社，2011.

[7] 刘维富. C语言程序设计一体化案例教程[M]. 北京：清华大学出版社，2009.

[8] 谭浩强. C程序设计[M]. 北京：清华大学出版社，2005.

[9] [美]Samuel P. Harbison Ⅲ，Guy L. Steele Jr. C语言参考手册[M]. 徐波等译. 北京：机械工业出版社，2011.

[10] 匡松，何福良，吴卫华等. C语言程序设计试题汇编[M]. 北京：中国铁道出版社，2009.

[11] 方娇莉，李向阳. 研究式学习——C语言程序设计[M]. 北京：中国铁道出版社，2006.

质检5